GREEN BOOK

智 库 成 果 出 版 与 传 播 平 台

遥感监测绿皮书
GREEN BOOK OF REMOTE SENSING MONITORING

中国可持续发展遥感监测报告（2023）

REPORT ON REMOTE SENSING MONITORING OF CHINA SUSTAINABLE
DEVELOPMENT(2023)

主　编／顾行发　　李闽榕　　徐东华　　赵　坚
副主编／张　兵　　王世新　　张增祥　　柳钦火　　陈良富　　李加洪　　黄文江
　　　　王晋年　　程天海　　张兴赢　　贾　立　　李国洪　　邢　进　　李强子

社会科学文献出版社
SOCIAL SCIENCES ACADEMIC PRESS (CHINA)

图书在版编目(CIP)数据

中国可持续发展遥感监测报告. 2023 / 顾行发等主
编；张兵等副主编. -- 北京：社会科学文献出版社，
2023.12
（遥感监测绿皮书）
ISBN 978-7-5228-2991-3

Ⅰ.①中… Ⅱ.①顾… ②张… Ⅲ.①可持续性发展
– 环境遥感 – 环境监测 – 研究报告 – 中国 – 2023 Ⅳ.
①X87

中国国家版本馆CIP数据核字(2023)第245626号

遥感监测绿皮书
中国可持续发展遥感监测报告（2023）

主　　编 / 顾行发　李闽榕　徐东华　赵　坚
副 主 编 / 张　兵　王世新　张增祥　柳钦火　陈良富　李加洪　黄文江
　　　　　王晋年　程天海　张兴赢　贾　立　李国洪　邢　进　李强子

出 版 人 / 冀祥德
组稿编辑 / 曹长香
责任编辑 / 郑凤云　单远举
责任印制 / 王京美

出　　版 / 社会科学文献出版社（010）59367162
　　　　　地址：北京市北三环中路甲29号院华龙大厦　邮编：100029
　　　　　网址：www.ssap.com.cn
发　　行 / 社会科学文献出版社（010）59367028
印　　装 / 三河市东方印刷有限公司

规　　格 / 开　本：787mm×1092mm　1/16
　　　　　印　张：21.25　字　数：417千字
版　　次 / 2023年12月第1版　2023年12月第1次印刷
书　　号 / ISBN 978-7-5228-2991-3
审 图 号 / GS京（2023）2500号
定　　价 / 198.00元

读者服务电话：4008918866

遥感监测绿皮书
专家委员会

项目承担单位

中国科学院空天信息创新研究院
中智科学技术评价研究中心
机械工业经济管理研究院
国家航天局对地观测与数据中心
国家卫星气象中心
广州大学

指导委员会

数据制作与编写人员

中国土地利用遥感监测组

左丽君　刘　斌

图形编辑：徐进勇　胡顺光　刘　斌
数据集成：汪　潇
报告撰写：张增祥　汪　潇　刘　芳　易　玲　徐进勇　胡顺光　孙菲菲
　　　　　左丽君　陈　洋

中国植被遥感监测组

组织实施：柳钦火　李　静
数据处理：董亚冬　赵　静　管　理　谷晨鹏
专题制图：赵　静
报告撰写：李　静　赵　静　董亚冬　柳钦火　刘　畅　王晓函　褚天嘉

中国水资源要素遥感监测组

组织实施：贾　立　卢　静
数据处理：郑超磊　崔梦圆
专题制图：卢　静　崔梦圆
报告撰写：贾　立　卢　静　胡光成

中国主要粮食作物遥感监测组

组织实施：黄文江　董莹莹　王　昆　张弼尧　刘林毅
专题制图：董莹莹　王　昆　刘林毅　钱彬祥　成湘哲　胡博海
数据集成：黄文江　刘林毅　钱彬祥
报告撰写：黄文江　董莹莹　刘林毅　成湘哲　胡博海

中国重大自然灾害遥感监测组

组织实施：王世新　周　艺　王福涛
数据处理：王福涛　王丽涛　刘文亮　朱金峰　侯艳芳　尤　笛　陈　兵
专题制图：赵　清　王振庆　秦　港　王彦超　刘赛淼　郝洛瑶　顾星光
数据集成：王世新　赵　清　王卓晨　高郭瑞　彭轩昂　王欣然
报告撰写：王福涛　王世新　周　艺　赵　清

中国空气质量遥感监测组

组织实施：顾行发　程天海　郭　红
专题制图：陈德宝　付启铭
数据集成：郭　红　陈德宝
报告撰写：顾行发　程天海　郭　红　陈德宝

主编简介

顾行发　1962年6月生，湖北仙桃人，研究员，博士生导师，第十二届、十三届全国政协委员。现任中国科学院空天信息创新研究院研究员，中国科学院大学岗位教师，是国际宇航科学院院士、欧亚科学院院士、国际光学工程师学会（SPIE）会士、"GEO十年（2016~2025）发展计划"编制专家工作组专家，亚洲遥感协会（AARS）副秘书长、亚洲大洋洲地球观测组织共同主席。担任国家空间基础设施建设中长期发展规划（2015~2025年）需求与应用组组长、"科技部地球观测与导航重点研发计划"总体专家组副组长、国家重大科学研究计划（973）"多尺度气溶胶综合观测和时空分布规律研究"首席科学家，中国环境科学学会环境遥感与信息专业委员会主任、国家环境保护卫星遥感重点实验室主任、国家航天局航天遥感论证中心主任、遥感卫星应用国家工程实验室主任等职务。主要从事光学卫星传感器定标、定量化遥感、对地观测系统论证等方面研究，为我国高分辨率卫星遥感技术和工程化应用作出了突出贡献。研究成果获得国家科技进步二等奖3项，省部级一等奖4项，发表论文521篇（SCI 210篇），出版专著14部，牵头起草并发布国家标准3项，获得国家授权发明专利51项，软件著作权45项。

李闽榕　1955年6月生，山西安泽人，经济学博士。中智科学技术评价研究中心理事长、主任，福建师范大学兼职教授、博士生导师，中国区域经济学会副理事长，福建省新闻出版广电局原党组书记、副局长。主要从事宏观经济、区域经济竞争力、科技创新与评价、现代物流等理论和实践问题研究，已出版系列皮书《中国省域经济综合竞争力发展报告》《中国省域环境竞争力发展报告》《世界创新竞争力发展报告》《二十国集团（G20）国家创新竞争力发展报告》《全球环境竞争力发展报告》等20多部，并在《人民日报》《求是》《经济日报》《管理世界》等国家级报纸杂志上发表学术论文240多篇；先后主持完成和正在主持的国家社科基金项目有"中国省域经济综合竞争力评价与预测研究""实验经济学的理论与方法在区域经济中的应用研究"，国家科技部软科学课题"效益GDP核算体系的构建和对省域经济评价应用的研究"及多项省级重大研究课题。科研成果曾荣获新疆维吾尔自治区第二届、第三届社会科学优秀成果三等奖，以及福建省科技进步一等奖（排名第三）、福建省第七届至第十届社会科学优秀成果一等奖、福建省第六届社会科学优秀成果二等奖、福建省第七届社会科学优秀成果三等奖等十多项省部级奖励（含合作）。2015年以来先后获奖的科研成果有：《世界创新竞争力发展报告（2001~2012）》于2015年荣获教育部第七届高等学校科学研究优秀成果奖三等奖，《"十二五"中期中国省域经济综合竞争力发展报告》荣获国务院发展研究中心2015年度中国发展研究奖三等奖，《全球环境竞争力报告（2013）》于2016年荣获福建省人民政府颁发的第十一届社会科学优秀成果奖一等奖，《中国省域经济综合竞争力发展报告（2013~2014）》于2016年获评中国社会科学院皮书评价委员会优秀皮书一等奖。

徐东华　1960年8月生，机械工业经济管理研究院院长、党委书记。国家二级研究员、教授级高级工程师、编审，享受国务院特殊津贴专家。曾任中共中央书记处农村政策研究室综合组副研究员，国务院发展研究中心研究室主任、研究员，国务院国资委研究中心研究员。参加了国家"九五"至"十三五"国民经济和社会发展规划的研究工作，参加了我国多个工业部委的行业发展规划工作，参加了我国装备制造业发展规划文件的起草工作，所撰写的研究报告多次被中央政治局常委和国务院总理等领导同志批转到国家经济综合部、委、办、局，其政策性建议被采纳并受到表彰。兼任中共中央"五个一"工程奖评审委员、中央电视台特邀财经观察员、中国机械工业联合会专家委员会委员、中国石油和化学工业联合会专家委员会首席委员、中国工业环保促进会副会长、中国机械工业企业管理协会副理事长、中华名人工委副主席，原国家经贸委、国家发展改革委工业项目评审委员，福建省政府、山东省德州市政府经济顾问，中国社会科学院经济所、金融所、工业经济所博士生答辩评审委员，清华大学经济管理学院、北京大学光华管理学院、厦门大学经济管理学院、中国传媒大学、北京化工大学等院校兼职教授，长征火箭股份公司等独立董事。智慧中国杂志社社长。在《经济日报》《光明日报》《科技日报》《经济参考报》《求是》《经济学动态》《经济管理》等报纸期刊发表百余篇有理论和研究价值的文章。

赵坚　1964年7月生，四川通江人，工学博士，研究员。长期从事航天技术研究和工程组织管理工作，曾任原国防科工委航天技术局副局长、国家航天局系统工程司副司长、卫星互联网工程总设计师、信息中心党委书记、中国卫星应用产业协会常务副会长等职，现任国家高分辨率对地观测系统重大专项工程总设计师兼副总指挥、国家航天局对地观测与数据中心主任。参与组织和参加了我国卫星运载火箭等多项航天工程研制、建设应用和国际合作工作，组织研制开发了国家遥感数据与应用服务平台，促进了遥感资源共享工作。多次立功受奖，获国家和部委科技进步奖十余项。

序 一

党的十八届五中全会强调，实现"十三五"时期发展目标，破解发展难题，厚植发展优势，必须牢固树立并切实贯彻创新、协调、绿色、开放、共享的发展理念。这是关系我国发展全局的一场深刻变革。

坚持绿色、可持续发展和生态文明建设，我国面临许多亟待解决的资源生态环境重大问题。一是资源紧缺。我国的人均能源、土地资源、水资源等生产生活基础资源十分匮乏，再加上不合理的利用和占用，发展需求与资源供给的矛盾日益突出。二是环境问题。区域性的水环境、大气环境问题日益显现，给人们的生产生活带来严重影响。三是生态修复。我国大部分国土为生态脆弱区，沙漠化、石漠化、水土流失、过度开发等给生态系统造成巨大破坏，严重地区已无法自然修复。要有效解决以上重大问题，建设"天蓝、水绿、山青"的生态文明社会，就需要随时掌握我国资源环境的现状和发展态势，有的放矢地加以治理。

遥感是目前人类快速实现全球或大区域对地观测的唯一手段，它具有全球化、快捷化、定量化、周期性等技术特点，已广泛应用到资源环境、社会经济、国家安全的各个领域，具有不可替代的空间信息保障优势。随着"高分辨率对地观测系统"重大专项的实施和快速推进以及我国空间基础设施的不断完善，我国形成了高空间分辨率、高时间分辨率和高光谱分辨率相结合的对地观测能力，实现了从跟踪向并行乃至部分领跑的重大转变。GF-1号卫星每4天覆盖中国一次，分辨率可达16米；GF-2号卫星具备了亚米级分辨能力，可以实现城镇区域和重要目标区域的精细观测；GF-4号卫星更是实现了地球同步观测，时间分辨率高达分钟级，空间分辨率高达50米。这些对地观测能力为开展中国可持续发展遥感动态监测奠定了坚实的基础。

中国科学院空天信息创新研究院、中国科学院科技战略咨询研究院、中智科学技术评价研究中心、机械工业经济管理研究院和国家遥感中心等单位在可持续发展相关领域拥有高水平的队伍、技术与成果积淀。一大批科研骨干和青年才俊面向国家重大

需求，积极投入中国可持续发展遥感监测工作，取得了一系列有特色的研究成果，我感到十分欣慰。我相信，《中国可持续发展遥感监测报告》绿皮书的出版发行，对社会各界客观、全面、准确、系统地认识我国的资源生态环境状况及其演变趋势具有重要意义，并将极大促进遥感应用领域发展，为宏观决策提供科学依据，为服务国家战略需求、促进交叉学科发展、服务国民经济主战场作出创新性贡献！

中国科学院原院长、党组书记

序 二

资源环境是可持续发展的基础，经过数十年的经济社会快速发展，我国资源环境状况发生了快速变化。准确掌握我国资源环境现状，特别是了解资源环境变化特点和未来发展趋势，成为我国实现可持续发展和生态文明建设面临的迫切需求。遥感具有宏观动态的优点，是大尺度资源环境动态监测不可替代的手段。中国遥感经过30多年几代人的不断努力，监测技术方法不断发展成熟，监测成果不断积累，已成为中国可持续发展研究决策的重要基础性技术支撑。

中国科学院空天信息创新研究院自建院以来，在组织承担或参与国家科技重大专项"高分辨率对地观测系统"，国家科技攻关、国家自然科学基金、"973"、"863"、国家科技支撑计划等科研任务中，与国内各行业部门和科研院所长期合作、协力攻关，针对土地、植被、大气、地表水、农业等领域，开展了遥感信息提取、专题数据库建设、资源环境时空特征和驱动因素分析等研究，沉淀了一大批成果，客观记录了我国的资源环境现状及其历史变化信息，已经并将继续为国家合理利用资源、保护生态环境、实现经济社会可持续发展提供科学数据支撑。

2015年底，在中国科学院发展规划局等有关部门的指导与大力支持下，空天信息创新研究院与中智科学技术评价研究中心、机械工业经济管理研究院、中国科学院科技战略咨询研究院等单位开展了多轮交流和研讨，联合申请出版"遥感监测绿皮书"系列丛书，得到了社会科学文献出版社的高度认可和大力支持。

2017年6月12日，中国科学院召开新闻发布会，发布了首部遥感监测绿皮书——《中国可持续发展遥感监测报告（2016）》。中央电视台、《人民日报》、新华社、《解放军报》、《光明日报》、《中国日报》、中央人民广播电台、中国国际广播电台、《科技日报》、《中国青年报》、中新社、新华网、中国网、香港大公文汇、《中国科学报》、《北京晨报》、《深圳特区报》等30多家媒体相继发稿，高度评价我国首部遥感监测绿皮书的相关工作。以绿皮书形式出版遥感监测成果，是中国遥感界的第一次尝试，在社会各界引起了强烈反响。许多政府部门和社会读者认为，该书不仅是基于我国遥感界几十年共同努力所取得的成果结晶，也是科研部门作为第三方独立客观完成的"科学数据"，是中国可持续发展能力的"体检报告"，为国家和地方政府提供了一套客观、科学的时间序列空间数据和分析结果，可以支持发展规划的

制定、决策部署的监控、实施效果的监测等。

2018年7月，编写组在首部绿皮书出版发行的基础上，成功出版了《中国可持续发展遥感监测报告（2017）》，2020年4月成功出版了《中国可持续发展遥感监测报告（2019）》，2021年12月成功出版了《中国可持续发展遥感监测报告（2021）》，2022年12月成功出版了《中国可持续发展遥感监测报告（2022）》，2023年又开展了《中国可持续发展遥感监测报告（2023）》的编写工作。这是该绿皮书系列第6本，报告系统开展了中国土地利用、植被生态、水资源、主要粮食与经济作物、重大自然灾害、大气环境等多个领域的遥感监测分析，对相关领域的可持续发展状况进行了分析评价，尤其对"十四五"期间的现势监测和应急响应进行了重点分析与评估。本报告充分利用中国自主研发的资源卫星、气象卫星、海洋卫星、环境减灾卫星、"高分辨率对地观测专项"等遥感数据，以及国际上的多种卫星遥感数据资源，是我国遥感界几十年共同努力基础上的成果结晶，展现了我国卫星载荷研制部门、数据服务部门、行业应用部门和科研院所共同从事遥感研究和应用所取得的技术进步。报告富有遥感特色，技术方法是可靠的，数据和结果是科学的。同时，由于遥感技术是新技术，与各行业业务资源环境监测方法具有不同的特点，遥感技术既有"宏观、动态、客观"的技术优势，也有"间接测量、时空尺度不一致、混合像元以及主观判读个体差异"等问题导致的局限性。该报告和行业业务监测方法得到的监测结果还是有区别的，不能简单替代各业务部门的传统业务，而是作为第三方发布科研部门独立客观完成的"科学数据"，为国家有关部门提供有益的参考和借鉴。

编写出版遥感监测绿皮书，将是一项长期的工作，需要认真听取各个行业部门和各领域专家的意见，及时发现存在的问题，不断改进和创新方法，提高监测报告的科学性和权威性。未来将在本报告的基础上，面对国家的重大需求和国际合作的紧迫需要，不断凝练新的主题和专题，创新发展我们的成果；不断加强研究的科学性和针对性，保证监测数据和结果的可靠性和一致性；并充分利用大数据科学发展的最新成果，加强综合分析和预测模拟工作，不断提高认识水平，为中国可持续发展作出新的贡献。

《中国可持续发展遥感监测报告（2023）》主编

前　言

　　过去40余年来，可持续发展的理念在全球范围内得到普遍认可和重视，实现可持续发展逐步成为人类追求的共同目标。资源环境是实现可持续发展的基础，资源的数量和质量、区域分布与构成等直接决定着区域发展潜力及其可持续能力，伴随资源利用的环境改变，日益表现出对区域发展的限制。为合理利用资源，切实保护并培育环境，中国坚持节约资源和保护环境的基本国策，一系列生态修复和生态文明建设政策的实施，改善了区域生态环境质量。

　　随着我国经济社会的快速发展和可持续发展战略的实施，资源环境状况变化明显。自20世纪70年代，我国利用遥感技术持续开展了资源环境领域的遥感应用研究，中国科学院空天信息创新研究院在土地、植被、大气、水资源、灾害、农业等方面，多方位、系统性地开展了遥感信息提取、专题数据库建设、资源环境时空特征和驱动因素分析等研究，掌握了我国资源环境要素的特点及其变化，为国家合理利用资源、保护生态环境，实现经济社会可持续发展提供了扎实的科学数据支撑。

　　土地是国家发展的基础性资源，也是我国实现可持续发展战略关注的核心内容之一。土地利用与土地覆盖是全球变化和资源环境研究的核心内容和遥感应用研究的重点领域。全国范围的土地利用遥感监测研究表明，改革开放以来，我国土地资源的利用方式和程度发生了广泛和持续性的变化，阶段性特点明显，区域差异显著。在诸多科研项目支持建立的中国 1:10万比例尺土地利用遥感监测时空数据库基础上，报告基于中等分辨率遥感数据，采用中国科学院土地利用遥感分类系统，实施了20世纪80年代末至2020年中国土地利用的多期次遥感监测与数据库更新，形成了长时间序列的中国土地利用时空数据库，8个关键年度土地利用现状数据库和7个时间段的土地利用动态数据库，能够全面、系统地反映中国陆地及近海岛屿的土地利用状况和变化，特别是同步建设、与土地利用时空一致的中国土地覆盖、中国土壤侵蚀、中国城市扩展等遥感监测时空数据库具有很好的互补关系，有助于全面了解中国土地资源与环境的时空特点，为进一步的资源环境遥感监测研究奠定了基础。

　　植被是地球表面最主要的环境控制因素，植被变化监测是全球变化研究的重要内容之一。我国面对资源约束趋紧、环境污染、生态系统退化等问题，应树立尊重自然、顺应自然、保护自然的生态文明理念，坚持走可持续发展道路。报告基于自主研

发的2001年至2022年500米分辨率每4天合成的植被叶面积指数、植被覆盖度、植被总初级生产力产品，建立基于年平均叶面积指数、年最大植被覆盖度和年累积植被总初级生产力的生态系统质量综合评价指标，基于生态系统质量指数的分布和变化率指标对生态系统进行综合监测。报告分析了我国森林、草地和农田典型生态系统类型生长及变化状况，并评估了我国七个主要分区二十余年的生态质量及变化趋势，完成我国各省份植被生态质量本底调查。

水是生命之源，是经济社会和人类发展所必需的基础与战略性资源，对人类的健康和福祉至关重要。人多水少、水资源时空分布不均是我国的基本国情和水情，随着人口增长、经济发展以及全球气候变化影响加剧，我国水资源短缺形势依然严峻，与生态文明建设和高质量发展的要求还存在一定差距。全面掌握水资源要素的时空特征对提升水资源管理与保护水平，促进水资源合理开发利用，深化水循环和水平衡研究具有重要意义。在诸多科研项目的持续推动下，在遥感水循环及水资源各要素的基础理论、模型和反演、数据集生产以及与水相关的灾害评估等方面开展了大量系统性工作，自主研发了利用多源遥感观测及考虑地球系统陆面过程多参数化方案的地表能量和水分交换过程模型ETMonitor，实现了全球逐日1千米分辨率、局部地区/流域逐日30米分辨率地表蒸散产品的生产和发布，为水资源评价以及水资源可持续开发利用与管理提供时序空间信息产品与决策支持。报告利用多源卫星遥感数据产品，从水资源一级区以及省级行政区尺度监测分析了2022年我国降水、蒸散、水分盈亏、陆地水储量变化等水资源要素特征，并评估了2022年长江流域极端干旱事件对水资源要素的影响。

粮食安全是我国的重大战略需求，也是国家稳定的基石。二十大报告指出，要加快建设农业强国，全方位夯实粮食安全根基，严密防范系统性安全风险，筑牢国家粮食安全防线。实现我国主要粮食作物空间分布监测、长势监测与变化分析、重大病虫害生境适宜性分析和粮食产量估测，对于保障粮食安全生产至关重要。通过融合国内外GF系列、Landsat系列、Sentinel系列等卫星遥感数据、气象数据、区划数据、地面调查数据等多源数据，综合考虑作物形态及营养状况信息、病虫害发生发展特点、地面菌源/虫源信息及历年发生情况统计资料等，建立作物长势监测模型、主要病虫害生境适宜性遥感分析模型和估产模型，构建了国际领先的大尺度植被病虫害遥感监测与预测系统，打通了从数据、算法到产品、应用的全链路，面向全球发布中英双语的《植被病虫害遥感监测与预测报告》。报告围绕2023年我国主要粮食作物开展种植面积提取、长势状况监测、病虫害生境适宜性遥感分析和产量估算，客观定量反映了我国粮食安全形势，为指导农业生产提供了科学数据与方法支撑。

随着气候变化的不断加剧，自然灾害的复杂性和严峻性也日益增加。特别是近年来，各类极端自然灾害多发频发，对中国防灾减灾救灾能力提出了更高要求。充分利用卫星遥感高空间分辨率、高时间分辨率、高光谱分辨率特点，可以实现对我国多灾种的动态化监测，可为防灾减灾和区域可持续发展提供有益的信息服务。近年来，在国家重点研发计划地球观测与导航专项"重特大灾害空天地一体化协同监测应急响应关键技术研究及示范"（2017～2021）、国家重点研发计划地球观测与导航专项"多灾种灾害风险遥感监测预警关键技术与应急业务服务示范"（2021～2024）等科研任务支持下，陆续建立了重特大灾害空天地一体化协同规划等系统，形成了完善的空—天—地协同应急监测与风险评估技术体系，空天遥感观测资源在我国历次重大自然灾害监测中得到有效应用和检验。报告针对2022年我国自然灾害发生特点，重点利用高分一号、高分二号、高分三号、高分六号、高分七号等国产卫星遥感资源，协同国外卫星遥感及地面调查数据，系统介绍了贵州省毕节市织金县山体垮塌灾害、广东省清远市北江特大洪水灾害、云南省昭通市盐津县柿子镇山体垮塌灾害、辽宁省盘锦市绕阳河洪水、青海省西宁市大通县山洪灾害、四川省甘孜州泸定县地震等重大自然灾害的遥感监测和评估工作。

　　大气污染是影响大气环境质量的关键因素，也是影响城市和区域可持续发展的重要因素。其中，可入肺的细颗粒物通过呼吸道进入人体，严重危害人类健康。在诸多项目支持下，本报告利用卫星遥感数据重构了2022年中国区域细颗粒物浓度的空间分布情况，并针对六大重点城市群（中原城市群、长江中游城市群、哈长城市群、成渝城市群、关中城市群、山东半岛城市群）和主要经济圈细颗粒物浓度分布情况、空气质量等级划分等进行了分析，直观、系统体现了区域空气质量情况。同时，本报告对2021～2022年中国细颗粒物浓度相对变化进行了分析展示，为我国近年来"大气十条"的初步成果提供了可靠的数据支撑。另外，大气中的痕量气体NO_2和SO_2作为主要污染物起着非常重要的作用，是常规大气空气质量监测的重要指标。由于秸秆焚烧会产生大量的气态污染物和颗粒物，给大气环境带来较大的影响，目前也已纳入相关环保部门日常监测范围。在国家重点研发计划等项目的持续支持下，基于差分吸收光谱算法改进了中国地区污染气体遥感反演方法，并发展了Ring效应校正模型以及针对重污染大气条件下的大气质量因子计算模型。在此基础上，建立了2022年中国NO_2和SO_2柱浓度数据集，并分析了中国地区和重点城市群NO_2和SO_2的时空分布特征。同时，基于区域自适应的热异常遥感监测算法，本报告完成了2022年中国秸秆焚烧点提取，并重点分析了东北地区秸秆焚烧时空变化。卫星遥感监测温室气体是一种"自上而下"的方法，可以为地表和大气之间通过自然和人为过程交换的温室气体的净含量提供一个约束。本报告基于GOSAT/GOSAT-2、OCO-2/3、TROPOMI、碳卫星、高分5号01/02星、FY-3D探测的二氧化碳和甲烷数据，通过高精度曲面模型融合多星的遥感数据，

制作了中国区2022年二氧化碳和甲烷数据集。分析数据发现，中国大气二氧化碳和甲烷柱浓度的高值区主要集中在京津冀地区、长江三角洲地区和珠江三角洲地区以及山东、川渝、新疆乌鲁木齐和汾渭平原等地。

黑土因富含有机质而呈现为黑色，是世界上最肥沃的土壤，也是最宝贵的农业资源。东北黑土区不仅是世界四大黑土带之一，也是我国重要的商品粮基地。20世纪50年代大规模开垦以来，由于高强度的利用以及农化用品的过量使用，东北黑土区的有机质含量下降，开始出现退化迹象。为保障国家粮食安全，实现农业的可持续发展，保护和治理黑土资源势在必行。通过融合国内外高分系列、Landsat系列、Sentinel系列等卫星遥感影像，结合区划信息、地面调查资料等多源数据，综合分析农作物光谱特征、作物物候信息以及种植纹理特征，构建了不同农作物的遥感指示性识别特征集。利用集成学习、深度学习等方法，对东北黑土区近十年来（2014～2023年）主要粮食作物（大豆、玉米、水稻）的种植结构和种植面积进行了遥感监测和变化分析，并利用野外实地调查采集的作物真实样本对三种作物的分类结果进行精度评估（各种作物识别精度均超过90%）。相关结果可以为农业发展规划、农业生产管理、黑土区耕地保育、国家粮食安全等提供科学依据以及数据支撑。

粤港澳大湾区是世界级湾区城市群之一，位于中国东南沿海的珠江三角洲，濒临南海，由广州、东莞、深圳、佛山、中山、珠海、肇庆、惠州、江门9个地级市与香港、澳门2个特别行政区组成。大湾区人口密集、经济发达，面积约为5.6万平方千米，人口达8600万人。粤港澳大湾区生产总值规模超过13万亿元人民币（2022年）。同时，粤港澳大湾区作为我国沿海对外开放的前沿地带，是港澳融入国家发展大局的重要平台和"一国两制"背景下城市融合发展示范区，具有得天独厚的区位优势与政策支撑，使其成为我国最具经济活力的城市群之一。粤港澳大湾区正处于城市化过程后期成熟阶段，是我国城镇化率最高的城市群，随着城市化进程的持续推进，大规模的城市建设用地与高强度的人类活动成为大湾区的主要环境特征，城市生态空间被不断挤占，生态系统不可避免地面临日益加剧的人类压力胁迫，生态安全保护形势严峻。基于此，本报告选取粤港澳大湾区作为城市群生态环境监测的重点区域，从夜间灯光、湿地受损、生态与地表热环境解耦、生态廊道与养殖用海5个维度进行生态环境遥感监测。本报告使用了夜间灯光数据、热红外遥感数据、陆地卫星数据等多源遥感监测成果，采用夜间灯光的时空变化探究粤港澳大湾区人类活动强度的趋势；采用湿地受损指数WDI量化粤港澳大湾区的湿地演变分析；采用解耦模型探讨强城市热岛效应下生态系统服务价值状况及其与地表热环境关系的演进趋势；采用最小累积成本模型模拟粤港澳大湾区生态廊道的空间模式；同时，采用U-Net卷积神经网络的深度学习模型，提取粤港澳大湾区海水养殖活动的空间分布格局。结果显示粤港澳大湾区的生态环境总体状况如下：人类活动干扰对大湾区生态环境的胁迫作用明显，大湾区核心区域生态环境压力目前仍然较大。这为未来粤港澳大湾区的城市生态功能维护、生态环境建设和可持续产业发展规划提供了重要参考，在全球气候变化背景下与可持续发展目标指引下实现湾区城市群的健康协调发展。

在中国科学院、国家航天局等单位的大力支持下，2016年、2017年、2019年、2021年和2022年中国科学院空天信息创新研究院相继发布了五部遥感监测绿皮书，社会反响强烈，受到广泛关注。遥感监测绿皮书编写团队致力于科研成果服务经济社会发展这一核心目标，在保持核心内容连续性的基础上，利用资源环境领域的最新遥感研究成果，完成了遥感监测绿皮书《中国可持续发展遥感监测报告（2023）》，全书包括总报告、分报告和专题报告3部分，由顾行发、李闽榕、徐东华和赵坚组织编写，其中，中国土地利用遥感监测由张增祥、汪潇、刘芳组织实施，遥感图像纠正由汪潇、温庆可、刘斌、王亚非、禹丝思、汤占中、王碧薇、朱自娟、潘天石、王月、孙健和张向武等完成，专题制图由赵晓丽、汪潇、刘芳、徐进勇、易玲、胡顺光、孙菲菲、左丽君和刘斌等完成，图形编辑由徐进勇、胡顺光和刘斌等完成，汪潇完成数据集成和面积汇总，总报告G.1"20世纪80年代末至2020年中国土地利用"由刘芳、徐进勇、汪潇、张增祥等撰写。G.2"20世纪80年代末至2020年中国土地利用省域特点"由汪潇、张增祥等组织完成，徐进勇完成海南、西藏、陕西、甘肃、青海和宁夏部分撰写，胡顺光完成河南、重庆、四川、贵州和云南部分撰写，刘芳完成北京、天津、内蒙古、江西和湖北部分撰写，汪潇完成河北、上海、江苏和安徽部分撰写，易玲完成辽宁、广东、广西和台湾部分撰写，孙菲菲完成吉林、黑龙江、浙江和山东部分撰写，左丽君和陈洋完成山西、福建、湖南和新疆部分撰写。分别由张增祥、汪潇等统稿。G.3"中国植被状况"由柳钦火和李静组织实施，数据处理由董亚冬、赵静、管理和谷晨鹏完成，专题制图由赵静完成，报告撰写由赵静、董亚冬、柳钦火、刘畅、王晓函和褚天嘉完成，柳钦火、李静和赵静完成统稿与校对。G.4"中国水资源要素遥感监测"由贾立、卢静组织实施，数据处理由郑超磊、崔梦圆完成，专题制图与图形编辑由卢静、崔梦圆完成，报告撰写由贾立、卢静、胡光成完成，卢静、贾立完成统稿与校对。G.5"中国主要粮食作物遥感监测"由黄文江、董莹莹、王昆、张弼尧、刘林毅、钱彬祥、成湘哲、胡博海撰写完成；G.6"2022年我国重大自然灾害监测"由王世新、周艺和王福涛组织实施，数据处理和专题制图由王福涛、赵清、王丽涛、刘文亮、朱金峰、侯艳芳、王振庆、秦港、王彦超、刘赛淼、尤笛、郝洛瑶、顾星光、陈兵完成，数据集成由王世新、赵清、王卓晨、高郭瑞、彭轩昂、王欣然完成，报告撰写由王福涛、赵清完成，最后王世新、周艺完成统稿；G.7"中国细颗粒物浓度卫星遥感监测"由顾行发、程天海、郭红组织实施，专题制图由陈德宝、付启铭完成，数据集成由郭红、陈德宝完成，报告撰写由顾行发、程天海、郭红、陈德宝完成；G.8"中国主要污染气体和秸秆焚烧遥感监测"由陈良富组织实施，数据处理和专题制图由范萌、李忠宾完成，报告撰写由陈良富、范萌、陶金花、李忠宾完成。G.9"温室气体遥感监测"由张兴赢组织，张璐完成数据整理，报告撰写由张璐、张兴赢完成，制图由张璐、蒋雨菡完成。G.10"近10年东北黑土区主要粮食作物种植结构变化分析"由李强子、杜鑫、王红岩和张源组织实施，数据处理由杜鑫、王红岩、董永、王月婷、沈云祺和张思宸完成，专题制图由董永、沈云祺、肖静和许竞元完成，数据集成由杜鑫、董永、许竞元、肖静和王月婷完成，报告撰写由李强子、杜鑫、董永、张源和王红岩完成。G.11"粤港澳大湾区遥感监测"由陈颖彪组织，郑子豪完成数据整理和集成，报告撰写由陈颖彪、黄卓男、周泳诗、郑子豪、谭秀娟、陈俊宇完成，专题制图由郑子豪、周泳诗、黄晓峻、黄卓男完成。

遥感监测绿皮书《中国可持续发展遥感监测报告（2023）》的完成得益于诸多科研项目成果，谨向参加相关项目的全体人员和对本报告撰写与出版提供帮助的所有人员，表示诚挚的谢意！

我国幅员辽阔，资源类型多，环境差异大，而且处于持续变化过程中，本报告作为集体成果，编写人员众多，限于我们的专业覆盖面和写作能力，错误或疏漏在所难免，敬请批评指正。我们会在后续报告编写中加以重视并逐步完善。

遥感监测绿皮书《中国可持续发展遥感监测报告（2023）》编辑委员会

2023年11月

摘　要

　　本报告系统开展了中国土地利用、植被生态、水资源、主要粮食作物、重大自然灾害、大气环境等多个领域的遥感监测分析，对相关领域的可持续发展状况进行了分析评价。土地利用方面，重点监测分析了20世纪80年代末至2020年中国土地利用时空特点及省域特点。植被生态方面，利用植被关键参数遥感定量产品，监测分析了2001～2022年我国森林、草地和农田典型生态系统类型生长及变化状况，并评估了我国七个主要分区二十余年的生态质量及变化趋势。水资源要素方面，利用多源卫星遥感数据产品，监测分析了2022年我国降水、蒸散、水分盈亏、陆地水储量变化等水资源要素特征，并评估了2022年长江流域极端干旱事件对水资源要素的影响。主要粮食作物方面，对2023年中国小麦、水稻、玉米的种植区分布、长势状况、病虫害生境及粮食产量进行了重点分析。重大自然灾害监测方面，重点分析了我国2022年重大自然灾害发生情况，并选择2022年重大典型洪涝、地震、地质等自然灾害开展了遥感应急监测与灾情分析。大气环境方面，选择细颗粒物浓度、NO_2柱浓度、SO_2柱浓度等指标，对2022年中国特别是重点城市群大气环境质量、NO_2、SO_2、秸秆焚烧的遥感监测情况进行了分析；同时，对2022年中国区域CO_2、CH_4浓度的遥感监测情况进行了分析。黑土区粮食种植结构方面，本书对近十年来（2014～2023年）东北黑土区主要粮食作物（大豆、玉米、水稻）的种植结构和种植面积进行遥感监测提取和变化分析。此外，本书还选取了粤港澳大湾区作为典型城市化区域，选择夜间灯光、湿地受损、生态与地表热环境解耦、生态廊道与海水养殖产业等5个维度进行了城市群生态环境遥感监测，并对粤港澳大湾区的人文干扰强度与生态环境状况时空变化进行了分析。本书既有土地、植被、大气、农业、水资源与灾害等领域的长期监测和发展态势评估，也有对2022年的现势监测和应急响应分析，对有关政府决策部门、行业管理部门、科研机构和大专院校的领导、专家和学者有重要参考价值，同时也可以为相关专业的研究生和大学生提供很好的学习资料。

关键词：卫星遥感；土地利用；植被生态；水资源；粮食作物；大气环境

Abstract

This book carried out remote sensing monitoring and analysis of land use, vegetation ecology, water resources, major food crops, natural disasters, and atmospheric environment in China, and evaluated sustainable development of related fields. In terms of land use, the spatial and temporal characteristics of land use in China from late 1980s to 2020, and the characteristics at provincial level were monitored and analyzed. For vegetation ecology, based on the remote sensing quantitative products of key vegetation parameters, the growth and change of typical forest, grassland and farmland ecosystems were monitored and analyzed from 2001 to 2022 in China, and the ecological quality and change trend for seven major sub regions in China were also evaluated. In terms of water resources components, the characteristics of the precipitation, evapotranspiration, water budget, terrestrial water storage change in 2022 were monitored and analyzed using multi−source remote sensing data. Additionally, the impact of the extreme drought event in the Yangtze River Basin in 2022 on water resource elements was also evaluated. For the major food crops, ie, wheat, rice, and maize, the planting areas, growth conditions, pests and diseases habitat, and food production were analyzed in China in 2023. In terms of natural disaster monitoring, the occurrence of major natural disasters in China in 2022 has been analyzed, and remote sensing emergency monitoring and disaster analysis has been carried out for major typical floods, earthquakes, geological and other natural disasters in 2022.For the atmospheric environment, the indicators of fine particulate matter concentration, NO_2 column concentration and SO_2 column concentration were selected to analyze the remote sensing monitoring for the quality of the atmospheric environment, NO_2, SO_2 and straw burning for the year 2022 in China, especially in the key urban groups. At the same time, the remote sensing monitoring for the concentration of CO_2 and CH_4 for the year 2022 in the regions of China was analyzed. In terms of grain cultivation structure in the black soil zone, this book conducted remote sensing monitoring extraction and change analysis on the cultivation structure and cultivated area of major grain crops (soybean, corn, rice) in the black soil zone of Northeast China over the past ten years (2014 to 2023). In addition, the book also selected Guangdong, Hong Kong and Macao Greater Bay Area (GBA) as a typical urbanized region, and selected five dimensions of night lighting, wetland damage, ecological and surface thermal environment decoupling, ecological corridor and mariculture industry to conduct remote sensing monitoring of the ecological environment of urban agglomerations, as well as to analyze the spatial and temporal variations in the intensity of human disturbances and ecological conditions in GBA. This book has long-term monitoring and development situation assessments in the fields of land, vegetation, atmosphere, agriculture, water resources and disasters, as well as analysis of real-time monitoring and emergency response in 2022. This book also has important reference value for the leaders, experts and scholars of the relevant governmental decision-making departments, industrial management departments, scientific research institutions and universities, and it can also provide good learning materials for graduate and undergraduate students of related majors.

Keywords: Satellite Remote Sensing; Land Use; Vegetation Ecology; Water Resources; Food; Atmospheric Environment

目 录 ↰

Ⅰ 总报告

II　分报告

Ⅲ　专题报告

皮书数据库阅读使用指南

总 报 告

General Reports

G.1

20 世纪 80 年代末至 2020 年中国土地利用

摘 要： 土地是人类活动的场所和重要自然资源，其利用变化表征是人类活动对地球表层系统影响的最直接表现形式，是资源环境研究的基础。中国土地利用变化遥感监测基于多源、多时相遥感数据，同步建设了现状数据库和动态数据库，系统、全面反映了20世纪80年代末至2020年中国的土地利用变化历程。研究表明：①中国土地利用类型构成不均衡，2020年土地利用类型构成中，草地面积最大，占29.58%，其后是林地和未利用土地；②中国土地利用时空变化显著，2015~2020年，中国土地有37.63万平方千米改变了一级利用属性，占中国遥感监测土地总面积的3.96%，其中比例最高的是耕地和草地，合计占近半数；③20世纪80年代末以来，土地利用变化的阶段性和波动性特征明显，除受自然要素影响外，国家宏观调控与社会经济发展对其影响较为深远。

关键词： 中国 土地利用 遥感监测

作为人类活动场所和重要的自然资源，土地利用方式及其变化不仅影响农业的可持续发展，也影响区域环境的变化，是资源环境研究的基础。

中国地域辽阔，自然条件复杂多样，人类活动历史悠久，土地利用类型众多。随着改革开放的深入，社会经济高速发展，对土地施加的人类活动在强度、广度和深度上均有拓展，土地利用类型的空间分布、数量和构成处于不断变化中，类型间的相互

转化频繁而多变。根据遥感监测，20世纪80年代以来中国土地利用变化明显。

20世纪80年代末至2020年中国土地利用数据是在原有数据库基础上，通过2015~2020年中国土地利用动态遥感监测与数据库更新完成的，延续1:10万比例尺的矢量数据格式和中国科学院土地利用遥感分类系统。2015~2020年遥感监测主要采用30米分辨率的遥感数据为信息源，全部使用陆地卫星的OLI数据，以2020年获取的数据为主，为保证制图精度和监测质量，部分区域补充使用了2019年下半年和2021年上半年获取的数据。基于20世纪80年代末至2015年1:10万比例尺中国长时序土地利用时空数据库，完成了2015~2020年土地利用数据库的更新，构建了20世纪80年代末至2020年的时间序列数据库，包括5个时期的土地利用状况数据库和7个时段的土地利用动态数据库，能够完整反映不同年度和不同时段的土地利用类型面积、分布及动态特征。

中国土地利用时空数据库采用中国科学院土地利用遥感监测分类系统（见表1），共包括6个一级类型和25个二级类型。监测制图比例尺为1:10万。

表 1　中国科学院土地利用遥感分类系统

一级类型		二级类型		三级类型		含义
编码	名称	编码	名称	编码	名称	
1	耕地					指种植农作物的土地，包括熟耕地、新开荒地、休闲地、轮歇地、草田轮作地，以种植农作物为主的农果、农桑、农林用地，耕种三年以上的滩地和海涂
		11	水田			指有水源保证和灌溉设施，在一般年景能正常灌溉，用以种植水稻、莲藕等水生农作物的耕地，包括实行水稻和旱地作物轮种的耕地
		12	旱地			指无灌溉水源及设施，靠天然降水生长作物的耕地；有水源和灌溉设施，在一般年景下能正常灌溉的旱作物耕地；以种菜为主的耕地；正常轮作的休闲地和轮歇地
2	林地					指生长乔木、灌木、竹类以及沿海红树林地等林业用地
		21	有林地			指郁闭度 ≥ 30% 的天然林和人工林，包括用材林、经济林、防护林等成片林地
		22	灌木林地			指郁闭度 ≥ 40%、高度在 2 米以下的矮林地和灌丛林地
		23	疏林地			指郁闭度为 10%~30% 的稀疏林地
		24	其他林地			指未成林造林地、迹地、苗圃及各类园地（果园、桑园、茶园、热作林园等）
3	草地					指以生长草本植物为主，覆盖度在 5% 以上的各类草地，包括以牧为主的灌丛草地和郁闭度在 10% 以下的疏林草地
		31	高覆盖度草地			指覆盖度在 50% 以上的天然草地、改良草地和割草地。此类草地一般水分条件较好，草被生长茂密
		32	中覆盖度草地			指覆盖度在 20%~50% 的天然草地、改良草地。此类草地一般水分不足，草被较稀疏
		33	低覆盖度草地			指覆盖度在 5%~20% 的天然草地。此类草地水分缺乏，草被稀疏，牧业利用条件差

一级类型		二级类型		三级类型		含义
编码	名称	编码	名称	编码	名称	
4	水域		指天然陆地水域和水利设施用地			
		41	河渠			指天然形成或人工开挖的河流及主干渠常年水位以下的土地。人工渠包括堤岸
		42	湖泊			指天然形成的积水区常年水位以下的土地
		43	水库坑塘			指人工修建的蓄水区常年水位以下的土地
		44	冰川与永久积雪			指常年被冰川和积雪所覆盖的土地
		45	海涂			指沿海大潮高潮位与低潮位之间的潮浸地带
		46	滩地			指河、湖水域平水期水位与洪水期水位之间的土地
5	城乡工矿居民用地		指城乡居民点及其以外的工矿、交通用地			
		51	城镇用地			指大城市、中等城市、小城市及县镇以上的建成区用地
		52	农村居民点用地			指镇以下的居民点用地
		53	工交建设用地			指独立于各级居民点以外的厂矿、大型工业区、油田、盐场、采石场等用地，以及交通道路、机场、码头及特殊用地
6	未利用土地		目前还未利用的土地，包括难利用的土地			
		61	沙地			指地表为沙覆盖、植被覆盖度在 5% 以下的土地，包括沙漠，不包括水系中的沙滩
		62	戈壁			指地表以碎砾石为主、植被覆盖度在 5% 以下的土地
		63	盐碱地			指地表盐碱聚集，植被稀少，只能生长强耐盐碱植物的土地
		64	沼泽地			指地势平坦低洼、排水不畅、长期潮湿、季节性积水或常年积水，表层生长湿生植物的土地
		65	裸土地			指地表土质覆盖、植被覆盖度在 5% 以下的土地
		66	裸岩石砾地			指地表为岩石或石砾、其覆盖面积大于 50% 的土地
		67	其他未利用土地			指其他未利用土地，包括高寒荒漠、苔原等

在土地利用动态信息提取与制图中，采用6位数字编码标注动态的类型属性，前3位码代表原属类型，后3位码代表现属类型，这种属性编码可以清楚地表明变化区域原来以及现在的属性或土地利用方式（见图1）。

图 1 土地利用动态信息编码

遥感监测绿皮书

2020年中国土地利用遥感监测的土地总面积为9505088.89平方千米，其中包括耕地中的非耕地面积352812.26平方千米。由于海陆交互带变动，监测总面积较2015年减少252.30平方千米。2020年土地总面积包括耕地、林地、草地、水域、城乡工矿居民用地和未利用土地等6个一级类型和25个二级类型，也包括从耕地中扣除的其他零星地物等非耕地成分（汇入相应地类面积中），以及海陆交互带变动的面积（见图2）。

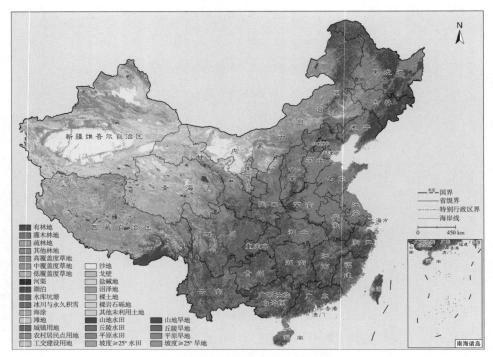

图2　2020年中国土地利用状况

2020年中国土地利用类型构成中，草地面积最大，占29.58%，相当于监测土地总面积的近三成；林地和未利用土地次之，分别占23.79%和22.20%；耕地比例较小，占14.75%，低于2015年的14.88%；城乡工矿居民用地和水域比例最小，分别只有3.10%和2.86%，城乡工矿居民用地比例高于2015年的2.78%（见表2）。

表2　2020年中国土地利用分类面积（不包括耕地中的非耕地面积）

单位：平方千米

一级类型	二级类型	面积	一级类型	二级类型	面积
耕地		1402075.30	水域	冰川与永久积雪	46667.16
	水田	337560.30		海涂	3124.88
	旱地	1064514.99		滩地	45981.15

一级类型	二级类型	面积	一级类型	二级类型	面积
林地		2261417.90	城乡工矿居民用地		294291.41
	有林地	1451865.20		城镇用地	93568.85
	灌木林地	451919.18		农村居民点用地	137166.75
	疏林地	300131.28		工交建设用地	63555.81
	其他林地	57502.24	未利用土地		2110480.71
草地		2811956.99		沙地	514316.38
	高覆盖度草地	930895.97		戈壁	588661.59
	中覆盖度草地	1051373.40		盐碱地	113183.87
	低覆盖度草地	829687.63		沼泽地	116586.55
水域		272054.36		裸土地	33085.49
	河渠	42693.71		裸岩石砾地	686395.48
	湖泊	82647.57		其他未利用土地	58251.34
	水库坑塘	50939.90	分类面积合计		9152276.63

　　中国土地利用类型分布具有明显的区域分异，耕地是分布最广的土地利用类型之一，在每一个省域都有分布（见表3），但主要集中在我国东部，特别是华北平原、东北平原、长江中下游平原，西部地区只有四川盆地和新疆维吾尔自治区耕地较多。草地是各种土地利用类型中面积最大的一类，广泛分布在我国内陆区域，在北方和西部地区有辽阔的草地，而东南部地区草地面积较小，分布也比较零散。林地面积次之，主要分布区域包括大兴安岭—太行山—秦岭—横断山脉以东、除平原和盆地以外的广大山地和丘陵地带。水域分布广泛，在任何一个区域都有分布，相对集中的水域分布区包括长江中下游地区和青藏高原都是湖泊众多的区域。城乡工矿居民用地面积最小，分布不均衡，黄淮海平原地区是我国城乡工矿居民用地分布最集中、数量最多、个体规模最大的区域，其次是东北地区，分布密度也较高；在南方地区，除了比较平坦的区域外，城乡工矿居民用地规模较小、分布较分散，珠江三角洲、长江三角洲、四川盆地等分布相对较多；西部地区由于人口密度低，城乡工矿居民用地相对较少。未利用土地面积稍次于林地，在我国西部的广大地区和中部省域的高海拔区域分布较多。

表3 2020年中国各省域土地利用分类面积

单位：平方千米

省份	耕地	林地	草地	水域	城乡工矿居民用地	未利用土地
北京	2421.76	7647.70	1038.47	419.00	3744.41	0.49
天津	4056.53	397.76	55.58	1746.57	3998.66	13.95
河北	67640.07	40451.17	28796.06	4235.39	20337.16	1476.19
山西	46014.51	44279.05	44823.21	1696.51	8487.75	102.91
内蒙古	99721.73	178913.34	469114.29	14474.12	15967.22	349133.39
辽宁	51401.42	61089.49	4659.90	5652.49	13250.62	1488.65
吉林	63692.90	84463.32	7000.94	4780.68	8181.48	11345.08
黑龙江	147811.08	195742.79	35351.54	13136.97	10847.25	35652.92
上海	2445.64	96.22	26.17	2051.26	2998.98	0.00
江苏	43525.24	3047.00	787.85	14057.87	23632.62	168.38
浙江	18045.55	63911.30	2239.81	4173.55	10484.78	60.32
安徽	57051.75	31969.40	7803.54	8247.93	16479.26	170.73
福建	14364.09	74628.35	18828.17	2509.05	7089.18	69.14
江西	34588.47	102643.02	6718.40	7332.45	6139.75	436.95
山东	80829.88	10729.68	5271.05	7741.16	31848.61	960.72
河南	79169.50	32773.68	5278.75	4304.39	23786.14	10.78
湖北	49109.60	92116.91	6886.05	12496.47	9741.68	295.85
湖南	43496.77	131392.21	6982.24	7580.92	6199.40	693.92
广东 *	28222.25	112357.98	4163.39	8793.28	15362.87	148.93
广西	40368.83	158838.39	12975.35	4376.90	7481.37	15.73
海南	6666.73	21304.00	603.46	1299.55	1603.24	54.94
重庆	27613.69	32664.15	8902.56	1202.07	2504.05	12.40
四川	85067.77	168749.36	168812.55	4372.51	7133.63	17554.50
贵州	39472.47	94882.69	29127.82	746.17	3391.43	30.09
云南	49135.88	220175.47	85951.02	3434.66	4750.55	2092.90
西藏	4536.51	127089.55	834603.81	57524.72	430.90	177467.17
陕西	57757.37	47726.11	76882.42	1892.72	5850.19	4244.89
甘肃	56986.06	38695.26	139045.06	3237.94	5516.77	152431.42
青海	6792.81	28186.95	378737.10	31339.32	2863.84	266991.05
宁夏	14829.89	2825.81	23233.74	1032.85	2507.47	4400.87
新疆	72720.27	27089.15	396254.33	34447.17	9101.02	1082872.83
台湾	6518.30	24540.65	1002.39	1717.75	2579.08	82.64
全国	1402075.30	2261417.90	2811956.99	272054.36	294291.41	2110480.71

* 含香港和澳门数据。

基于土地利用分类系统和遥感监测面积，2020年中国土地的利用率达77.80%，包括农林牧、建设、水利、交通等利用方式，如果考虑冰川与永久积雪、海涂、滩地等土地尚未直接利用等情况，实际土地利用率为76.79%。2020年土地垦殖率为14.75%，相对于2015年有所降低；林地覆盖率23.79%，其中有林地覆盖率15.27%，较2015年略有下降。中国30多年的土地利用变化过程，对土地利用整体特点的影响主要表现为面积数量的改变，对土地利用类型构成及其区域分布的影响则较为有限，只有耕地分布重心向北和西北有所迁移，城乡工矿居民用地的重心更侧重于东部地区。总体来说，中国土地利用的基本格局相对稳定，局部区域变化明显，依然保持着耕地和城乡工矿居民用地集中在东部，草地和未利用土地广布于西部，林地在中部区域分布较多，水域分布东南多、西北少的格局。

　　遥感监测期间，我国土地有376324.10平方千米改变了一级利用属性，占遥感监测土地总面积的3.96%，这些变化在全国范围均有分布，东部和北部相对集中（见表4）。

表4　20世纪80年代末至2020年中国土地利用一级类型动态转移矩阵

单位：平方千米

	耕地	林地	草地	水域	城乡工矿居民用地	未利用土地	耕地内非耕地	海域	合计
耕地	—	9493.18	12342.10	10001.13	65278.88	2073.22	0.00	0.48	99188.98
林地	19250.11	—	12498.75	1884.99	13932.62	555.89	2827.69	0.97	50951.03
草地	54110.12	19995.58	—	6644.22	10688.19	15736.08	10210.44	2.06	117386.69
水域	4771.27	476.16	2451.98	—	5177.84	5076.27	1268.02	3087.99	22309.52
城乡工矿居民用地	619.96	273.23	165.73	342.36	—	28.19	186.98	2.29	1618.73
未利用土地	16678.59	880.50	13863.13	9935.58	6170.17	—	3095.41	0.51	50623.90
耕地内非耕地	0.00	2176.92	2513.35	3136.09	20458.08	386.17	—	0.00	28670.62
海域	1.29	7.68	4.19	3847.51	1683.04	30.94	0.00	—	5574.63
合计	95431.33	33303.24	43839.23	35791.88	123388.82	23886.76	17588.53	3094.30	376324.10

　　在土地利用总变化中比例最高的是耕地和草地，合计占近半数；面积变化比例最低的是未利用土地和水域，合计不足五分之一。同时，由于海涂的发育与人工填海造陆活动的加剧，陆地面积增加了2480.33平方千米，相当于遥感监测土地总面积增加了0.03%（见表5）。

表5　20世纪80年代末至2020年中国土地利用面积变化

单位：平方千米

	耕地	林地	草地	水域	城乡工矿居民用地	未利用土地	耕地内非耕地	海域
新增	95437.83	123474.01	75083.83	70170.15	135864.02	26494.66	17588.53	3094.30
减少	99188.98	141128.30	148631.28	56687.79	14093.93	53231.80	28670.62	5574.63
净变化	−3751.15	−17654.29	−73547.46	13482.36	121770.09	−26737.14	−11082.09	−2480.33

中国土地利用类型变化的时空差异明显。耕地的基本特征是"南减北增，总量基本持平，新增耕地的重心逐步由东北向西北移动"；耕地开垦重心由东北地区和内蒙古东部转向西北绿洲农业区；内蒙古自治区南部、黄土高原和西南山地退耕还林还草效果有所显现。2000年之后，中国耕地总面积表现出加快减少的趋势，特别是经过2015~2020年快速减少之后，2020年中国耕地总面积首次出现低于20世纪80年代末的现象。城乡工矿居民用地的扩展持续进行，速度有加快趋势（见图3），且由集中于东部向中西部蔓延的态势，黄淮海地区、东南部沿海地区、长江中游地区和四川盆地城镇工矿用地呈现明显的加速扩张态势。30多年间，政策调控和经济驱动是导致我国土地利用变化及其时空差异的主要原因。

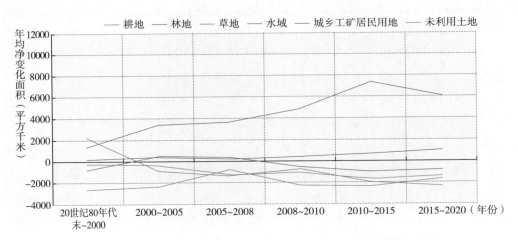

图3　20世纪80年代末至2020年中国土地利用一级类型年均净变化面积

1.1　耕地及其变化

2020年中国耕地面积140.21万平方千米，是20世纪80年代末期的99.73%。其中，水田面积33.76万平方千米，旱地面积106.45万平方千米，均少于2015年，分别是20世纪80年代末期的93.32%和101.95%。

　　中国耕地广泛分布在全国范围内，但地区间差异较大，大致以大兴安岭—太行山—秦岭—横断山区为界，将中国划分为东南部和西北部两大区域。大部分的耕地集中在东南部，包括东北平原、华北平原、长江中下游平原以及四川盆地等平坦辽阔的区域；在西北部，从黄河中游的河套地区到黄土高原、河西走廊、新疆维吾尔自治区的盆地外围，也有较多的耕地分布。耕地中的旱地类型主要分布在我国广大的北方和西北地区，包括东北平原、华北平原、四川盆地、陕西、宁夏和甘肃等中国传统的农耕区和地势起伏的低山丘陵区。水田的分布大致以淮河为界，淮河以南的耕地多为水田，四川盆地中灌溉条件较好的成都平原也有较大规模的水田存在，水田在北方的分布相对较少，只是在东北平原和黄河中游河谷平原的局部地段有分布。

　　中国省域间耕地分布差异非常明显。2020年各省（自治区、直辖市）耕地数量居中国耕地总量前十位的依次是黑龙江、内蒙古、四川、山东、河南、新疆、河北、吉林、陕西和安徽，共占我国耕地总面积的57.88%；数量最少的是北京市。除四川、安徽外，我国耕地主要分布在北方省区，仅黑龙江省的耕地面积就占中国耕地的十分之一以上（见表3）。

　　耕地包括水田和旱地等2个二级类型，旱地面积较大，水田面积较小。2020年旱地占耕地总面积的75.92%，较监测初期的74.27%有所提高。旱地是中国最大的耕地类型，其地域分布与耕地的总体分布类似，最集中的区域包括华北平原、东北平原和黄土高原，主要涉及河北、河南、山西、山东、辽宁、吉林、黑龙江和陕西等省。2020年水田占耕地面积的24.08%，较监测初期的25.73%有所下降。水田在长江中下游平原和四川盆地最集中，南方其他各省份、华北平原北部、东北平原、河套地区、渭河谷地、云贵高原、台湾、海南等也有较多分布，但多是分散呈现，只在局部相对集中。

　　耕地是中国土地利用变化最主要的类型，20世纪80年代末至2020年面积增加和减少的耕地变化总面积达194626.81平方千米，占所有土地利用变化总面积的51.72%，在同时考虑耕地地块中非耕地地物成分的情况下，该比例更达64.01%。相对于20世纪80年代末至2015年的耕地面积变化，比例均有所降低。

　　20世纪80年代末以来，中国新增耕地面积累计95437.83平方千米，减少耕地面积累计99188.98平方千米，分别占耕地增加和减少面积的49.04%和50.96%，耕地面积净减少了3751.15平方千米，相当于20世纪80年代末期耕地面积的0.27%。

　　新增耕地主要来源中草地所占比例一直较高。20世纪80年代末至2000年新增耕地主要来源于草地和林地，占该时期新增耕地总面积的比例分别为55.53%和29.10%；2000年后新增耕地主要来源于草地和未利用土地，来自草地和未利用土地的面积占新增耕地总面积的比例在2000~2005年分别为59.13%和21.86%，在2005~2008年分别为59.58%和23.45%，在2008~2010年分别为69.02%和16.38%，在2010~2015年分别为

55.64%和31.74%，在2015~2020年分别为48.96%和36.35%。

耕地面积减少的主要原因是城乡工矿居民用地扩展的占用。20世纪80年代末至2005年，城乡工矿居民用地扩展占用耕地面积20951.66平方千米，占耕地减少面积的45.74%，其中在20世纪80年代末至2000年和2000~2005年的比例分别为45.97%和45.47%。2005年后耕地减少面积中城乡工矿居民用地扩展占用的比例急剧增加，2005~2020年，城乡工矿居民用地扩展占用耕地面积44327.23平方千米，是同期耕地减少面积的83.03%，其间2005~2008年占耕地减少面积的比例为63.52%，2008~2010年进一步增加到76.88%；2010~2015年，耕地减少的面积中，城乡工矿居民用地扩展对耕地的占用高达90.44%；2015~2020年，耕地减少的面积中，城乡工矿居民用地扩展对耕地的占用仍高达87.45%。

20世纪80年代末至2020年，中国大多数省份的耕地面积有所减少，耕地减少速率最快的区域集中于长江三角洲、珠江三角洲、华北平原和四川盆地等，而增加速率最快的区域集中在新疆、黑龙江以及内蒙古等（见表6）。

表6　20世纪80年代末至2020年中国耕地不同时段面积净变化

单位：平方千米

省（自治区、直辖市）	20世纪80年代末~2000年	2000~2005年	2005~2008年	2008~2010年	2010~2015年	2015~2020年	20世纪80年代末~2020年
北京	-623.06	-259.66	-74.08	-58.51	-176.94	-90.83	-1283.08
天津	-146.52	-215.58	-43.85	-184.08	-193.03	-148.76	-931.81
河北	-1257.71	-324.64	-249.93	-303.32	-1105.74	-953.33	-4194.67
山西	35.43	-485.13	-421.18	-180.65	-616.13	-568.24	-2235.90
内蒙古	9910.22	737.80	428.57	-50.16	299.83	-17.30	11308.96
辽宁	1775.90	-153.43	-155.90	-94.42	-408.19	-286.34	677.61
吉林	3705.72	507.81	-68.33	-18.27	-46.02	-117.65	3963.26
黑龙江	16645.75	1315.50	658.76	34.79	-44.48	-353.26	18257.06
上海	-301.56	-227.62	-246.84	-88.22	-266.28	-81.34	-1211.87
江苏	-1785.58	-872.84	-1250.95	-619.92	-1773.92	-1136.37	-7439.58
浙江	-913.70	-1562.73	-337.76	-139.63	-772.46	-645.58	-4371.87
安徽	-748.11	-261.48	-541.59	-508.02	-946.71	-1277.38	-4283.30
福建	-129.75	-593.51	-205.67	-54.55	-295.92	-306.32	-1585.72
江西	-161.43	-109.62	-77.97	22.92	-488.94	-654.94	-1469.98
山东	-1073.50	-721.54	-869.96	-183.41	-2544.89	-1698.55	-7091.85
河南	43.05	-789.63	-313.69	-210.09	-1826.37	-1565.97	-4662.70
湖北	-487.04	-662.14	-303.02	-356.79	-838.97	-962.97	-3610.93
湖南	-264.39	-269.69	-159.85	-168.05	-404.36	-413.25	-1679.59

续表

省（自治区、直辖市）	20 世纪 80 年代末~2000 年	2000~2005 年	2005~2008 年	2008~2010 年	2010~2015 年	2015~2020 年	20 世纪 80 年代末~2020 年
广东	−1287.25	−1390.80	−322.14	−63.64	−480.95	−483.43	−4028.20
广西	104.87	−81.36	−111.40	−120.54	−314.88	−532.22	−1055.54
海南	−73.72	−43.50	−16.30	−32.11	−141.58	−56.16	−363.38
重庆	−160.30	−244.20	−431.34	−192.90	−422.72	−382.36	−1833.83
四川	−379.23	−923.60	−286.08	−430.02	−832.76	−937.77	−3789.45
贵州	308.04	153.37	−318.71	−129.83	−675.62	−614.16	−1276.92
云南	−354.07	−213.40	−281.58	−394.84	−536.38	−526.80	−2307.06
西藏	−8.76	−5.49	−1.12	−5.72	−43.96	−38.08	−103.13
陕西	135.36	−1641.33	−181.05	−95.64	−264.64	−350.38	−2397.67
甘肃	657.40	−93.86	−76.67	18.15	113.04	165.71	783.76
青海	202.01	16.48	40.53	−16.31	−90.16	88.62	241.17
宁夏	1836.06	−836.12	64.45	−14.93	104.01	−94.11	1059.36
新疆	3174.07	5746.03	2133.85	3159.28	6063.21	3093.11	23369.56
台湾	−29.27	−122.04	−32.49	0.20	−14.24	−6.04	−203.87
合计	28348.92	−4627.94	−4053.27	−1479.23	−9987.15	−11952.48	−3751.15

耕地中，水田面积持续减少；旱地面积变化有所波动，在2005年以前呈持续增加趋势，2005~2008年转变为减少，2008~2010年又略有增加，2010~2015年再次转变为减少，且2015~2020年的旱地减少速度较2010~2015年加快。

不同时期的耕地构成中，水田占耕地的面积比例也主要表现为持续降低趋势。监测初期，耕地中有25.73%是水田，渐次降低到1995年的25.42%、2000年的25.11%、2005年的24.84%、2008年的24.71%、2010年的24.58%、2015年的24.30%及2020年的24.08%。旱地比例持续增加，监测初期为74.27%，2020年已增加到75.92%，提高了1.65个百分点。

2015~2020年新增耕地面积5487.27平方千米，年均增加1097.45平方千米，速度远低于2010~2015年的年均2023.70平方千米，耕地增加面积和速度总体上持续趋缓。耕地增加速度最快的区域集中在北方干旱半干旱区，尤其以新疆最为突出。

同期的耕地减少中，2015~2020年耕地面积减少17439.36平方千米，年均减少3487.95平方千米，速度低于2010~2015年的年均4021.13平方千米，耕地减少速度较快的区域集中于长三角与华北地区。

20世纪80年代末至2020年，各省耕地增减具有明显的空间分布规律，内蒙古、黑龙江、陕西、新疆、辽宁、吉林和宁夏等省（自治区）是由林地、草地增加导致耕地面积大量减少；北京、上海、天津、河北、山东、广西、安徽、河南、西藏、江苏、福建、浙江等省（自治区、直辖市）主要由城乡工矿居民用地扩展导致耕地面积减少，耕地减少面积中80%以上流向城乡工矿居民用地。就耕地减少的总量而言，东南沿海和内陆省域是中国耕地面积减少最显著的区域，特别是江苏、山东、河南、浙江、安徽等省。就耕地减少的变化率而言，各直辖市、东南沿海省域是减少速率最快的区域，特别是北京和上海。北方省域是耕地增加最显著的区域，以黑龙江、新疆、内蒙古增加最多，其中新疆在后期显著高出其他省域，新增耕地的分布重心有个从东北向西北转移的过程。

自20世纪80年代末以来，中国原有耕地不断减少，以北方地区为主的新垦耕地持续增加。二者平衡的结果是，以2000年为转折点，20世纪80年代末到2000年耕地总面积略有增加，2000年耕地面积是20世纪80年代末的101.99%；2000~2020年耕地总面积逐步减少，2020年耕地是2000年耕地的97.77%。30多年间，耕地总量基本保持平衡，2020年耕地是20世纪80年代的99.72%（见图4）。

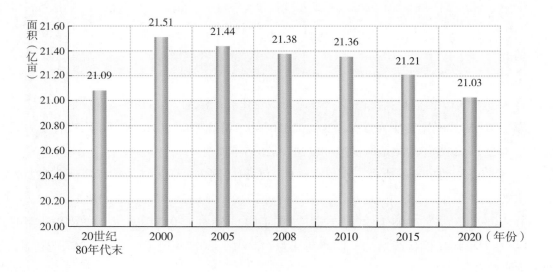

图4　全国各时期耕地总面积

1.2　林地及其变化

林地是我国第二大土地利用类型，主要分布于大兴安岭—太行山—秦岭—横断山脉以东的山地和丘陵地带。林地比较集中的地区包括黑龙江省北部和东部、内蒙古自治区东北部、陕西省南部、西藏自治区东南部、长江流域及其以南的省域和台湾、海南等。林地包括有林地、灌木林地、疏林地和其他林地等4个二级类型，有林地面积最多，分布最广，占林地总面积的64.20%。灌木林地和疏林地面积次之，主要在林地分布区和草地分布区的过渡地带，分别占林地的19.98%和13.27%。其他林地面积较少，只占林地的2.54%，主要分布在华南地区。

20世纪80年代末以来，我国林地面积净减少17654.29平方千米，森林覆盖率由20世纪80年代末的23.98%变为2020年的23.79%，下降了0.19个百分点。林地二级类型中，有林地的生态服务价值相对较高，受林地砍伐、植树造林和速生林种植等人类活动影响，林地结构发生一定变化，与20世纪80年代末相比，2020年全国有林地占林地的比例下降了0.40个百分点，灌木林地上升了0.18个百分点，疏林地降低了0.32个百分点，其他林地上升了0.54个百分点。全国大部分省（自治区、直辖市）的有林地比例出现下降，而其他林地比例出现上升。

我国是世界上人工造林规模最大的国家之一，尽管早期由于砍伐利用导致林地面积减少较快，但受森林资源保护举措空前加强等的影响，主要林区的森林植被恢复明显，林地面积快速减少的势头被彻底遏制，2000年后林地总面积和森林覆盖率基本稳定（见图5）。需要注意的是，受国家植树造林政策影响，2000~2008年全国林地面积缓慢恢复，但2008年后又开始下滑，2015年起全国林地面积和森林覆盖率甚至低于2000年水平，2020年又进一步降低。2000~2008年，全国15个省（自治区、直辖市）的森林覆盖率有所恢复；2008~2020年，全国有4个省（自治区）的森林覆盖率保持了恢复势头，分别为河北省、云南省、西藏自治区和宁夏回族自治区，而同期森林覆盖率下降较多的省份主要分布于沿海地区及南方丘陵地带，海南省、江西省、广东省、浙江省和湖南省森林覆盖率下降量均在0.50个百分点以上。20世纪80年代末至2020年，青海省和西藏自治区的森林覆盖率长期保持稳定，宁夏回族自治区和云南省的森林覆盖率持续增长。

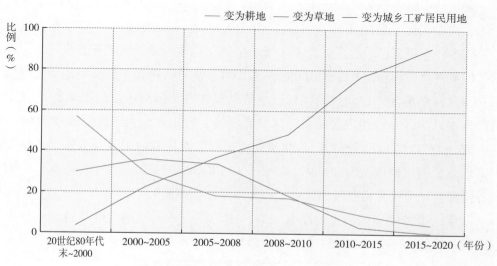

图 5　20 世纪 80 年代末至 2020 年全国减少林地主要去向

20世纪80年代末以来，林地与其他一级类型间相互转化面积84260.77平方千米，占土地利用一级类型动态总面积的22.39%。新增林地面积的60.04%源自草地，28.51%来自耕地；同期林地减少面积的37.79%转变为耕地，27.34%转变为城乡工矿居民用地，24.53%转变为草地。

城市化对林地的影响持续增强，农业发展对林地的影响持续减弱。早期，耕地开垦占用林地的现象比较普遍，砍伐导致相当一部分林地转变为草地，20世纪80年代末至2000年，林地变耕地面积占同期林地减少面积的56.67%，林地变草地面积占同期林地减少面积的29.83%，林地变城乡工矿居民用地面积占同期林地减少面积的3.41%。2000年后，林地变城乡工矿居民用地面积占同期林地减少面积比例激增，且从2008年起城乡工矿居民用地对林地的占用成为林地面积减少的首要原因。2015~2020年，林地变耕地面积仅占同期林地减少面积的4.03%，林地变草地面积仅占同期林地减少面积的0.17%，而林地变城乡工矿居民用地面积占同期林地减少面积的比例已激增至90.91%。

耕地和草地是各个时期新增林地的主要土地来源。2000~2008年是国家退耕还林工程建设的重要实施期，在2000~2005年和2005~2008年两个监测阶段，耕地提供新增林地土地来源的比例明显高于其他时期，分别为35.02%和32.50%。草地在我国广泛分布，宜林荒山荒地造林中，草地提供新增林地面积在各个时期均最多，并且在2008~2010年提供新增林地面积的比例一度高达75.68%。

1.3 草地及其变化

草地是中国面积最大的土地利用类型，2020年遥感监测草地面积2811956.99平方千米，占中国遥感监测土地利用总面积的29.58%。草地是干旱、高寒等自然环境严酷、生态环境脆弱区域的主体生态系统。全国草地重点分布区域有青藏高原、黄土高原、内蒙古高原和新疆北部天山和阿尔泰山等。从行政单元来看，草地主要分布于中国北部和西部地区，西藏自治区拥有草地最多，占全国草地总面积的29.68%，其次是内蒙古自治区、新疆维吾尔自治区和青海省，分别占全国草地总面积的16.68%、14.09%、13.47%，西部的四川、甘肃、云南和陕西等省份也分布有较多草地，占中国草地总量的比例依次为6.00%、4.94%、3.06%和2.73%。其余中国东部、中部和南部省份拥有草地资源相对较少，合计占中国草地面积的9.34%。

以草地覆盖度反映的草地质量来看，中国高、中、低覆盖度草地的面积占比分别为33.10%、37.39%和29.51%。在体量上，西南和西北地区省份各类型的草地面积都很大，居全国前列，其中高覆盖度草地主要分布在西藏、内蒙古、新疆、云南和四川等省（自治区），占全国高覆盖度草地总面积的比例分别为34.67%、18.26%、13.74%、5.78%和5.10%；中覆盖度草地主要分布在西藏、内蒙古、青海、四川和新疆等省（自治区），占全国中覆盖度草地总面积的比例分别为27.89%、19.66%、12.87%、9.82%和8.52%；低覆盖度草地主要分布在西藏、青海、新疆、内蒙古和甘肃等省（自治区），占全国低覆盖度草地总面积的比例分别为26.36%、25.40%、21.55%、11.13%和6.36%。从草地质量的省域差异来看，东部地区和南方地区虽然草地总量不多，但以高覆盖度草地为主；中西部地区以中覆盖度草地和低覆盖度草地为主。总体来说，中国草地资源丰富，草地面积大但空间分布不均，主要分布于生态环境较为脆弱的区域，且多为中低覆盖度草地。

自20世纪80年代以来，中国草地资源在气候等自然条件变化、人类活动扰动及保护措施的多重影响下，发生了一系列较为显著的变化。20世纪80年代末至2020年，草地面积净减少了73547.46平方千米，净减少面积相当于20世纪80年代末草地面积的2.55%。新疆维吾尔自治区草地净减少面积最多，净减少了24490.43平方千米，其次为内蒙古自治区，草地面积净减少了18396.95平方千米，再次为黑龙江省，草地面积净减少了8026.50平方千米。另外，吉林、宁夏、青海、福建、贵州、西藏和河北等省（自治区）草地净减少面积也较多，净减少面积介于2000~4000平方千米。总体来看，中国草地资源的面积在持续缩减，20世纪80年代末至2015年，除2005~2008年，其他各个监测阶段草地年均减少面积均较多，草地减少速度每年均在2000平方千米以上。2015~2020年草地减少速度有所回落，年均减少1826.66平方千米。

沙地与荒漠治理、林地砍伐、耕地撂荒与退耕还草措施是草地增加的主要原因。20世纪80年代末至2020年，新增草地面积的主要土地来源为未利用土地、林地和耕地，比例分别为31.62%、28.51%和28.15%（见图6）。20世纪80年代末至2000年，林地被砍伐成为草地面积相对较多；2000~2005年，退耕还林还草措施是草地面积增加的主因，耕地提供同期新增草地土地来源占40.25%；2005年后，随着国家林地保护政策加强和耕地可退耕数量减少，林地和耕地提供新增草地土地来源的比例骤减，而未利用土地所占比例骤增，成为新增草地最主要的土地来源，2015~2020年提供新增草地面积的比例高达61.00%，同期林地变草地面积占新增草地面积的比例仅1.18%。

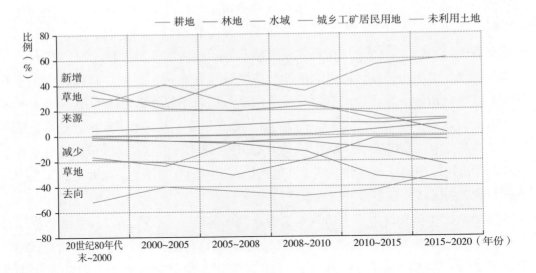

图6 20世纪80年代末至2020年全国草地变化

荒地开垦、植树造林和土地荒漠化是草地面积减少的主要原因。20世纪80年代末至2020年，草地减少面积的主要去向为耕地、林地和未利用土地，比例分别为46.10%、17.03%和13.41%。由于草地主要分布在西部省份，城市化对中国草地面积的影响相对较弱，草地变为城乡工矿居民用地面积仅占草地减少面积的9.11%。2015年以前耕地开垦一直是草地面积减少的首要原因，占草地减少面积的比例始终在40.00%以上；2010年以前，植树造林一直是草地面积减少的第二大原因。2010年以后，城乡工矿居民用地扩展和水域扩展占用草地面积的比例提升较大，2010~2015年分别占草地减少面积的11.02%和32.36%，2015~2020年进一步分别增至23.63%和37.15%。

1.4 水域及其变化

中国水域面积相对较少，但水域类型丰富，水资源区域分布不平衡。2020年水域总面积272054.36平方千米，仅为全国土地利用总面积的2.86%。水资源空间分布差异较大，在各省（自治区、直辖市）的占比介于0.42%（贵州）~34.32%（上海），东部沿海地区、南方地区及青藏高原地区各省（自治区、直辖市）水域分布密度相对较高，西部干旱区及喀斯特岩溶区水域分布密度相对较低。

河渠面积占全国水域总面积的15.69%，其空间分布范围较广，分布密度相对较低。东部沿海地区和南方地区河渠分布密度相对较高，中西部地区河渠分布密度较低。上海市和天津市因为土地面积较小,河渠面积占行政区土地总面积的比例非常高,分别为14.34%和3.47%,江苏省也达到2.21%,是全国河渠密度居前三位的三个省份。其他省份河渠密度相对较低,仅有6个省份的比例介于1.00%~2.00%,分别是湖北、台湾、广东、湖南、重庆和安徽,其余23个省份的河渠占比均低于1.00%。贵州省由于地形地貌原因,河渠所占比例仅为0.10%。

湖泊面积占全国水域总面积的30.38%,其空间分布相对集中。从面积上看,位于西部地区的西藏自治区湖泊总面积最大,其后为青海省和新疆维吾尔自治区,湖泊面积占全国湖泊总面积的比例分别为36.41%、17.63%和8.75%,仅西藏自治区和青海省的湖泊面积合计就占全国湖泊总面积的半数以上;另外,江苏、内蒙古、黑龙江、安徽、湖北、湖南、江西和吉林等省(自治区)湖泊面积相对较大,占全国湖泊总面积的比例均高于2.00%。以上11个省(自治区)湖泊面积占全国湖泊总面积的95.87%,并且其湖泊密度也相对较高,江苏、西藏、安徽、青海、湖北、江西和湖南等省(自治区)湖泊面积占各自行政区土地利用总面积的比例均高于1.00%,分别为5.49%、2.50%、2.31%、2.03%、1.68%、1.29%和1.19%。

水库坑塘占全国水域总面积的18.72%,主要分布于沿海地区,广东省、湖北省和江苏省的水库坑塘面积居全国前三位,分别是全国水库坑塘总面积的10.66%、10.50%和10.13%,山东省和安徽省的水库坑塘面积也相对较多,分别是全国水库坑塘总面积的7.51%和5.30%。

冰川与永久积雪占全国水域总面积的17.15%,集中分布于西部的高海拔山地,包括西藏、新疆、青海、甘肃、四川和云南等省(自治区)。

海涂仅占全国水域总面积的1.15%,沿海岸线自北至南多有分布,主要河流出海口处的海涂分布面积较多,集中分布在山东、福建、广东、广西、台湾、辽宁、浙江、上海、河北等省(自治区、直辖市)。

滩地占全国水域总面积的16.90%,空间分布比较集中,内陆季节性河流分布较多的区域,滩地的面积相对较多。青海、内蒙古和新疆等省(自治区)滩地面积较大,分别占全国滩地总面积的21.28%、12.00%和11.50%,黑龙江省和西藏自治区滩地面积也比较大,占全国滩地总面积的比例大于5.00%。

30余年来,全国水域面积呈上升趋势,占比由20世纪80年代末的2.72%增加至2020年的2.86%。2020年全国水域面积较20世纪80年代末净增加了13482.36平方千米,是监测初期的1.05倍。水域新增面积70170.15平方千米,除了水域二级类型内部转换产生的新增面积外,主要来自对耕地和未利用土地的占用,比例分别为14.25%和14.16%。水域减少面积56687.79平方千米,除了水域二级类型内部转换产生的减少面积外,主要流向城乡工矿居民用地、未利用土地。

耕地和未利用土地一直是水域面积增加的主要土地来源，其中平原区水田和平原区旱地变为水库坑塘是耕地提供新增水域面积的主要方式；沼泽地、盐碱地变为湖泊和水库坑塘是未利用土地提供新增水域面积的主要方式。

水域减少面积去向随时间变化较大，早期耕地占用水域面积相对较多，城乡工矿居民用地扩展占用水域面积相对较少，但水域转为耕地面积占水域减少面积的比例不断下降，而转为城乡工矿居民用地面积所占比例持续上升。20世纪80年代末至2000年，水域转为耕地面积占水域减少面积的比例为36.83%，水域转为城乡工矿居民用地占水域减少面积的比例为6.32%，但在2015~2020年，水域转为耕地面积占水域减少面积的比例降低至8.42%，水域转为城乡工矿居民用地占水域减少面积的比例升高为9.13%。滩地、水库坑塘和河渠变平原区旱地、滩地和水库坑塘变平原区水田是耕地占用水域的主要方式；工交建设用地扩展占用水库坑塘和海涂、城镇用地和农村居民点扩展占用水库坑塘是城乡工矿居民用地占用水域的主要方式。

水域动态面积占全国土地利用动态面积的比例相对较低，除冰川与永久积雪面积变化不明显外，其他各种水域类型均比较活跃，动态类型丰富。自然条件变化和社会经济发展均能对水域面积产生影响。城市化对水库坑塘等水域面积的影响逐年增强；由于对天然湖泊的保护，耕地占用湖泊的现象在2005年后大幅减少，在2015~2020年尤为显著。全国低覆盖度草地转为湖泊的速度一直在增加，并主要分布于西部地区，这可能与气候变暖有关。此外，季节原因导致滩地与河渠、湖泊和水库坑塘等水域类型内部相互转化的面积也比较多。

1.5 城乡工矿居民用地及其变化

城乡工矿居民用地是人类彻底改变原有自然土地覆盖，建造人工地表的一种土地利用类型，虽然它占中国国土面积的比例很小，却聚集了高密度的人口和社会经济活动，具有分布广泛、区域选择性强、地域差异明显、扩展可逆性差、土地利用价值高等特点。

城乡工矿居民用地分布广泛，面积最小。2020年中国城乡工矿居民用地总面积294291.41平方千米，是20世纪80年代末的1.71倍，较2015年增加了11.40%，占2020年遥感监测总面积的3.10%，占比远低于耕地、林地、草地和未利用土地，略高于水域。城乡工矿居民用地具有显著的地域差异，其密度在32个省（自治区、直辖市）中介于0.04%（西藏）~35.55%（上海）。城乡工矿居民用地的空间分布是自然条件、人口分布和社会经济发展水平等多要素共同作用的结果，其中自然条件尤其地形是影响城乡工矿居民用地分布的先决要素，它的影响通常在经历漫长的历史时期之后方能显现，而与城市化水平高度相关的人口分布和社会经济发展水平等要素对城乡工矿居民用地分布的影响在短期内即可凸显。中国沿海地区具备最高的城市化水平和最大的对外开放力度，是中国经济最发达的区域，拥有最密集的城乡工矿居民用地分布和最显著的扩展区位优势。2020年，全国47.80%的城乡工矿居民用地分布于此，且地势相对平坦的东部和北部沿海地区城乡工矿居民用地分布更为密集；南部沿海地区虽然具备较高的城市化水平，但多丘陵和山地，不利于城乡工矿居民用地扩展，城乡工矿居民用地密度仅为8.64%。中部地区城乡工矿居民用面积、密度和个体规模仅次于沿海地区，24.07%的城乡工矿居民用地分布于此，分布密度为6.90%，远低于沿海地区均值（14.33%）。共计32279.34平方千米的城乡工矿居民用地分布于东北地区，分布密度为4.08%，略高于全国均值。西部地区地广人稀，城乡工矿居民用地分布的区位优势较小，此类用地密度最小，仅为1.00%。

　　城乡工矿居民用地包括3个二级类型，分别是城镇用地、农村居民点用地和工交建设用地，它们的面积、分布密度和个体规模均存在较大差异。农村居民点用地是我国城乡工矿居民用地中最主要的类型，总体面积最大、密度最高，数量最多、分布最广，个体规模在空间上最均衡，占城乡工矿居民用地的46.61%，密度为1.44%。城镇用地占城乡工矿居民用地的31.79%，密度为0.98%，个体差异最大。城市群是城镇用地分布最集中、规模最大的区域，尤其是我国重点建设的京津冀、长江三角洲、珠江三角洲城市群区域。工交建设用地分布广、规模小，是面积最小的城乡工矿居民用地类型，占比仅为21.60%，常呈带状以工矿、工业园区等形式分布于我国内陆资源型城市，以港口和码头的形式分布于沿海区域。此外，三种类型用地在城乡工矿居民用地中的比例构成也存在明显的空间差异，城镇用地占比在东部地区最大（37.41%），其次是中部地区（30.68%）和西部地区（26.71%），在东北地区最小（23.35%）；与之相反，农村居民点用地占比在东北地区最大（65.28%），其后是中部地区（51.72%）和西部地区（42.44%），在东部地区最小（41.09%）；工交建设用地占比在西部地区最大（30.85%），其后是东部地区（21.50%）和中部地区（17.60%），在东北地区最小（11.37%）。除上述差异外，三种类型的城乡工矿居民用地在空间上也有共性可循，即它们的面积、密度和个体规模均在东部地区最大，其后是中部地区和东北地区，西部地区最小。

　　监测期间，中国城乡工矿居民用地显著增加，成为增加幅度最大的土地利用类型，总面积由20世纪80年代末的172521.24平方千米增加至2020年的294291.41平方千米，增加了70.58%。20世纪80年代末以来，城乡工矿居民用地扩张速度总体呈增加态势，年均净变化面积由1353.88平方千米增至6023.50平方千米，在2000~2005年和2010~2015年两个时段增速尤为显著（见图7），2015~2020年出现明显减速。城乡工矿居民用地的二级类型呈现不同程度的变化，30余年来净增加面积最多的是城镇用地，其次是工交建设用地，农村居民点用地最少，净增加面积依次为59223.04平方千米、49413.20平方千米和13133.85平方千米，较20世纪80年代末分别增加了1.72倍、3.49倍和10.59%。城镇用地和工交建设用地扩展趋势相似，均增速显著，二者增长速度在2015年之前持续增加，年均净增加面积分别由最初的633.47平方千米和186.12平方千米增至2010~2015年的3762.10平方千米和3467.29平方千米。2015~2020年，城镇用地和工交建设用地扩展速度出现明显回落，年均净增加面积分别降至2894.97平方千米和3130.83平方千米。农村居民点用地扩展速度在2010年之前小幅增速，之后减速扩展，在2015~2020年甚至出现了净减少变化。

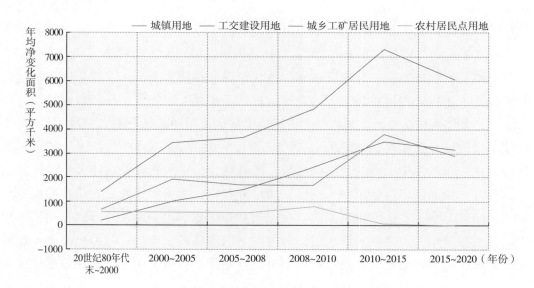

图7　20世纪80年代末至2020年城乡工矿居民用地年均净变化面积

中国城乡工矿居民用地在全国各省（自治区、直辖市）均呈增加趋势。除黑龙江、吉林、内蒙古、新疆和西藏五个省区外，城乡工矿居民用地在其余各省（自治区、直辖市）均是增加幅度最大的土地利用类型。城乡工矿居民用地变化在东部地区最显著，净增加面积约占全国新增城乡工矿居民用地的半数，以山东、江苏、广东、河北和浙江五省的变化最为明显，新增城乡工矿居民用地面积均超过5000平方千米。西部地区和中部地区次之，城乡工矿居民用地面积分别增加了为34574.24平方千米和27731.62平方千米。东北地区城乡工矿居民用地变化最微弱，近30年来，新增城乡工矿居民用地仅有5326.39平方千米，不足山东省新增城乡工矿居民用地的半数。

耕地是城乡工矿居民用地增加的主要土地来源，对城乡工矿居民用地扩展的贡献高达48.05%。此外，分别有13932.62平方千米林地、10688.19平方千米草地、6170.17平方千米未利用土地和5177.84平方千米的水域转变为城乡工矿居民用地，但合计对城乡工矿居民用地扩展的影响仅约为耕地的半数。"填海造地"工程对城乡工矿居民用地扩展也有一定影响，是沿海地区城乡工矿居民用地扩展的特色之一。30余年来，共计1683.04平方千米海域以兴建港口、码头和盐场等海洋工程建设的形式被改造为城乡工矿居民用地。城乡工矿居民用地向其他地类转变的代价较高，此类用地扩展难以逆转，向其他地类转变的面积不及增加面积的百分之一。受新农村建设和城市环境改造等影响，减少的城乡工矿居民用地多为二级类型之间转变所导致，向其他地类的流转较少。

1.6　未利用土地及其变化

未利用土地是土地资源中重要的后备资源，其所处生态环境相对脆弱，因此这类土地的变化直接影响区域生态安全。中国未利用土地分布呈西多东少的空间格局，具有面积大、类型多、可开发与改造弹性大等特点。

中国未利用土地分布虽不广泛，但面积数量较大。2020年未利用土地面积共计2110480.71平方千米，占遥感监测总面积的22.20%，较20世纪80年代末减少了1.25%。未利用土地占比略低于草地（29.58%）和林地（23.79%），远高于耕地（14.75%）、城乡工矿居民用地（3.10%）和水域（2.86%）。未利用土地的形成与自然条件相关性很高，集中分布在新疆维吾尔自治区、青海省、内蒙古自治区、西藏自治区等西部省份，在这些省份的干旱区和高海拔地带尤为密集。

未利用土地类型繁多，包括沙地、戈壁、盐碱地、沼泽地、裸土地、裸岩砾地和其他未利用土地7种类型。裸岩石砾地面积比例最大，共计686395.48平方千米，占未利用土地的32.52%，多出现在高大山地的上部、西部干旱地带等。其次是戈壁，面积为588661.59平方千米，占比27.89%，集中出现在新疆维吾尔自治区、内蒙古自治区、青海省和甘肃省，另外在宁夏回族自治区也有零星分布。沙地面积为514316.38平方千米，占比24.37%，与戈壁相当，除集中出现在有戈壁的几个省域外，在陕西省和西藏自治区也有较大面积分布。盐碱地和沼泽地比例较小，分别占5.52%和5.36%。沼泽地多分布在山地、丘陵、高原的山间低洼、潮湿和积水地带，内蒙古自治区、黑龙江省和青海省是我国沼泽地分布最多的区域，八成的沼泽地分布于此，其次是新疆维吾尔自治区、西藏自治区、四川省、吉林省、甘肃省、辽宁省和河北省，沼泽地在其他省域分布较少。盐碱地多分布在新疆维吾尔自治区、内蒙古自治区、青海省和西藏自治区等气候干旱、地势低洼的区域，中国盐碱地的82.79%分布

在这四个省（自治区）。其他未利用土地和裸土地面积比例最小，分别只有2.76%和1.57%，前者集中出现在青海省西部、甘肃省西南部和西藏自治区西部，后者主要分布在新疆维吾尔自治区、青海省、甘肃省和内蒙古自治区西部的局部区域。

改革开放以来，人们对土地的需求不断增加，大量未利用土地被改造成为可利用的土地类型。因此，中国未利用土地30余年来有所减少，是减少幅度居第二位的土地利用类型，总面积由20世纪80年代末的2137217.85平方千米减少至2020年的2110480.71平方千米，减少了1.25%。未利用土地减少速度呈持续攀升态势，年均净减少面积由288.82平方千米增至1376.21平方千米，尤其是在2005~2008年和2010~2015年两个时段减速显著（见图8）。

30余年来，未利用土地的7种二级土地利用类型面积总体均呈净减少变化，其中沼泽地净减少面积最多，其后是戈壁、盐碱地、裸土地、沙地和其他未利用土地，裸岩石砾地净减少最少，净减少面积依次是11036.28平方千米、7401.42平方千米、5515.22平方千米、1206.36平方千米、1158.60平方千米、365.45平方千米和53.81平方千米。沙地和裸岩石砾地的净变化趋势一致，均呈现先净增加后净减少变化；其他未利用土地在2010~2015年出现小幅净增加，在其他时段均呈净减少变化；其他4类未利用土地在各时段均呈净减少变化，且变化速度均出现减速现象。

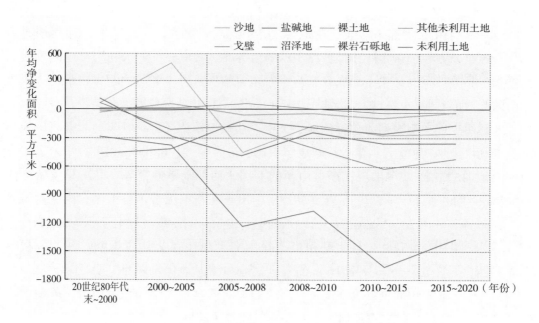

图8　20世纪80年代至2020年未利用土地年均净变化面积

中国未利用土地动态变化在空间上呈现显著差异。新疆维吾尔自治区是未利用土地净减少面积最多的省级区域，在5个监测时段变化最为剧烈，2000年之前持续增加，2000年之后加速减少，耕地开垦占用为其减少的主要原因，减少速度于2010~2015年达到峰值875.80平方千米/年之后，于2015~2020年迅速回落至617.61平方千米/年。黑龙江省是未利用土地净减少面积居第二位的省份，30年来净减少了5188.50平方千米/年，在各监测时段均表现为净减少，变化速度在2010年之前迅速回落，在之后的十年保持年均71.94平方千米的速度减少。此外，未利用土地在甘肃省、山东省和陕西省也出现了大面积净减少。内蒙古自治区地处生态脆弱地带，畜牧业发达，受草地过牧、农牧交错带不合理开垦和撂荒的共同影响，内蒙古自治区成为未利用土地净增加最多的省份，30余年来未利用土地净增加1954.57平方千米。

20世纪80年代末至2020年，未利用土地新增面积26494.66平方千米，主要源自草地退化、水域干枯和耕地撂荒，三者对新增未利用土地的贡献分别为59.39%、19.16%和7.83%。30余年来，伴随着经济高速发展和技术不断进步，土地的适应和利用能力得到大幅提升，未利用土地数量、分布及其构成明显改变，主要表现为戈壁、沙地、盐碱地和沼泽地等未利用土地逐渐向耕地或城乡工矿居民用地转变，对于稳定耕地总量和提高土地利用率有积极作用。同期减少的53231.80平方千米未利用土地中，分别有31.33%、26.04%、18.66%和11.59%被开发改造为耕地、草地、水域和城乡工矿居民用地。

参考文献

[1] 张增祥、赵晓丽、汪潇等：《中国土地利用遥感监测》，星球地图出版社，2012。

[2] 顾行发、李闽榕、徐东华等：《中国可持续发展遥感监测报告（2016）》，社会科学文献出版社，2017。

[3] 赵晓丽、张增祥、汪潇等：《中国近30a耕地变化时空特征及其主要原因分析》，《农业工程学报》2014年第3期。

[4] 易玲、张增祥、汪潇等：《近30年中国主要耕地后备资源的时空变化》，《农业工程学报》2013年第6期。

G.2

20世纪80年代末至2020年中国土地利用省域特点

摘　要： 中国土地利用变化区域差异明显，省域分异尤为突出。本报告基于20世纪80年代末至2020年中国土地利用变化监测结果，从土地利用现状、20世纪80年代末至2020年土地利用时空特点和2015年至2020年土地利用时空特点三方面分析省域土地利用情况。研究表明：①自然要素是省域土地利用构成的先决条件，对耕地、林地、草地、水域和未利用土地的空间分布影响尤为显著，社会、经济、人口等人为要素对城乡工矿居民用地的分布和动态变化影响深远；②土地面积较大的内蒙古、新疆和黑龙江土地利用动态变化面积位居前三，社会、经济发展水平较高的上海、天津和北京土地利用动态强度位列前三；③2015年至2020年多数省份土地利用现状和空间动态格局与2015年之前保持高度一致，14个省份土地利用变化强度较之前有所减弱。

关键词： 省域　土地利用　遥感监测

遥感监测表明，20世纪80年代末期至2020年，中国土地利用发生了明显变化。不同土地利用类型的面积、分布和区域土地利用构成的改变，在不同类型省域存在显著的时空差异。

2.1　北京市土地利用

北京是中国的首都，地处华北平原北部，是中国的政治和文化中心，是中国城市化进程的引领者。土地利用类型以林地为主，其次是城乡工矿居民用地；土地利用空间分布格局自西北向东南呈现由林地向耕地和城乡工矿居民用地逐渐过渡态势。30余年来，北京市土地利用变化总体呈现减弱态势，主要发生在中东部平坦地区。

2.1.1　北京市2020年土地利用状况

2020年，遥感监测北京市土地面积16386.29平方千米，其中，林地面积最大，达

7647.70平方千米，占46.67%；其后是城乡工矿居民用地和耕地，面积分别为3744.41平方千米和2421.76平方千米，分别占22.85%和14.78%；草地和水域面积较小，分别有1038.47平方千米和419.00平方千米，各占6.34%和2.56%；未利用土地面积仅有0.49平方千米，是面积最小的一类土地。另有耕地内非耕地1114.45平方千米。

在林地中，有林地面积最大，占林地面积的62.94%；其次是灌木林地、其他林地和疏林地，分别占林地面积的21.67%、7.87%和7.52%。林地主要分布在海拔较高的西部太行山区和北部燕山山区，包括百花山、妙峰山和军都山等。

城乡工矿居民用地中，城镇用地比例达60.13%；农村居民点和工交建设用地分别占26.97%和12.90%。北京市主城区的城镇用地面积最大，空间上呈集中连片分布；郊区城镇用地表现为分散性的连片分布，但面积相对较小。农村居民点零星分布在耕地中，平原区农村居民点相对于山区的密度和规模更大。

北京市耕地绝大部分为旱地，占耕地面积的99.57%。耕地主要分布在平原地区以及延庆盆地。

草地主要分布于西部和北部山区，总体覆盖度较高，九成以上为高覆盖度草地，7.30%为中覆盖度草地，低覆盖度草地仅占2.16%。

水域以水库坑塘为主，占水域面积的54.74%，滩地占23.31%，河渠占21.95%。其中，水库主要分布在西部和北部山区，包括密云水库、怀柔水库和十三陵水库等；坑塘主要散布在农村居民点附近的耕地中。

2.1.2　北京市20世纪80年代末至2020年土地利用时空特点

30余年来，北京市土地利用变化剧烈，土地利用一级类型变化总面积为3220.70平方千米，占全市土地面积的近1/5（见表1）。土地利用动态变化强度总体呈现减弱态势，变化主要特点体现在耕地的大量流失和城乡工矿居民用地的显著增加上。此外，林地和水域略有增加，总体呈净增加，草地呈净减少（见图1）。

表 1　北京市 20 世纪 80 年代末至 2020 年土地利用分类面积变化

单位：平方千米

	耕地	林地	草地	水域	城乡工矿居民用地	未利用土地	耕地内非耕地
新增	83.74	268.05	35.89	362.78	2429.17	—	41.07
减少	1366.82	221.66	113.42	263.72	547.07	—	708.01
净变化	−1283.08	46.39	−77.54	99.07	1882.09	—	−666.94

城乡工矿居民用地是北京市总动态面积最多、净增加最显著的土地利用类型。30余年来，总动态面积近3000平方千米，新增面积是监测初期的一倍有余；其扩展可

逆性较差，新增面积远多于减少面积，因此在各监测时段均呈现明显的净增加，但增加速度呈显著波动变化，2000年之前增速明显，之后扩展速度减缓，净变化速度于2015~2020年达到新低。新增城乡工矿居民用地以城镇用地扩展为主，占56.68%。其次是农村及居民点用地，占比25.41%。新增工交建设用地面积最少，占比17.90%。城市周边的耕地是新增城乡工矿居民用地的主要土地来源，占城乡工矿居民用地新增面积的48.15%。林地、草地、水域转变为城乡工矿居民用地面积相对较少，分别占4.27%、1.12%和1.23%。城乡工矿居民用地的二级类型转化面积为472.74平方千米，以农村居民点转化为城镇用地为主。

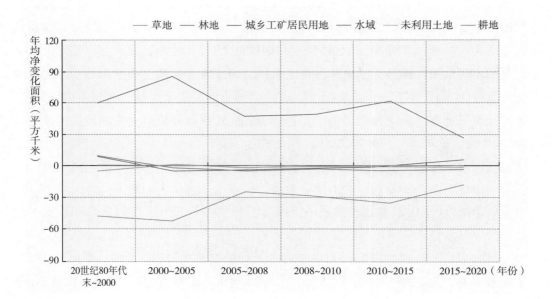

图1 北京市不同时段土地利用分类面积年均净变化

耕地是北京市土地利用变化中净减少最显著、总动态面积位居第二的类型。20世纪80年代末以来，耕地总动态面积1450.55平方千米，较监测初期减少了36.89%，集中出现在地势相对平坦的东南部平原区。减少耕地的85.58%流转为城乡工矿居民用地，成为新增城乡工矿居民用地的主要土地来源。监测期间，耕地面积持续减少，但减少速度呈梯级减速。在2000~2005年减速最快，年均净减少51.93平方千米，2015~2020年减速最慢，年均净减少18.17平方千米，仅为30余年均值的52.56%。

水域和林地的总动态面积分别位居第三和第四，且二者新增和减少面积相差不大，总体均呈净增加。较20世纪80年代末，水域净增加30.97%，新增面积以水库坑塘和滩地为主，二者占新增面积的99.18%，主要源自对水域周边耕地和草地的占用；减少的水域多流转为城乡工矿居民用地。同期，林地净增加了0.61%，主要源自对耕地的占用，集中出现在密云区和昌平区；林地减少主要发生在大兴区，半数以上被城乡工矿居民用地占用。草地的动态变化面积最少，且总体呈净减少变化，较监测初期净减少了6.95%，减少面积主要转变为林地、水域和城乡工矿居民用地，分别占总减少面积的31.83%、29.38%和24.01%；另外，草地转变为耕地面积占其减少面积的11.18%，密云区草地面积减少较多。新增草地面积很少，主要来自林地、耕地和水域，且草地覆盖度不断增加，近九成新增草地为高覆盖度草地。

2.1.3　北京市2015年至2020年土地利用时空特点

2015~2020年北京市土地利用变化强度最弱，年均动态变化面积67.64平方千米，较2010~2015年（年均动态变化面积100.62平方千米）显著降低。2015~2020年，北京市土地利用动态变化特征与30余年来的土地利用变化保持高度一致，即耕地、城乡工矿居民用地和水域的总体变化明显，净变化面积以耕地净减少和城乡工矿居民用地快速扩展为主，水域净变化面积不大。草地和林地均呈净减少变化，但变化强度不大。

2015~2020年，北京市城乡工矿居民用地依旧是变化总面积最多、净增加最显著的土地利用类型，主要发生在地势相对平坦的建成区周边，但其净变化速度大幅下降，不及30余年来的均值。新增城乡工矿居民用地半数以上源自对城市周边耕地资源的占用。与30余年来新增城乡工矿居民用地二级类型构成不同，2015~2020年，约2/3的新增城乡工矿居民用地为工交建设用地，其次是城镇用地，占比23.73%，农村居民点用地占比最少，仅占11.46%。耕地一直是北京市净减少面积最多的土地利用类型，其总动态变化面积位居城乡工矿居民用地之后。2015~2020年，耕地净减少速度放慢，不及30余年来均值的半数，减少的耕地主要转变为城乡工矿居民用地。水域在2015~2020年继续保持净增加，且净变化速度进一步加快。和2010~2015年类似，林地依旧保持净减少变化，且总变化面积依旧微弱。草地在2015~2020年以年均0.78平方千米的速度净减少，净变化速度较30余年来的均值有所放缓，是总变化面积最少的土地利用类型。

2.2　天津市土地利用

天津市土地利用以耕地和城乡工矿居民用地为主，二者合计占区域面积的2/3以上。20世纪80年代末至2020年，城乡工矿居民用地持续增加，而耕地持续减少。同期，其余土地利用类型面积均有所减少。

2.2.1　天津市2020年土地利用状况

2020年，天津市土地利用面积为11841.52平方千米，以耕地和城乡工矿居民用地为

主，其中，耕地4056.53平方千米，占天津市面积的34.26%；城乡工矿居民用地3998.66平方千米，占33.77%；其次是水域，面积为1746.57平方千米，占14.75%；林地和草地面积分别为397.76平方千米和55.58平方千米，占3.36%和0.47%；未利用土地面积仅有13.95平方千米，占0.12%。另有耕地内非耕地1572.47平方千米。

耕地以旱地为主，旱地占耕地面积的93.62%，大片分布在整个平原区。水田面积占6.38%。城乡工矿居民用地中，城镇用地和工交建设用地分别占47.06%和30.37%，农村居民点占22.57%。水域以水库坑塘和河渠为主，二者占比分别为63.46%和23.52%。林地中，2/3以上为有林地，另有88.83平方千米、17.35平方千米和11.14平方千米其他林地、灌木林地和疏林地，分别占22.33%、4.36%和2.80%。草地面积虽然不多，但总体覆盖度较高，96.97%为高覆盖度草地。未利用土地以沼泽地和盐碱地为主，分别占未利用土地面积的55.83%和44.17%。

整体而言，林地和草地集中分布在北部的山地丘陵区；耕地、城乡工矿居民用地和水域在平原区集中连片分布，且遍布全市。

2.2.2 天津市20世纪80年代末至2020年土地利用时空特点

30余年来，天津市土地利用一级类型动态总面积近4000平方千米，占天津市总面积的1/3，其中城乡工矿居民用地净增加显著，其余土地利用类型均呈净减少变化，耕地净减少尤为显著（见图2）。天津市土地利用变化强度总体呈增强态势，于2005~2010年达到峰值后，总变化面积持续减少，之后的变化相对平稳。

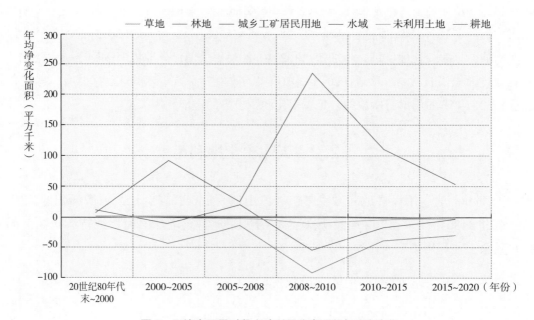

图2　天津市不同时段土地利用分类面积年均净变化

城乡工矿居民用地是天津市土地利用变化面积最多的地类，也是唯一一种呈净增加变化的地类，且净增加面积显著（见表2）。30余年来，城乡工矿居民用地持续增加，新增面积较20世纪80年代末净增加了1.20倍，其中半数以上为新增城镇用地，另有38.29%和7.39%分别为工交建设用地和农村居民点用地。新增城乡工矿居民用地的土地来源中，耕地和水域的比例较大，分别为34.19%和17.54%。在城市扩展过程中，一些农村居民点和工交建设用地被并入城镇用地范围，导致城乡工矿居民用地出现较多的二级类型转化，面积达508.95平方千米。城乡工矿居民用地净变化速度剧烈波动，在2008年之前整体呈快速增加态势，于2008~2010年达到峰值234.33平方千米/年，之后十年净增加速度快速回落，于2015~2020年跌至54.06平方千米/年，但仍远高于同期其他地类的变化速度。

表2 天津市 20 世纪 80 年代末至 2020 年土地利用分类面积变化

单位：平方千米

	耕地	林地	草地	水域	城乡工矿居民用地	未利用土地	耕地内非耕地
新增	101.89	4.80	8.10	1256.31	2501.86	—	41.24
减少	1033.71	11.51	36.58	1305.43	592.31	64.21	443.40
净变化	−931.81	−6.71	−28.48	−49.12	1909.55	−64.21	−402.16

耕地是净减少最显著的土地利用类型，其总动态明显，居于城乡工矿居民用地和水域之后。30余年来，天津市减少耕地超1000平方千米，较监测初期净减少了20.72%。耕地是城乡工矿居民用地扩展的主要土地来源，因此其净变化速度与城乡工矿居民用地的增加同步，净减少速度整体呈先增后减态势，在2008~2010年达到峰值92.04平方千米/年后大幅减速，于2015~2020年跌至29.75平方千米/年。

水域的净变化微弱，总体呈减少趋势，但其总动态面积是耕地的2倍有余，位列城乡工矿居民用地之后。2020年，水域面积较监测初期净减少了72.70%，其中半数以上源自水域二级类型之间的转换。新增水域与减少面积相当，以水库坑塘和滩地为主，分别占67.40%和20.33%。30余年来，水域净变化速度阶段性显著，与耕地变化高度一致，除在2000年之前和2005~2008年两个时段出现净增加外，在其他监测时段均呈净减少变化，但在2010年之后，净减少速度不断降低。

林地、草地和未利用土地变化微弱，总动态面积分别为16.31平方千米、44.67平方千米和64.21平方千米，30余年来总体均呈净减少变化，且净变化速度长期均较为稳定，面积较监测初期分别减少了2.85%、43.52%和82.15%。这三类用地的面积主要去向均为城乡工矿居民用地，它们减少面积的75.89%、54.21%和46.02%分别转变为新增城乡工矿居民用地。林地减少主要发生在津南区，草地减少集中出现在北部蓟州区和滨

海新区，未利用土地减少分布较为零散。

2.2.3 天津市2015年至2020年土地利用时空特点

2015~2020年，天津市土地利用以年均172.80平方千米的速度发生变化，变化面积和空间动态格局与2010~2015年保持高度一致，即城乡工矿居民用地和耕地总体变化面积明显，净变化面积以城乡工矿居民用地的快速扩展和耕地显著净减少为主，水域净变化面积虽然不大，但因其二级类型之间的相互转换总变化面积较大；草地、林地和未利用土地变化微弱，且均呈净减少变化。

2015~2020年，天津市城乡工矿居民用地依然是变化总面积最多、净增加最显著的土地利用类型，主要发生在天津市区周边的北辰区、东丽区、津南区和西青区等。净变化速度较2010~2015年下降了51.08%，不及30余年来净变化速度的2/3。新增城乡工矿居民用地半数以上源自对城市周边耕地资源的占用。与30余年来新增城乡工矿居民用地二级类型构成顺序不变，但占比发生显著变化：2015~2020年，城镇用地大幅扩展是城乡工矿居民用地增加的主要原因，占新增面积的2/3以上，超过了30余年来的均值（54.32%）；新增工交建设用地和农村居民点用地占比依次位居城镇用地之后，占比分别为29.93%和2.86%，比例均较30余年来的均值（38.29%和7.39%）有显著降低。

耕地是20世纪80年代末以来净减少面积最多的地类，但它的变化总面积位居城乡工矿居民用地和水域之后。2015~2020年，耕地净减少速度放慢，较2010~2015年下降了22.94%，仅为30余年来均值的77.82%。减少的耕地主要转变为城乡工矿居民用地，占耕地减少面积的82.75%，因此其减少显著的区域和城乡工矿居民用地增加的区域基本一致；其次是转变为水域，占比17.00%。新增耕地主要来自对水域的占用。

水域净变化面积甚微，却是天津市2015~2020年变化总面积位居第二的地类，主要发生在滨海新区。它在2015~2020年继续保持净减少态势，且净变化速度持续减慢。新增水域以水库坑塘、滩地和海涂为主，分别占新增水域面积的70.56%、14.50%和14.32%。减少的水域约半数为水域二级类型内部转换，其次是转变为城乡工矿居民用地，占水域减少面积的33.61%。

和上个时段（2010~2015年）类似，林地、草地和未利用土地依旧保持净减少变化，且总变化面积依旧较小，其中林地和草地的净变化面积略有增速，未利用土地出现减速现象。

2.3 河北省土地利用

河北省土地利用以耕地为主，林地和草地次之。20世纪80年代末至2020年，城乡工矿居民用地面积明显增加，耕地和草地面积显著减少。虽然2015~2020年河北省城乡工矿居民用地面积增加速度较2010~2015年有所放缓，但依旧处于较高水平，表明河北省城镇化过程的持续特点。

2.3.1　河北省2020年土地利用状况

2020年河北省土地面积为188420.30平方千米。土地利用以耕地为主，面积67640.07平方千米，占全省面积的35.90%。林地面积40451.17平方千米，占21.47%；草地面积28796.06平方千米，占15.28%；城乡工矿居民用地和水域为20337.16平方千米和4235.39平方千米，分别占10.79%和2.25%；未利用土地1476.19平方千米，占0.78%；另有耕地内非耕地25484.26平方千米。

耕地中，旱地占耕地总面积的96.78%，水田仅占3.22%。耕地主要分布在平原农区、太行山山麓和燕山山麓平原农区等，在坝上高原牧农林区和冀西北山间盆地农林牧区的盆地中也有相当面积分布。

林地以有林地和灌木林地为主，分别占林地面积的52.43%和37.59%；其次是疏林地和其他林地，占7.23%和2.76%。林地主要分布在燕山山地丘陵林牧区、冀西北山间盆地农林牧区和太行山山地丘陵林农牧区。

草地中，高覆盖度草地、中覆盖度草地和低覆盖度草地分别占70.74%、25.10%和4.16%。草地主要分布在坝上高原牧农林区、燕山山地丘陵林牧区、冀西北山间盆地农林牧区和太行山山地丘陵林农牧区。整体而言，西部草地面积大于东部，草地所处海拔低于林地。

城乡工矿居民用地以农村居民点用地为主，占城乡工矿居民用地总面积的52.65%，城镇用地占20.99%；工交建设用地占26.37%。城乡工矿居民用地主要分布在华北平原和山区盆地。

水域以滩地、水库坑塘和河渠为主，分别占水域面积的33.81%、27.46%和25.70%。

未利用土地中，沼泽地占72.73%，主要分布在坝上高原的湖泊及河漫滩周围。另外，沙地和盐碱地分别占15.88%和8.63%。

2.3.2　河北省20世纪80年代末至2020年土地利用时空特点

20世纪80年代末至2020年河北省土地利用动态总面积为12047.74平方千米，占河北省总面积的6.39%。监测期间，城乡工矿居民用地面积显著增加，林地面积略有增加，耕地面积显著减少，草地减少明显，未利用土地和水域略有减少（见图3）。

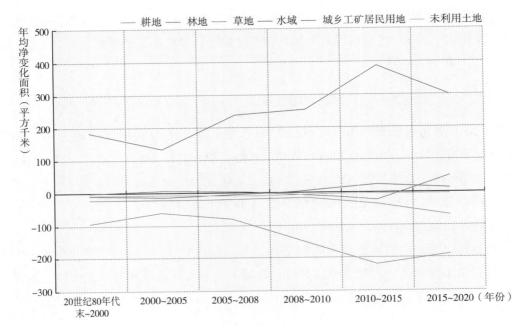

图3 河北省不同时段土地利用分类面积年均净变化

监测期间，河北省城乡工矿居民用地面积净增加显著（见表3），占监测初期城乡工矿居民用地面积的60.07%。新增面积中，城镇用地、农村居民点用地和工交建设用地面积增加分别占城乡工矿居民用地新增面积的39.64%、17.29%和43.07%。城乡工矿居民用地新增面积的来源中，耕地所占比例最大，占51.52%。城乡工矿居民用地的二级类型转化面积为790.00平方千米，以农村居民点转化为城镇用地为主。

表3 河北省20世纪80年代末至2020年土地利用分类面积变化

单位：平方千米

	耕地	林地	草地	水域	城乡工矿居民用地	未利用土地	耕地内非耕地
新增	667.50	756.93	295.11	1417.27	8506.38	104.64	273.44
减少	4862.17	641.39	1368.21	1436.34	874.24	368.08	1970.30
净变化	−4194.67	115.54	−1073.10	−19.07	7632.14	−263.44	−1696.86

耕地净减少面积相当于20世纪80年代末耕地面积的5.84%。耕地减少面积中，转变为城乡工矿居民用地的面积占耕地减少面积的90.11%。耕地增加的面积主要来源于草地，占耕地新增面积的34.63%，其次分别是水域和未利用土地，面积占比为25.87%和18.79%。

草地面积净减少，面积相当于20世纪80年代末草地面积的3.59%。草地减少面积中，高覆盖度草地、中覆盖度草地和低覆盖度草地分别占55.44%、31.71%和12.86%。

草地减少的面积主要转变成为城乡工矿居民用地，占草地减少面积的39.99%。其次是草地转变为林地和耕地，分别占草地减少面积的22.52%和16.92%。

2.3.3　河北省2015年至2020年土地利用时空特点

2015~2020年河北省城乡工矿居民用地面积显著增加，林地和水域有所增加；耕地显著减少，草地面积减少，未利用土地略有减少。

河北省城乡工矿居民用地面积在2015~2020年的新增面积中，城镇用地、农村居民点用地和工交建设用地面积增加分别占城乡工矿居民用地新增面积的36.80%、10.80%和52.39%。城乡工矿居民用地新增面积的来源中，耕地所占比例最大，占49.03%。城乡工矿居民用地的二级类型转化面积为227.23平方千米，以农村居民点转化为城镇用地为主。虽然2015~2020年城乡工矿居民用地面积增加速度较2010~2015年有所放缓，但是依旧处于较高水平，说明河北省城镇化过程依旧持续。

耕地面积在2015~2020年净减少。耕地转变为城乡工矿居民用地的面积占耕地减少面积的87.42%。草地减少的面积主要转变成为林地，占草地减少面积的50.50%；其次是草地转变为城乡工矿居民用地，占草地减少面积的45.26%。

林地面积净增加。林地新增面积主要来自草地和耕地，分别占林地新增面积的45.23%和22.55%。

2.4　山西省土地利用

山西省的主要土地利用类型是耕地、草地和林地，且三者面积相近；其后是城乡工矿居民用地。山西省从东到西可划分为东部山地林、草、耕地区，中部旱地区，西部林、耕、草地区。20世纪80年代末至2020年，土地利用变化集中体现在城乡工矿居民用地的显著增加和耕地的显著减少；城乡工矿居民用地在不同监测时段均呈持续增加态势，至2015年增速不断加快，于2015~2020年增速开始放缓。

2.4.1　山西省2020年土地利用状况

2020年遥感监测山西省面积为15.66万平方千米，土地利用类型以耕地为主，面积46014.51平方千米，占全省面积的29.39%；其次是草地和林地，面积为44823.21平方千米和44279.05平方千米，分别占28.63%和28.28%；城乡工矿居民用地面积8487.75平方千米，占5.42%；水域较少，面积1696.51平方千米，占1.08%；未利用土地最少，面积102.91平方千米，仅占0.07%。另有耕地内非耕地11160.00平方千米。

耕地以旱地为主，占耕地面积的99.94%，主要分布在大同盆地、忻定盆地、太原

盆地、临汾盆地和运城盆地，另外在河谷的山间平地、山区和丘陵区也有分布；水田有少量分布，主要出现在中南部盆地区。

草地以低覆盖度草地为主，占草地面积的48.62%，高覆盖度草地占26.77%，中覆盖度草地占24.61%。草地主要分布在东西两侧的中高山、低山、丘陵及河流两岸。

林地中，有林地面积最大，占林地面积的43.60%，其次是灌木林地，占37.85%，疏林地占15.47%，其他林地占3.08%。林地主要集中分布在管涔山、关帝山、太岳山、中条山、五台山、吕梁山、太行山和黑茶山等八大林区，其他地区则分布稀少。

城乡工矿居民用地中，农村居民点用地最多，占城乡工矿居民用地的36.24%，工交建设用地占35.71%，城镇用地占28.05%。除广大农村居民用地较分散外，城镇及工交建设用地大部分集中在盆地。

水域以滩地为主，占水域面积的45.01%，其次是河渠和水库坑塘，分别占32.52%和21.32%，湖泊分布很少，仅占1.15%。水域分布零散，包括区域内的黄河水面、水库坑塘和滩地等。

未利用土地中，以盐碱地为主，占未利用土地面积的47.72%；其次是裸土地，占31.09%；裸岩石砾地占14.41%，沼泽地占6.50%。

2.4.2　山西省20世纪80年代末至2020年土地利用时空特点

20世纪80年代末至2020年山西省土地利用一级类型动态总面积为7046.99平方千米，占全省面积的4.50%。其中，城乡工矿居民用地面积增加显著，耕地减少明显，但减少速度放缓。林地和草地有所减少，水域略有减少（见图4）。

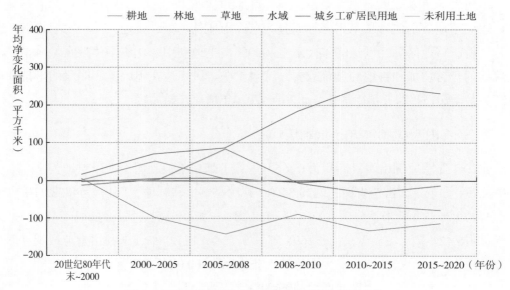

图4　山西省不同时段土地利用分类面积年均净变化

监测期间，山西省城乡工矿居民用地面积净增加最为显著（见表4），占监测初期城乡工矿居民用地面积的77.35%。新增城乡工矿居民用地中，城镇用地、农村居民点用地和工交建设用地增加分别占城乡工矿居民用地增加的34.40%、8.11%和57.49%。其中耕地变为城乡工矿居民用地面积最大，占其新增面积的46.76%；其次是草地，占其新增面积的20.23%，林地占其新增面积的11.42%。城乡工矿居民用地转变成其他类型的面积很少，仅47.87平方千米。

表4　山西省20世纪80年代末至2020年土地利用分类面积变化

单位：平方千米

	耕地	林地	草地	水域	城乡工矿居民用地	未利用土地	耕地内非耕地
新增	474.25	984.07	728.56	594.71	4156.43	4.48	104.48
减少	2710.14	1276.99	1321.04	628.17	454.48	7.68	648.48
净变化	−2235.89	−292.92	−592.48	−33.46	3701.95	−3.20	−544.00

耕地面积净减少显著，占20世纪80年代末耕地面积的4.63%。耕地减少以变为城乡工矿居民用地为主，占耕地减少面积的71.71%；其次是变为林地和草地，分别占耕地减少面积的12.56%和10.90%，变为水域的面积占4.74%。新增耕地51.80%是草地转变的，还有19.37%是林地转变而来。

草地面积净减少，占监测初期草地面积的1.30%。草地减少以变为城乡工矿居民用地为主，占草地减少面积的63.64%；其次是草地变为耕地，占草地减少面积的18.60%；转变为林地的面积占草地减少面积的11.51%。新增草地面积的40.57%是耕地转变而来，还有40.03%是由林地转变的。

林地面积净减少，占20世纪80年代末林地面积的0.66%。林地减少以转变为城乡工矿居民用地（占37.16%）和草地（占22.84%）为主；转变为耕地仅占7.19%。新增林地的34.60%是由耕地转变而来，15.45%由草地转变而来。林地和草地减少主要变为城乡工矿居民用地，林地、草地和耕地之间相互转换的特点明显。

2.4.3　山西省2015年至2020年土地利用时空特点

2015~2020年山西省城乡工矿居民用地面积增加显著，水域略有增加；耕地减少显著，草地和林地均有减少。

2015~2020年山西省城乡工矿居民用地面积仍延续增加趋势，其净增加最为显著。新增城乡工矿居民用地中，城镇用地、农村居民点用地和工交建设用地增加分别占城乡工矿居民用地增加面积的30.71%、5.10%和64.19%。其中耕地变为城乡工矿居民用地面积最大，占其新增面积的42.58%；其次是草地，占其新增面积的21.37%；林地占

其新增面积的13.57%。城乡工矿居民用地转变成其他类型的面积很少，仅17.35平方千米。20世纪80年代末至2020年山西省城乡工矿居民用地在不同的监测时段呈持续净增加态势，在2010~2015年年增速达到峰值（385.80平方千米/年）后，2015~2020年的年增速出现放缓趋势，增速下降为268.58平方千米/年。城乡工矿居民用地增加的主要类型为工交建设用地，城乡工矿居民用地增加主要出现在太原市、大同市、长治市、阳泉市、晋城市、朔州市和河津市等地。农村居民点用地呈现净减少趋势。2015~2020年城乡工矿居民用地增加以城镇用地和工交建设用地为主。

耕地面积净减少显著。新增耕地的61.02%来自草地，29.17%由林地转变而来。耕地减少以变为城乡工矿居民用地为主，占耕地减少面积的94.07%；其次是变为林地和水域，分别占耕地减少面积的3.76%和2.03%。20世纪80年代末至2020年山西省耕地在不同的监测时段呈先增后减态势。在2000年之前为耕地面积净增加阶段，2000~2008年为耕地快速减少阶段，2008~2010年耕地面积减少速度下降，2010~2015年耕地面积减少速度较前一时段有所加快，之后在2015~2020年减少速度再次放缓，耕地流失得到缓解。

草地面积净减少。草地减少以变为城乡工矿居民用地为主，占草地减少面积的70.84%；其次是草地变为林地，占草地减少面积的22.37%；转变为耕地的面积占草地减少面积的5.00%。新增草地的96.97%是由工交建设用地还草而来。20世纪80年代末至2020年山西省草地在不同的监测时段呈先略减后增加再减少态势。2000年之前为草地面积缓慢减少阶段，2000~2008年草地面积增加，但增速放缓，此后至2020年草地面积持续减少。

林地面积净减少。林地减少以转变为城乡工矿居民用地为主，占林地减少面积的80.62%；其次是转变为耕地，占4.29%。新增林地的15.00%是由耕地转变而来，59.39%由草地转变而来。20世纪80年代末至2020年山西省林地在不同监测时段呈先减后增再减少态势。2000年之前林地面积减少，2000~2008年林地面积快速增加，此后出现持续减少。

2.5 内蒙古自治区土地利用

内蒙古自治区是我国自然生态系统类型最丰富的地区之一，半数以上的土地被纳入国家生态保护红线，其畜牧业发达、土地后备资源丰富、土地利用类型以草地为主。土地利用空间分布格局自东北向西南呈现由林地向耕地、草地向未利用土地逐渐过渡态势。土地利用变化总体呈现减弱态势，主要发生在大兴安岭东麓、阴山脚下、黄河岸边和呼伦贝尔地区等。

2.5.1　内蒙古自治区2020年土地利用状况

内蒙古自治区幅员辽阔，2020年土地面积1143330.56平方千米，是中国面积第三大省区，其中41.03%为草地。在土地利用构成中，草地长期保持占比第一且以中覆盖度草地为主的特点，其广泛分布在内蒙古自治区，在贺兰山和阴山沿线尤其是内蒙古高原、鄂尔多斯高原和呼伦贝尔大草原呈集中、连片分布。内蒙古自治区草地覆盖度总体呈东高西低、北高南低态势。

内蒙古自治区地处中国生态脆弱带，大部分地区处于中国的干旱与半干旱区，为未利用土地的大量分布提供了先天条件。未利用土地分布、占比较为稳定，长期以来均是该省域第二大土地利用类型，2020年面积高达349133.39平方千米，占30.54%，以戈壁为主，其次是沙地、裸岩石砾地、沼泽地和盐碱地，裸土地面积最少。未利用土地集中分布在内蒙古自治区中西部地区，尤以阿拉善盟最为显著，此外荒漠化严重的毛乌素、科尔沁、浑善克达、库布齐沙带等沙地也有较为集中的分布。

作为我国北方林业建设的主战场，内蒙古自治区林地复杂多样的自然地理状况孕育出结构丰富的林地资源，总面积178913.34平方千米，仅次于草地和未利用土地，且以有林地为主，多数集中分布在大兴安岭北部山区，由北向南、自东向西呈减少趋势。耕地面积99721.73平方千米，位居林地之后，具有量多、质低的特点，呈带状分布于水源相对充沛的大兴安岭东麓、阴山山麓、黄河沿岸和呼伦贝尔地区。城乡工矿居民用地面积仅有15967.22平方千米，在土地利用构成中，仅略高于水体；特殊的地理环境造就了该地类总量少、密度稀疏、规模小、分布与耕地高度一致的特点，其土地构成以农村居民点用地为主，其次是城镇用地，工交建设用地的面积最少且多以煤矿的形式出现。水域是内蒙古自治区面积最小的土地利用类型，总面积14474.12平方千米，占比1.27%，以滩地和湖泊为主，零散分布在内蒙古的中部和东南部地区以及呼伦贝尔地区。此外，内蒙古自治区还有耕地内非耕地16006.46平方千米，占1.40%。

2.5.2　内蒙古自治区20世纪80年代末至2020年土地利用时空特点

过去30余年，内蒙古自治区土地利用变化主要分布于自然生态系统较好的黄河沿岸、大兴安岭东麓、阴山脚下、黄河岸边和呼伦贝尔地区，一级类型动态面积合计90966.04平方千米，占该省域土地面积的7.96%。各类土地利用类型变化差异显著，从净变化面积来看，耕地净增加面积最多，其次是城乡工矿居民用地和未利用土地，草地净减少最明显，水域和林地略有减少（见表5、图5）。

表5 内蒙古自治区20世纪80年代末至2020年土地利用分类面积变化

单位：平方千米

	耕地	林地	草地	水域	城乡工矿居民用地	未利用土地	耕地内非耕地
新增	19130.18	8907.25	36720.64	5503.43	4903.04	12797.05	3004.45
减少	7821.22	9518.64	55117.59	5710.93	359.09	10842.47	1596.09
净变化	11308.96	−611.39	−18396.95	−207.50	4543.96	1954.57	1408.36

内蒙古自治区草地资源丰富，草地是变化最显著也是净减少面积最多的土地利用类型。30余年来，草地净变化速度剧烈变化，总体呈现减少趋势，除在2005~2008年出现明显的净增加，在其他时段均呈净减少变化。草地减少面积是新增面积的1.50倍，未利用土地和耕地既是新增草地的重要土地来源，又是草地减少的主要去向。减少的草地主要分布在内蒙古自治区的中东部地区，尤以通辽市、赤峰市、包头市和阿拉善盟东部最为集中；新增草地集中出现在呼伦贝尔市、赤峰市、锡林郭勒盟、赤峰市和巴彦淖尔市，未利用土地和耕地对新增草地的贡献分别为43.64%和35.79%。

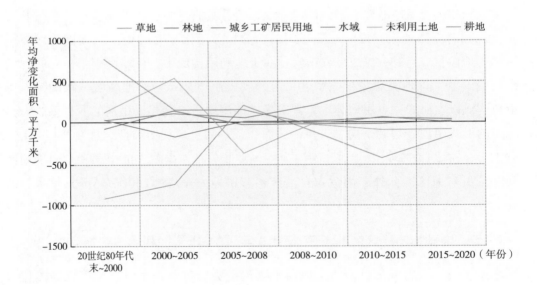

图5 内蒙古自治区不同时段土地利用分类面积年均净变化

耕地的动态总面积仅次于草地，也是净增加面积最多的地类。新增耕地面积是减少面积的2.45倍。耕地与草地互相转换是耕地变化的主要特点，主要出现在内蒙古自治区中部、大兴安岭沿线以及地处环渤海经济区和东北经济区腹地的赤峰市。耕地净变化在2008~2010年出现短暂的净减少，在其余时段均呈现净增加变化，且在2005年之前增速显著，之后呈持续减缓态势，于2010~2015年达到3.46平方千米，远低于过去30余年的平均水平。

此外，城乡工矿居民用地和未利用土地也是内蒙古自治区变化相对显著的地类，前者总动态变化面积远少于后者。城乡工矿居民用地净变化速度持续增加，在2010~2015年增速尤为显著，达到450.92平方千米，是整个监测时段均值的2.63倍。新增城乡工矿居民用地主要土地来源是草地和耕地，以煤矿等工交建设用地为主，城镇用地次之，农村居民点用地增加最少，集中出现在大兴安岭东麓、阴山山脉以南、黄河沿岸和呼伦贝尔地区。内蒙古自治区自然地理环境脆弱，水热条件差，叠加人类活动的扰动，使得草地大量退化、大片水域蒸发沙化或盐碱化，导致未利用土地大量增加，主要出现在内蒙古自治区的中东部，尤以鄂尔多斯市、呼伦贝尔市、赤峰市、锡林郭勒盟和通辽市较为集中。未利用土地为内蒙古自治区土地资源提供了富足的后备资源的同时，也使该省区生态建设的长期性和艰巨性更为突出。

2.5.3 内蒙古自治区2015年至2020年土地利用时空特点

2015~2020年，内蒙古自治区土地利用总动态面积2808.27平方千米，变化强度明显低于2010~2015年；变化分布与空间格局和20世纪80年代末至2015年高度一致。草地和城乡工矿居民用地依旧是净减少和净增加最明显的两种地类，与2010~2015年相比，二者的净变化面积均显著减少。五年内，草地净减少面积为827.90平方千米，不足2010~2015年的2/5，净减少速度明显低于30余年来的平均值，彰显了内蒙古自治区生态保护措施的效果。2015~2020年，城乡工矿居民用地净增加1122.44平方千米，不足2015~2020年的半数，且净增加面积以煤矿等工交建设用地为主，明显高于过去30余年的平均占比，充分体现了能源大省的特色；城镇用地次之，占18.23%，明显低于上个时段的占比；农村居民点用地最少，仅占0.31%。林地与耕地在2015~2020年的净变化趋势与2010~2015年相反，林地呈净增加变化，耕地则出现净减少，但二者的净变化面积均不大。水域以年均29.57平方千米的速度净增加，未利用土地以年均92.54平方千米的速度持续减少，二者变化趋势与2010~2015年保持一致。

2.6 辽宁省土地利用

辽宁省土地利用以林地为主，耕地次之，城乡工矿居民用地面积位居第三。20世纪80年代末至2020年，城乡工矿居民用地、林地和耕地的动态变化较为显著。城乡工矿居民用地增加面积持续上升，总体净增加了24.20%。新增城乡工矿居民用地始终以占用耕地为主，其次是砍伐林地。耕地在2000年前净增加，2000年后逐渐减少，整个

监测时段相比监测初期增加了1.34%。林地在2000年前减少显著，2000年后林地面积相对稳定。整个监测时段，辽宁省土地利用年均动态变化面积在343.32平方千米，20世纪80年代末至2000年的年均动态变化最大，之后波动减小。

2.6.1 辽宁省2020年土地利用状况

辽宁省遥感监测土地面积147171.56平方千米，土地利用类型以林地和耕地为主，面积分别为61089.49平方千米和51401.42平方千米，分别占省域面积的41.51%和34.93%。城乡工矿居民用地面积位居第三，为13250.62平方千米，占省域面积的9.00%。水域和草地面积较小，占省域面积的比例分别为3.84%和3.17%。另有极少量的未利用土地，占省域面积的1.01%。耕地内非耕地9629.02平方千米。

林地中83.04%为有林地，是林地的最主要二级类型。有林地主要分布在辽宁省东部的长白山支脉，在西部的黑山和医巫闾山等区域有少量分布。此外，灌木林地和疏林地分别占林地总面积的7.40%和7.34%，主要分布在西部的努鲁儿虎山、松岭等地，东部辽东半岛丘陵区有少量分布。

耕地面积仅次于林地，其中旱地43738.04平方千米，占耕地面积的85.09%，主要分布在辽宁中部的辽河平原、西部低山丘陵的河谷地带，山地、丘陵间也有散布。另有水田7663.38平方千米，占耕地面积的14.91%，集中分布在辽河下游冲积平原。

城乡工矿居民用地面积居第三位。农村居民点是城乡工矿居民用地最主要的二级类型，占该类面积的59.42%，广泛散布于山区及平原地带。城镇用地次之，占24.08%。工交建设用地占该类面积的16.50%，主要为大城市周边的独立工厂和沿海盐场。

水域面积较小，其中水库坑塘面积2162.61平方千米，占水域面积的38.26%；河渠和滩地面积分别占水域面积的21.43%和32.34%；有少量海涂与湖泊资源，分别占水域面积的5.25%和2.72%。

草地面积较小，主要分布在辽西北的低山丘陵区，以中覆盖度草地为主，占草地总面积的70.12%；高覆盖度草地占23.26%，其余6.62%为低覆盖度草地。

未利用土地面积最小，86.63%为沼泽地，较集中地分布在靠近辽河入海口的辽河下游冲积平原，即辽河三角洲湿地；其余零星分布的少量未利用土地包括盐碱地、沙地、裸岩石砾地和裸土地。

2.6.2 辽宁省20世纪80年代末至2020年土地利用时空特点

20世纪80年代末至2020年，辽宁省土地利用一级类型动态变化面积9800.55平方千米，占省域面积的6.66%。土地利用变化以城乡工矿居民用地显著增加为主要特点，同时耕地和水域小幅度增加，林地、草地和未利用土地不同程度减少（见表6）。

表 6 辽宁省 20 世纪 80 年代末至 2020 年土地利用分类面积变化

单位：平方千米

	耕地	林地	草地	水域	城乡工矿居民用地	未利用土地	耕地内非耕地
新增	3014.19	1621.29	981.09	1742.06	2950.61	93.77	571.33
减少	2336.58	4000.48	1449.99	1504.37	368.39	335.81	473.24
净变化	677.61	−2379.18	−468.90	237.69	2582.22	−242.04	98.09

城乡工矿居民用地净增加2582.22平方千米，相比监测初期增加了24.20%，增加面积及幅度均很大。新增的城乡工矿居民用地以工交建设用地为主，占新增总面积的47.77%，主要分布于沿海地区。其次为城镇用地，占新增总面积的36.91%，以原有城镇的外延式扩展为主。城乡工矿居民用地增加速度持续上升，20世纪80年代末至2000年年均净增加面积32.49平方千米，至2010~2015年年均净增加199.70平方千米，年均增加面积加大了5.15倍，是整个监测期增速最快的时段，2015~2020年年均净增加下降至80.39平方千米（见图6）。在各个监测期新增城乡工矿居民用地始终以占用耕地为主，耕地在新增城乡工矿居民用地土地来源中的比例为45.81%。海域开发在2008年后逐渐成为城乡工矿居民用地的重要土地来源之一。

图 6 辽宁省不同时段土地利用分类面积年均净变化

耕地变化呈先增加后减少的动态特征，新增耕地3014.19平方千米，同时因建设占用等导致耕地面积减少2336.58平方千米，整个监测时段净增加677.61平方千米，净增

加幅度不大，为1.34%。耕地在不同时期的变化特点差别很大，在2000年前耕地大量增加，净增加1775.90平方千米。2000年后耕地新增面积显著下降，同时由于城乡工矿居民用地占用等，耕地减少的速度较此前时期有所上升，耕地面积变化开始表现为净减少。这种净减少趋势从2000年后一直持续至监测末期的2020年。

水域净增加237.69平方千米，相比监测初期增加了4.39%，净增加面积与幅度均较小。新增水域1742.06平方千米，主要来自海域开发的养殖坑塘或其他用途的围填海域，占新增水域面积的63.05%。水域减少1504.37平方千米，主要为城乡工矿居民用地占用以及潮汐引起的海涂向海域的自然转变，分别占水域减少面积的31.20%和45.55%。

林地变化以减少为主，减少面积4000.48平方千米，同时有少量的新增林地，为1621.29平方千米。整个监测时段林地总面积净减少了2379.18平方千米，相比监测初期减少了3.75%，净减少面积较大，但净减少的幅度不大。林地动态具有明显的阶段性特点。2000年前，林地大面积减少，年均减少223.98平方千米，占整个监测时段林地减少面积的82.36%。这个时期林地减少主要由毁林开垦所致，开垦毁林面积占同期林地减少总面积的63.60%。2000年后，随着生态保护意识的增强以及国家对林地资源保护政策的引导，林地减少速度显著减缓，林地面积趋于稳定。

草地动态以减少为主，减少面积1449.99平方千米，同时有少量的新增草地，为981.09平方千米。草地总面积净减少468.90平方千米，相比监测初期减少了9.14%，虽然净减少面积不大，但减少幅度较大。草地在不同监测时段的变化特点基本相似，除2008~2010年草地有极小幅度的净增加之外，各个时段均为净减少，但各时期草地减少的主要原因有所不同。2000年前，开垦耕地是草地减少的主要原因，占同期草地减少面积的59.16%。2000~2005年，开垦耕地仍然是草地减少的主要因素，同时造林导致的草地减少面积比例明显上升。至2005~2008年，草地造林成为该时期草地减少的最主要原因，占同期草地减少面积的52.82%。2008~2010年、2010~2015年和2015~2020年，城乡工矿居民用地占用是草地减少的主要原因，分别占同期草地减少面积的59.14%、82.96%和72.95%。

未利用土地变化以减少为主，减少面积335.81平方千米，同时有少量的新增未利用土地，为93.77平方千米。整个监测时段未利用土地净减少242.04平方千米，净减少面积很小，相比监测初期减少了13.98%，减少幅度较大。未利用土地中的沼泽地减少最为明显，占未利用土地减少总面积的84.87%，主要为开垦耕地占用，另有一部分为水库坑塘和城乡工矿居民用地占用；盐碱地也有所减少，占未利用土地减少总面积的13.95%。

2.6.3 辽宁省2015年至2020年土地利用时空特点

2015~2020年辽宁省土地利用一级类型动态总面积729.12平方千米，年均动态变化面积远小于20世纪80年代末至2010年平均水平。2015~2020年土地利用变化以城乡工矿居民用地增加、耕地和林地减少为主要特点。

城乡工矿居民用地年均扩展面积80.39平方千米，自20世纪80年代末至2015年扩展持续加速后出现减速，回落到2005~2008年的年均扩展速度。

耕地年均净减少57.27平方千米，略高于2000年耕地呈净减少态势以来的平均水平，建设占用是耕地减少面积的86.94%，是耕地流失的最主要原因，较为集中地发生于城镇周边，部分发生于沿海地带。

林地年均净减少15.73平方千米，低于20世纪80年代末以来林地减少的平均水平。主要受城乡工矿居民用地扩展影响，2000~2015年，林地减少速度持续上升，近几年又有所减缓。

水域面积年均净减少13.41平方千米，水域增加速度与此前各时期相比变化不大。

2.7 吉林省土地利用

吉林省土地利用类型以林地为主，耕地次之，其他土地利用类型面积相对较小。20世纪80年代末至2020年，耕地、草地和城乡工矿居民用地动态变化相对显著。耕地面积净增加6.64%；草地面积显著减少，净减少35.07%；城乡工矿居民用地面积净增加18.43%，新增城乡工矿居民用地以占用耕地为主。

2.7.1 吉林省2020年土地利用状况

吉林省遥感监测土地面积191093.59平方千米，土地利用类型以林地和耕地为主。林地面积84463.32平方千米，占吉林省面积的44.20%，耕地面积63692.9平方千米，占33.33%，两种土地利用类型占省域面积的77.53%。其余土地利用类型面积从大到小依次是未利用土地、城乡工矿居民用地、草地和水域，分别占省域面积的6.34%、3.83%、3.75%和2.23%。另有耕地内非耕地11629.20平方千米。

吉林省优质林地资源丰富，有林地面积占林地面积的94.99%，灌木林地等其他林地比例仅5.01%。东部的长白山区是林地的集中分布区域。

耕地面积仅次于林地，其中，旱地面积54537.93平方千米，主要分布在中西部平原，在东部山区的人口密集区也有散布。水田面积为9154.98平方千米，主要分布在西部和北部，集中于靠近嫩江、松花江和洮儿河的水资源丰富区域。

未利用土地是面积居吉林省第三位的类型。其中67.62%为盐碱地，29.58%为沼泽地，主要分布在吉林省西部科尔沁草原和松辽平原交汇地带。沙地等其他未利用土地

类型分布极少。

城乡工矿居民用地是面积居吉林省第四位的类型，农村居民点广泛分布，占该类面积的70.85%；城镇用地次之，占22.27%，在中部松辽平原和嫩江平原西部分布相对密集；工交建设用地面积不大，仅占该类面积的6.88%。

草地面积较小，以中高覆盖度草地类型为主，二者分别占草地总面积的41.01%和53.54；低覆盖度草地面积很少，仅占5.45%。草地在吉林省西部的科尔沁草原和松辽平原交汇地带分布较多，在林区也有散布。

水域面积小，其中湖泊占水域面积的35.63%，主要湖泊有查干湖、月亮湖、松花湖等；其次是水库坑塘和滩地，分别占28.78%和18.58%，主要有丰满水库、白山水库、云峰水库和二龙山水库等；此外的17.00%为河渠。

2.7.2 吉林省20世纪80年代末至2020年土地利用时空特点

20世纪80年代末至2020年，吉林省土地利用动态变化面积15043.05平方千米，占省域面积的7.87%。吉林省土地利用变化呈现明显的阶段性变化特征，以2000年为拐点，2000年前土地利用变化剧烈，2000年以后趋于平稳。从类型上看，耕地面积增加是吉林省土地利用变化的主要特点，此外，城乡工矿居民用地有所增加，草地显著减少（见表7）。

表7　吉林省20世纪80年代末至2020年土地利用分类面积变化

单位：平方千米

	耕地	林地	草地	水域	城乡工矿居民用地	未利用土地	耕地内非耕地
新增	6110.15	1836.84	1716.58	1021.24	1285.13	2018.98	928.19
减少	2146.89	2116.74	5497.72	1418.92	11.85	3324.35	400.65
净变化	3963.26	−279.90	−3781.14	−397.68	1273.28	−1305.37	527.55

耕地面积净增加3963.26平方千米，相比监测初期增加了6.64%，增加面积与增加幅度较大。2000年前新增耕地最为显著，占整个监测时段新增耕地面积的77.54%；到2005年，耕地面积一直保持增长。新增耕地主要来源于草地开垦，占新增耕地面积的51.47%，其次为毁林种植和未利用土地开垦，分别占20.06%和22.31%。2005年之后，随着林地和草地保护政策的实施及社会大众自然资源保护意识的增强，开垦耕地活动显著减少。同时受退耕还林、还草政策以及城乡工矿居民用地扩展占用等因素影响，2005年以后耕地面积持续小幅度减少，这种变化趋势一直持续到监测末期。

城乡工矿居民用地净增加1273.28 平方千米，相比监测初期增加了18.43%，增加幅度较大。城乡工矿居民用地增加速度不断上升，20世纪80年代末至2000年年均净增加12.40平方千米，2015~2020年年均净增加86.07平方千米（见图7）。新增城乡工矿居民用地的土地来源以占用耕地为主，在新增城乡工矿居民用地土地来源中占比67.62%，其次是林地和未利用土地，分别占新增城乡工矿居民用地的8.30%和6.44%。

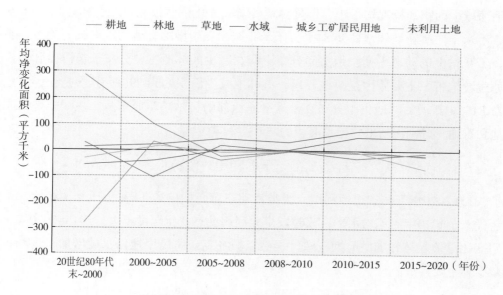

图7 吉林省不同时段土地利用分类面积年均净变化

草地净减少3781.14平方千米，相比监测初期减少了35.07%，减少面积与减少幅度较大，成为吉林省土地利用动态变化的另一个主要特点。草地显著减少发生在2000年之前，该时期草地减少的面积占整个监测时段草地减少总面积的83.72%。2000年后，草地面积减少幅度下降，草地面积趋于稳定。草地减少的最主要原因是开垦耕地，占草地减少总面积的57.20%，其次是转化为未利用土地或林地，占草地减少总面积的17.03%和15.25%。2000年以后，在2000~2005年，草地经历了短暂的净增长阶段，随后又处于减少状态。

未利用土地的变化以减少为主，净减少面积1305.37 平方千米，相比监测初期减少了10.32%。原有的未利用土地减少了3324.35平方千米，以沼泽地减少为主，占未利用土地减少总面积的68.02%。减少的最主要原因是开垦耕地，占未利用土地减少总面积的41.00%，其次为转变为草地，占25.90%。未利用土地减少在2005年之前较为明显，2005年之后面积基本稳定。

水域动态变化以减少为主,净减少397.68平方千米,相比监测初期减少了7.68%,净减少面积不大,但净减少幅度较大,仅次于草地。水域减少面积1418.92平方千米,以湖泊面积缩减为主,主要去向是未利用土地中的沼泽地。水域变化在2010年后出现新的特点,由于河湖水量增加、松花江干流水库建设以及坑塘增加等,水域呈现净增加的新特点。

林地动态变化以减少为主,净减少279.90平方千米,相比监测初期减少了0.33%。林地净减少面积和幅度均很小,但是林地的增减变化依然较大。原有林地减少2116.74平方千米,同时新增林地1836.84平方千米,减少和新增的林地均以有林地为主,基本维持了数量上的动态平衡。但空间分布不同,减少的林地主要分布于长白山脉向松嫩平原过渡地带,主要原因是耕地开垦,占林地减少面积的57.89%;其次是变为草地,占22.81%。新增的林地集中分布在松辽平原西部的科尔沁草原东陲,主要土地来源是草地和耕地,分别占新增林地总面积的45.63%和40.94%。

2.7.3 吉林省2015年至2020年土地利用时空特点

2015~2020年吉林省土地利用一级类型动态总面积1339.59平方千米,相比20世纪80年代末至2020年的年均水平,该时段土地利用动态变化幅度不大。2015~2020年土地利用变化总体趋势和前一时期一致,仍然以城乡工矿居民用地和水域增加、未利用土地减少为主要特点。

城乡工矿居民用地年均扩展面积85.17平方千米,增幅较前一时期有小幅增加,且快于其他各监测时段。城镇用地和工交建设用地的增加仍然是2015~2020年城乡工矿居民用地增加的主要驱动力,主要分布在长春市和吉林市两个大城市周边,中小城市如松原、白城、抚松也出现一定规模的扩展。

水域面积年均净增加49.69平方千米,略小于2010~2015年的增加幅度。位于吉林西部松嫩平原的湖泊与河流水量增加是水域面积增加的主要原因,占水域新增面积的67.64%;松花江干流新建水库以及吉林西部新增的水库坑塘,是水域面积增加的第二原因,占水域新增面积的42.36%。

未利用土地年均净减少67.45平方千米,远高于此前各监测时段,是20世纪80年代末以来平均减少面积的1.71倍。其中因水域增加盐碱地、沼泽地等转变为水域是未利用土地减少的最主要原因,占减少总面积的54.59%;其次为耕地开垦,占减少总面积的30.58%。

草地的年均减少面积是26.36平方千米,远高于2010~2015年的减少面积,但低于20世纪80年代末以来的年均减少幅度。草地的减少面积主要转化为耕地,占减少草地面积的48.65%,其余转化为水域、未利用土地和城乡工矿居民用地的部分分别占草地减少面积的21.87%、12.10%和10.81%。

耕地面积年均净减少23.53平方千米，是2010~2015年年均减少面积的2.56倍，其中，城乡工矿居民用地占用占减少耕地面积的71.47%，水域增加面积占减少耕地面积的19.74%，还有7.30%的减少耕地退为未利用土地。

林地的变化幅度微小，年均净减少面积仅为8.23平方千米，低于2010~2015年的年均净减少水平。该时期林地面积基本稳定。

2.8 黑龙江省土地利用

黑龙江省林业与农业的优势地位突出，土地利用类型林地占比最大，耕地其次。20世纪80年代末至2020年，耕地面积净增加了14.09%；大幅增加时段主要在2000年之前，该时期耕地净增加面积占整个监测时段耕地净增加面积的91.17%。未利用土地、草地和林地等以自然属性为主的土地利用类型全面减少；其中，林地和草地减少最显著，主要原因为开垦耕地。城乡工矿居民用地持续净增加。20世纪80年代末至2000年黑龙江省土地利用变化最为剧烈，变化面积占整个监测时段动态变化总量的69.61%，2000~2020年，土地利用变化幅度不大，利用方式趋于稳定。

2.8.1 黑龙江省2020年土地利用状况

黑龙江省遥感监测土地面积452563.28平方千米，土地利用类型以林地和耕地为主。林地面积195742.79平方千米，占省域面积的43.25%，耕地面积147811.08平方千米，占32.66%，二者合计占省域面积的75.91%。未利用土地和草地面积分别为35625.92平方千米和35351.54平方千米，分别占省域面积的7.87%和7.81%。水域和城乡工矿居民用地分别为13136.97平方千米和10847.25平方千米，分别占2.90%和2.40%，是面积较小的土地利用类型；另有耕地内非耕地14020.74平方千米。

林地是黑龙江省最主要的土地利用类型，有林地占林地总面积的94.24%，灌木林地和其他林地占比为5.76%。林地集中分布区域为西部和北部的大小兴安岭山区以及东南部的张广才岭、老爷岭和完达山脉。

耕地面积仅次于林地，其中旱地面积122803.45平方千米，占耕地面积的83.08%，其余16.92%为水田。耕地主要分布在黑龙江西南部的松嫩平原和东北部的三江平原。

未利用土地是面积居黑龙江省第三位的类型，其中，沼泽地占该类面积的88.59%，主要分布在三江平原和乌裕尔河流域南部，在大小兴安岭的低洼地带也有较大面积的散布；盐碱地次之，占该类面积的10.38%，散布于松嫩平原。

草地是面积居黑龙江省第四位的类型，以高覆盖度草地为主，占草地总面积的

81.70%，散布于林区或成片分布于松嫩平原中部和三江平原的西南部等；中覆盖度草地次之，占17.34%，主要分布在松嫩平原；低覆盖度草地仅占0.97%。

水域面积较小，为13136.97平方千米，其中滩地占水域面积的31.19%；其后是湖泊和河渠，分别占27.98%和25.66%，主要湖泊有兴凯湖、镜泊湖、连环湖等，主要河流包括黑龙江、乌苏里江、松花江、绥芬河四大水系。此外的15.17%为水库坑塘，主要水库有尼尔基水库、莲花水库和镜泊湖水库等。

城乡工矿居民用地面积最小，其中，农村居民点占该类面积的68.24%，散布于松嫩平原、三江平原及山区谷地，城镇用地次之，占23.26%，在西部松嫩平原和东北部三江平原分布相对密集；工交建设用地面积不大，仅占该类面积的8.50%，分布零散。

2.8.2 黑龙江省20世纪80年代末至2020年土地利用时空特点

20世纪80年代末至2020年，黑龙江省土地利用动态变化面积36196.23平方千米，占省域面积的8.00%。土地利用变化的时间特征表现为：土地利用变化集中发生于2000年前，2000年后土地利用基本稳定。土地类型变化的主要特点是耕地增加显著，城乡工矿居民用地和水域有所增加，以自然属性为主的林地、草地和未利用土地面积全面减少，其中林地和草地减少最显著（见表8）。

表 8   黑龙江省 20 世纪 80 年代末至 2020 年土地利用分类面积变化

单位：平方千米

	耕地	林地	草地	水域	城乡工矿居民用地	未利用土地	耕地内非耕地
新增	22037.17	3024.58	4112.60	1807.82	1554.51	1762.47	1964.68
减少	3780.12	11428.56	12139.10	1545.74	83.61	6883.37	335.74
净变化	18257.06	−8403.98	−8026.50	262.09	1470.90	−5120.89	1628.94

耕地面积显著增加，净增加18257.06平方千米，相比监测初期增加了14.09%。耕地面积的大幅度增加时期集中于2000年前，年均净增加达1280.44平方千米，增加规模和速度远高于其他时期。该时期新增耕地的主要来源为林地开垦，占同期耕地增加面积的44.09%，其次为草地和未利用土地开垦，两者分别占耕地增加面积的35.58%和18.36%。2000~2005年耕地增加速度明显下降，年均净增耕地面积263.10平方千米；2005~2010年，耕地总面积持续增加，但增加幅度呈现逐渐下降态势；2010以后，耕地面积持续净减少，2010~2020年，年均净减少39.77平方千米。另外，20世纪80年代末至2020年耕地减少面积3780.12平方千米，耕地转变为城乡工矿居民用地、林地、未利用土地、水域和草地，分别占耕地减少面积的28.40%、28.20%、13.62%、10.57%

和19.21%。建设占用导致耕地减少自2008年以来显著上升，在20世纪80年代末至2008年，建设占用占耕地减少面积的12.68%，在2008~2020年，这一比例提升至75.82%。

城乡工矿居民用地净增加1470.90平方千米，相比监测初期增加了15.69%，增加幅度较大。城乡工矿居民用地面积的增加以城镇用地为主，占46.74%，其次为工交建设用地，占36.19%，其余的17.07%为农村居民点用地。20世纪80年代末以来，城乡工矿居民用地增加速度不断上升（见图8）。2000年前年均增加4.64平方千米，随后逐渐增加，2010~2015年年均增速达到峰值，为113.65平方千米，随后2015~2020年城乡工矿居民用地增速有所回落，年均增加82.04平方千米。新增城乡工矿居民用地的土地来源始终以占用耕地为主，69.05%来自耕地，其他土地来源主要为林地、未利用地和草地。

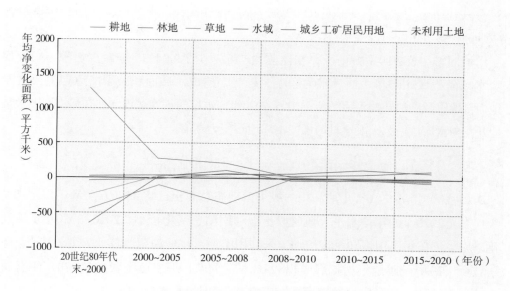

图 8　黑龙江省不同时段土地利用分类面积年均净变化

林地动态以减少为主，林地净减少面积为8403.98平方千米，相比监测初期减少了4.12%，净减少面积较大，但是净减少幅度不大。20世纪80年代末到2020年，有11380.61平方千米林地转变为其他土地利用类型，年均减少644.57平方千米。林地大面积减少的现象发生在2000年前，整个监测时段林地减少面积的99.71%发生于2000年以前；此时期林地减少主要由毁林开垦所致，2000年前林地变为耕地的面积占同期林地减少总面积的80.76%，2000年后林地变化微小。另外，新增林地面积3024.58平方千米，主要来源是草地和耕地，分别占新增林地总面积的59.45%和35.25%。林地面积增加速度相对较快的时期是2005~2008年，年均增加273.26平方千米，该时期的林地变化

呈现净增加态势，这一变化趋势与退耕还林政策的实施吻合。

草地净减少8026.50平方千米，相比监测初期减少了18.50%，净减少面积与幅度相对较大。草地减少面积12139.10平方千米，且呈现波动下降趋势。各时期草地减少的最主要原因均为草地开垦为耕地，草地变为耕地的面积占草地减少总面积的70.99%，且集中发生在2000年前，该时期的减少比例高达69.94%。草地变化包含了少量的新增草地，面积为4112.60平方千米，主要土地来源是林地、未利用土地和耕地，分别占新增草地总面积的44.22%、25.68%和17.66%。

未利用土地净减少5120.89平方千米，相比监测初期减少了12.70%，净减少面积与幅度相对较大。未利用土地减少面积6883.37平方千米，沼泽地是未利用土地减少的最主要类型，占未利用土地减少总面积的95.22%。耕地开垦是未利用土地流失的主要方向，占未利用土地减少总面积的62.92%。从时间过程看，未利用土地面积持续减少，但减少的速度在2005年之后明显减缓。

水域净减少262.09平方千米，相比监测初期减少了2.04%，净减少面积与幅度均较小。水域面积在2005年之前表现为净减少趋势，造成水域面积减少的原因主要是滩地开垦为耕地以及湖泊转变为沼泽地；2005~2020年，水域面积均呈现增加态势，原因包括沼泽地开发为水库坑塘，以及水量增加使沼泽地转变为湖泊。

2.8.3 黑龙江省2015年至2020年土地利用时空特点

2015~2020年黑龙江省土地利用一级类型动态总面积1148.35平方千米，相比20世纪80年代末至2020年的年均水平，该时段土地利用动态变化较小。2015~2020年土地利用变化以城乡工矿居民用地和水域增加，未利用土地、耕地和草地减少为主要特点。

城乡工矿居民用地年均扩展面积82.04平方千米，扩展速度较2010~2015年有所降低，但高于其他监测时段。城镇用地和工交建设用地增加是2015~2020年城乡工矿居民用地增加的主要驱动力，分别占新增城乡工矿居民用地的35.77%和63.92%。哈尔滨、大庆、齐齐哈尔城市周边新增面积比较集中，同时也散布于中等城市周边。

水域面积年均净增加112.39平方千米。增加幅度达到20世纪80年代末以来的峰值，位于黑龙江西南部松嫩平原的湖泊与河流水量增加是水域面积增加的首要原因，占水域新增面积的56.36%；松嫩平原新增的水库坑塘，是水域面积增加的第二原因，占水域新增面积的35.17%。

耕地面积年均净减少70.65平方千米，是此前5年减少速度的7.94倍，低于20世纪80年代以来的平均增加速度。其中，城乡工矿居民用地、水域和未利用土地是减少耕地的主要流向，分别占减少耕地的61.04%、28%和10.60%。

未利用土地年均净减少70.59平方千米，相比此前5年减少速度略有降低。林地和草地减少幅度很小，面积基本稳定。

2.9　上海市土地利用

上海市土地利用类型以城乡工矿居民用地、耕地和水域为主，这3种一级类型的面积分别占上海市总面积的35.55%、28.99%和24.32%。20世纪80年代末以来上海市土地利用变化最主要的特点，就是持续快速的城镇扩展造成城乡工矿居民用地面积大幅增加和耕地面积持续减少。随着上海市城镇化过程逐步稳定，2015~2020年，城乡工矿居民用地增长速度较2000~2015年有很大下降，仅为26.81平方千米/年，也是20世纪80年代末以来最低的时期。

2.9.1　上海市2020年土地利用状况

上海市2020年的遥感监测土地总面积为8435.06平方千米，城乡工矿居民用地成为上海市面积最大的土地利用类型，面积达到了2998.98平方千米，占上海市总面积的35.55%，比2015年净增加了134.07平方千米。其次是耕地，面积为2445.64平方千米，占总面积的28.99%，比2015年净减少了81.34平方千米。上海市水域面积为2051.26平方千米，占总面积的24.32%。城乡工矿居民用地、耕地和水域是上海市最主要的土地利用类型，这3类的面积占上海市总面积的88.86%。其余的11.14%土地利用类型分别是耕地内非耕地（9.68%）、林地（1.14%）和草地（0.31%）。

城乡工矿居民用地中城镇用地面积最大，达到1641.75平方千米，占城乡工矿居民用地的54.74%；其次是农村居民点用地，面积是950.91平方千米，占31.71%；工交建设用地面积是406.32平方千米，占13.55%。

上海市耕地以水田为主，水田面积为2200.54平方千米，占上海市耕地面积的89.98%，旱地面积是245.10平方千米，占耕地面积的10.02%。耕地主要分布在上海市南部以及崇明岛等岛屿上，尤其是旱地主要分布在崇明岛北部和东部的长江口沿岸。

河渠是上海市水域中面积最大的类型，为1209.40平方千米，占上海市水域面积的58.96%。其次为滩地，面积是303.36平方千米，占水域面积的14.79%。水库坑塘主要分布在与江苏和浙江交界的地区，面积为277.45平方千米，占13.53%。上海市位于长江入海口，也有较多的海涂，其面积是258.52平方千米，占12.60%。湖泊只有零星分布，面积仅为2.54平方千米。

林地中绝大部分是其他林地，面积为87.41平方千米，占上海市林地面积的90.84%；其次是有林地，面积为6.77平方千米，占7.04%；最少的是疏林地，面积仅有2.04平方千米，占2.12%。林地在上海市境内呈零星分布，崇明岛等岛屿是林地的主要

分布区域。

上海市26.17平方千米的草地类型全部是高覆盖度草地，集中分布在崇明岛的长江口沿岸以及长兴岛和横沙岛沿岸。

2.9.2　上海市20世纪80年代末至2020年土地利用时空特点

在20世纪80年代末至2020年的近30年来，上海市土地利用变化是一个土地利用类型不断向城乡工矿居民用地集中的过程（见表9）。20世纪80年代末至2020年，上海市土地利用动态变化面积共3130.21平方千米，其中城乡工矿居民用地变化面积（含新增面积和减少面积）共2287.66平方千米，约占总动态面积的2/3。另一个面积有所增加的土地利用类型是水域，面积净增加了29.58平方千米。

表 9　上海市 20 世纪 80 年代末至 2020 年土地利用分类面积变化

单位：平方千米

	耕地	林地	草地	水域	城乡工矿居民用地	未利用土地	耕地内非耕地
新增	73.13	14.67	21.86	776.27	2074.24	—	21.98
减少	1285.01	24.61	41.96	746.69	213.42	—	485.79
净变化	−1211.87	−9.94	−20.10	29.58	1860.82	—	−463.81

得益于改革开放后城市的快速扩展，2020年上海市城镇用地面积是20世纪80年代末的2.50倍，净增加了984.04平方千米，占城乡工矿居民用地净增加面积的52.88%。农村居民点用地面积净增加了503.59平方千米，工交建设用地面积净增加了373.20平方千米。城乡工矿居民用地面积的来源主要是耕地，20世纪80年代末至2020年，共有1244.28平方千米的耕地转变成城乡工矿居民用地，占城乡工矿居民用地新增面积的59.99%。其余的城乡工矿居民用地新增面积主要来自耕地内部非耕地以及城乡工矿居民用地内部二级类型的相互转变。

上海市耕地在20世纪80年代末至2020年大幅减少，20世纪80年代末的耕地有33.13%被其他土地利用类型占用，耕地面积净减少了1211.87平方千米，其中水田净减少1139.43平方千米，旱地净减少72.38平方千米。绝大部分减少的耕地流向了城乡工矿居民用地，比例高达96.83%。耕地转变为城镇用地面积为537.66平方千米，转变为农村居民点用地面积为463.44平方千米，转变为工交建设用地面积为243.18平方千米。

从不同时段土地利用类型年均净变化速度来看，2005~2008年，上海市城乡工矿居民用地、耕地和耕地内非耕地的面积净变化速度都达到了最大。这期间城乡工矿居民用地每年净增加123.59平方千米，耕地每年净减少82.28平方千米。土地利用变化速度在之后的时期逐步减缓（见图9）。

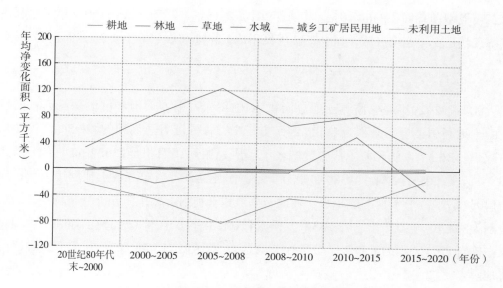

图 9　上海市不同时段土地利用分类面积年均净变化

2.9.3　上海市2015年至2020年土地利用时空特点

上海市2015~2020年土地利用时空特点与整个监测时段类似，以城乡工矿居民用地面积增加和耕地面积减少为最主要动态特征。但随着上海市城镇化过程逐步稳定，城乡工矿居民用地增长速度较2000~2015年有很大降低，仅为26.81平方千米/年，也是20世纪80年代末以来最低的时期。

2015~2020年，上海市城乡工矿居民用地面积净增加了134.07平方千米，其中城镇用地面积净增加67.57平方千米，农村居民点用地面积净减少3.48平方千米，工交建设用地面积净减少69.98平方千米。减少的农村居民点用地和工交建设用地全都转变为城镇用地。城镇用地增加的面积依旧大部分来源于耕地，2015~2020年共有82.15平方千米，占城镇用地新增面积的52.89%。

上海市水域面积在2015~2020年变化也较为剧烈，面积净减少了150.28平方千米，主要是海涂的消减导致的。

2.10　江苏省土地利用

江苏省地跨长江和淮河两大水系，地势平坦，河渠湖泊众多，土地利用类型以耕地和城乡工矿居民用地为主，2020年这两个类型的土地面积分别占江苏省土地总面积

的42.75%和23.21%。20世纪80年代末至2020年，江苏省土地利用变化集中体现在耕地向城乡工矿居民用地转变上。城乡工矿居民用地的动态面积是10836.08平方千米，占全省二级类型动态面积的64.40%。相对于2010~2015年，江苏省2015~2020年土地利用总体特点就是变化速度放缓，城乡工矿居民用地、耕地和水域等主要类型都是如此。

2.10.1 江苏省2020年土地利用状况

江苏省2020年遥感监测土地总面积为101819.91平方千米，耕地是江苏省面积最大的土地利用类型，面积为43525.24平方千米，占江苏省总面积的42.75%，较2015年净减少1136.37平方千米。其次是城乡工矿居民用地，面积是23632.62平方千米，占23.21%，较2015年净增加1380.41平方千米。水域是江苏省第三大土地利用类型，面积为14057.87平方千米，占13.81%。林地、草地和未利用土地在江苏省分布较少，面积仅分别为3047.00平方千米、787.85平方千米和168.38平方千米。这3种土地利用类型合计仅占江苏省总面积的3.93%。江苏省土地总面积还包括16600.95平方千米的耕地内非耕地。

江苏省地处黄淮海平原和长江中下游平原，境内耕地分布广泛。水田是江苏省最大的耕地二级类型，面积达到了28056.28平方千米，占江苏省耕地面积的64.46%，主要分布在江苏省中部和南部。旱地面积15468.95平方千米，占35.54%，主要分布在北部的苏北灌溉总渠—洪泽湖一线以北的徐淮黄泛平原区和东部的滨海平原区。

城乡工矿居民用地是江苏省第二大土地利用类型，其中又以农村居民点用地的面积最多，达到了10890.74平方千米，占江苏省城乡工矿居民用地的46.08%，主要分布于长江以北的农耕区。城镇用地面积与农村居民用地面积相当，为10578.34平方千米，占44.76%，主要分布于长江以南的长江三角洲区域。工交建设用地面积是2163.54平方千米，占9.15%，集中分布于江苏省北部的沿海地带，多为码头。

长江和淮河是江苏省最主要的2条河流，京杭运河南北纵贯全省，太湖、洪泽湖等众多湖泊、水库坑塘星罗棋布。湖泊、水库坑塘和河渠是江苏省水域中面积最多的三种类型，分别是5586.43平方千米、5162.19平方千米和2254.02平方千米。

林地中以有林地面积最大，为2094.55平方千米，占林地面积的68.74%。其次为疏林地，面积是458.98平方千米，占15.06%。其他林地和灌木林地的面积分别为250.34平方千米和243.14平方千米，各占8.22%和7.98%。

2.10.2 江苏省20世纪80年代末至2020年土地利用时空特点

20世纪80年代末以来江苏省土地利用动态面积达到16792.74平方千米，占江苏省2020年土地总面积的16.49%。江苏省土地利用变化集中体现在耕地向城乡工矿居民用地的转变上，城乡工矿居民用地动态面积10836.08平方千米，占整个土地利用动态面积的64.40%。

城乡工矿居民用地面积在20世纪80年代末至2020年净增加了9781.37平方千米（见表10），净增加面积是20世纪80年代末城乡工矿居民用地面积的70.90%。其中以城镇用地面积净增加最多，净增加了5425.34平方千米，其次是农村居民点用地，面积净增加了2645.68平方千米，工交建设用地面积净增加了1710.35平方千米。耕地是城乡工矿居民用地面积增加的最主要来源，近30年来，共有6479.76平方千米的耕地转变成为城乡工矿居民用地。其次是耕地内非耕地和水域。

表 10 江苏省 20 世纪 80 年代末至 2020 年土地利用分类面积变化

单位：平方千米

	耕地	林地	草地	水域	城乡工矿居民用地	未利用土地	耕地内非耕地
新增	417.90	65.30	114.59	3508.14	10674.35	0.88	155.85
减少	7745.58	287.20	516.22	4059.85	892.97	1.59	2966.16
净变化	−7327.68	−221.91	−401.64	−551.71	9781.37	−0.71	−2810.31

从各土地利用类型的年均变化面积看（见图10），江苏省的城乡工矿居民用地年均增幅在2005~2008年达到最高值，经历2005~2015年这10年的快速增长之后，在2015~2020年增速有较大下降。耕地作为城乡工矿居民用地面积增加的最大来源，其变化趋势与城乡工矿居民用地同步。

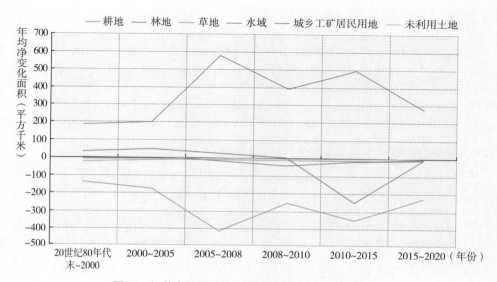

图 10 江苏省不同时段土地利用分类面积年均净变化

2.10.3 江苏省2015年至2020年土地利用时空特点

江苏省2015~2020年土地利用变化的特点同样体现在城乡工矿居民用地和耕地这两个土地利用类型此消彼长上。2015~2020年江苏省城乡工矿居民用地面积净增加了1380.41平方千米，同期耕地面积净减少1136.37平方千米（水田净减少763.84平方千米，旱地净减少372.53平方千米）。在城乡工矿居民用地净增加的面积中，城镇用地净增加1076.99平方千米，工交建设用地净增加381.33平方千米。

农村居民点用地依旧延续2010~2015年的表现，即农村城镇化、农村居民点用地整理和新农村建设导致农村居民点面积持续减少，净减少了77.92平方千米。其中，有76.22%流向了城镇用地，有14.72%转变为耕地。

相对于2010~2015年，江苏省2015~2020年土地利用总体变化速度放缓，城乡工矿居民用地、耕地和水域等类型都是如此。

2.11 浙江省土地利用

林地是浙江省面积占比最大的土地利用类型，其次是耕地和城乡工矿居民用地，水域、草地和未利用土地比重较小。20世纪80年代末至2020年，浙江省土地利用变化以耕地持续减少和城乡工矿居民用地持续增加为主要特征，城镇化率相对较高，水域、草地净变化较小，林地面积持续减少。土地利用变化在2000~2005年尤为突出。东部沿海地区和北部平原地区是浙江省土地利用变化较为剧烈的区域。

2.11.1 浙江省2020年土地利用状况

2020年，浙江省土地利用遥感监测总面积为103799.32平方千米。林地面积为63911.30平方千米，占全省面积的61.57%；其次是耕地，面积为18045.55平方千米，占17.39%，相比2015年净减少了3.45%；城乡工矿居民用地面积为10484.78平方千米，占10.10%，与2015年相比增加了13.52%；水域面积、草地和未利用土地面积相对较小，分别为4173.55平方千米、2239.81平方千米和60.32平方千米，依次占全省面积的4.02%、2.16%和0.06%；另有耕地内非耕地4884.01平方千米。

林地构成以有林地为主，占林地面积的86.01%；疏林地、其他林地和灌木林地面积较小，分别占林地面积的7.55%、3.58%和2.86%。耕地以水田为主，占耕地面积的84.37%，旱地占耕地面积的15.63%。城乡工矿居民用地构成中，城镇用地占城乡工矿居民用地总面积的42.48%；农村居民点和工交建设用地分别占28.88%和28.64%。草地多为高覆盖度草地，占草地面积的72.39%，中覆盖度草地和低覆盖度草地面积占比相对较少，分别为17.81%和9.80%。水域以水库坑塘分布最多，占水域面积的58.60%；其次是河渠，占21.83%；海涂、滩地和湖泊分别占6.46%、8.62%和4.50%。

2.11.2 浙江省20世纪80年代末至2020年土地利用时空特点

20世纪80年代末至2020年，浙江省土地利用动态总面积9688.04平方千米，占全省面积的9.33%。城乡工矿居民用地和耕地变化尤为显著（见表11）。城乡工矿居民用地面积增加最多、耕地面积减少最多，两者的变化折线图呈现对称趋势，这是由于城乡工矿居民用地的增加以占用耕地为主。水域和草地均呈现增加趋势，林地、未利用土地均表现为小幅净减少。从不同监测时段来看，浙江省耕地和城乡工矿居民用地在2000~2005年年均变化幅度最大，变化最为剧烈（见图11）。

表 11　浙江省 20 世纪 80 年代末至 2020 年土地利用分类面积变化

单位：平方千米

	耕地	林地	草地	水域	城乡工矿居民用地	未利用土地	耕地内非耕地
新增	432.39	5235.59	451.87	1971.18	7079.73	69.01	112.66
减少	4804.26	5986.90	249.95	1581.77	240.78	82.56	1319.73
净变化	−4371.86	−751.31	201.92	389.41	6838.94	−13.55	−1207.07

城乡工矿居民用地净增加面积为6838.94平方千米，比20世纪80年代末增加了1.60倍；主要为城镇用地和工交建设用地，两者分别占新增面积的50.79%和38.20%；新增面积中来源于耕地的占59.37%，且以占用耕地中的平原水田为主；来源于林地的新增面积占13.80%。城乡工矿居民用地变化分别在2000~2005年和2010~2015年两个时段经历增长高峰，年均净增加面积分别为440.04平方千米和305.05平方千米。从空间上看，城乡工矿居民用地面积增加主要发生在东部沿海地区和北部地区。水域面积比20世纪80年代末增加了10.29%，水域面积增加的主要来源是海域、耕地和林地，三者分别占水域新增面积的27.74%、21.95%和6.74%；水域的减少以转变为耕地为主，占水域减少面积的44.09%。草地面积相比20世纪80年代末净增加了6.45%，林地是新增草地的最主要来源，占新增面积的80.87%，且由有林地转变而来，空间上主要集中在西部和南部山区。林地和城乡工矿用地是草地减少的主要去向，分别占减少面积的50.50%和36.19%。

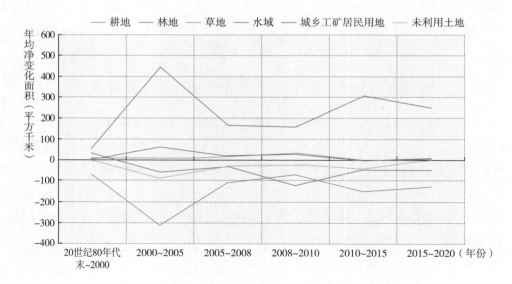

图11　浙江省不同时段土地利用分类面积年均净变化

　　耕地净减少面积为4371.86平方千米，相比20世纪80年代末净减少了19.50%。耕地减少的主要转移类型为城乡工矿居民用地，占耕地减少面积的80.34%；林地和水域也是耕地减少的重要去向，分别占耕地减少面积的11.61%和7.26%。在发达地区如温州、宁波、杭州和嘉兴等地，耕地减少以水田尤为显著。浙江省耕地净减少幅度在2000~2005年最明显，年减少312.55平方千米。耕地新增面积不大，分别有50.90%和44.09%来自林地和水域。林地面积净减少751.31平方千米，林地内部类型之间相互转化达到4251.50平方千米。耕地是林地增加的主要来源，占林地新增面积的66.95%；林地减少的主要去向是城乡工矿居民用地，占林地减少面积的56.21%。海域面积净减少812.97平方千米，主要转变为水域和城乡工矿居民用地，面积分别占海域减少面积的80.23%和16.67%。

2.11.3　浙江省2015年至2020年土地利用时空特点

　　2015~2020年，浙江省土地利用一级类型动态总面积为1635.09平方千米。城乡工矿居民用地和水域面积表现为增加；其他土地利用类型均表现为不同程度的减少，以耕地净减少面积为最，其次为林地、海域、草地和未利用土地。

　　城乡工矿居民用地净增加面积为1248.51平方千米，年均净增加量为249.70平方千米，是20世纪80年代末至2020年年均净增量的1.28倍，低于2000~2005年峰值和2010~2015年的年均净增量。城镇用地和工交建设用地分别占新增面积的55.66%和55.82%，主要分布于浙江北部和中部的金华、东南沿海的温州地区；耕地和林地是城乡工矿居民用地新增面积的主要来源，分别占51.86%和19.12%。

耕地净减少面积646.08平方千米，年均减少量为129.11平方千米，略低于2015~2020年以及20世纪80年代末至2020年平均年减少量。城乡工矿居民用地占用占耕地减少面积的97.63%。耕地新增幅度微弱。

林地年均净减少面积为49.48平方千米，减少幅度比2015~2020年略有增加。林地内部互相转换面积为212.15平方千米，转为城乡工矿居民用地的林地面积为239.80平方千米，占林地减少面积的96.28%。

海域面积年均净减少32.06平方千米，与2010~2015年相比减少幅度降低，转变为水域和城乡工矿居民用地的面积分别占海域减少面积的89.88%和9.94%。

草地、未利用土地和水域变化微小。

2.12　安徽省土地利用

安徽省地跨淮河、长江，其主要土地利用类型分布与地形地貌密切相关。耕地是安徽省面积最大的土地利用类型，面积为57051.75平方千米，主要分布于长江以北的淮河平原区和江淮丘陵山地区；林地面积为31969.40平方千米，主要分布于多丘陵的皖西和皖南地区。20世纪80年代末至2020年，安徽省土地利用变化总体趋势是：耕地、林地、草地和未利用土地面积净减少，城乡工矿居民用地和水域面积净增加。20世纪80年代末至2020年的各时段中，2015~2020年是安徽省土地利用二级类型动态变化面积最多的时期。

2.12.1　安徽省2020年土地利用状况

安徽省2020年遥感监测土地总面积为140165.08平方千米，耕地是面积最多的土地利用类型，面积达到57051.75平方千米，面积占比为40.70%，比2015年净减少了1277.38平方千米，其次是林地，面积为31969.40平方千米，占22.81%。城乡工矿居民用地、水域和草地面积较少，分别为16479.26平方千米（占比11.76%）、8247.93平方千米（占比5.88%）和7803.54平方千米（占比5.57%）。未利用土地在安徽省分布较为稀少，面积仅有170.73平方千米。另外，2020年安徽省监测土地总面积还包括18442.46平方千米的耕地内非耕地。

安徽省耕地分布大致以淮河为界，淮河以北主要是旱地，以南多为水田。水田是安徽省最主要的耕地类型，面积达到了30309.99平方千米，占安徽省耕地面积的53.13%。旱地面积是26741.75平方千米，在耕地中的面积占比为46.87%。水田主要分布于淮河以南的江淮丘陵区、沿江平原和皖南山区中的丘陵盆地区域。而旱地则主要

分布于安徽省北部的淮河平原区。

安徽省林地主要分布在西部的大别山区和南部的皖南山区，有林地和灌木林地是最主要的2种林地类型。有林地面积为22822.90平方千米，占林地面积的71.39%，灌木林地面积为8313.72平方千米，占比为26.01%。疏林地和其他林地面积较少，分别为340.09平方千米和492.69平方千米，仅占1.06%和1.54%。

城乡工矿居民用地中，农村居民点用地达到10933.92平方千米，占城乡工矿居民用地面积的66.35%。城镇用地面积为4369.06平方千米，面积占比为26.51%。工交建设用地面积较少，仅为1176.28平方千米，占7.14%。城乡工矿居民用地大部分分布于长江以北的平原区，大别山区和皖南山区受地形地貌影响，分布较少。

草地类型在安徽省分布不多，共有7803.54平方千米，以高覆盖度草地为主。

水域主要包括长江、淮河和新安江三大水系，以及皖中的巢湖和星罗棋布的水库坑塘。湖泊是水域中面积最大的类型，面积是3242.73平方千米，占水域面积的39.32%；其次是水库坑塘，面积为2698.89平方千米，占32.72%；河渠和滩地面积分别占水域的17.74%和10.23%。

2.12.2 安徽省20世纪80年代末至2020年土地利用时空特点

20世纪80年代末至2020年，安徽省土地利用动态总面积为9392.35平方千米，占安徽省土地总面积的6.70%，变化总体情况是：城乡工矿居民用地和水域面积为净增加，而耕地、林地、草地和未利用土地的面积净减少（见表12）。耕地和城乡工矿居民用地是20世纪80年代末至2020年安徽省土地利用最重要的变化类型，城乡工矿居民用地和耕地二级类型的动态面积占动态总面积的79.02%。

表 12 安徽省 20 世纪 80 年代末至 2020 年土地利用分类面积变化

单位：平方千米

	耕地	林地	草地	水域	城乡工矿居民用地	未利用土地	耕地内非耕地
新增	389.19	647.93	228.22	1758.79	6239.44	1.96	126.81
减少	4672.49	1149.73	280.30	1222.30	491.26	22.80	1553.46
净变化	−4283.30	−501.80	−52.08	536.49	5748.18	−20.84	−1426.65

安徽省2020年的城镇用地面积是20世纪80年代末的2.91倍，面积净增加了2868.59平方千米，是面积增加最多的土地利用二级类型。其次是农村居民点用地和工交建设用地，面积分别较20世纪80年代末净增加了1616.51平方千米和1263.08平方千米。新增加的城乡工矿居民用地63.33%来源于耕地，20.79%来源于耕地内非耕地。

20世纪80年代末至2020年，安徽省耕地面积净减少4283.30平方千米（水田净减少2765.58平方千米，旱地净减少1517.72平方千米），占20世纪80年代末安徽省耕地面积的6.93%。减少的耕地有84.56%转变成为城乡工矿居民用地，13.40%转变成为水域。

从各类型不同时段的年均净变化面积看，林地、草地、水域和未利用土地在整个监测时段变化缓慢，而城乡工矿居民用地和耕地变化剧烈（见图12），特别是在2005~2010年，城乡工矿居民用地呈现快速扩张态势，虽然在2010年之后增速有所减缓，但年均变化面积还维持在较高水平。耕地减少的速度较2010~2015年略有增加。

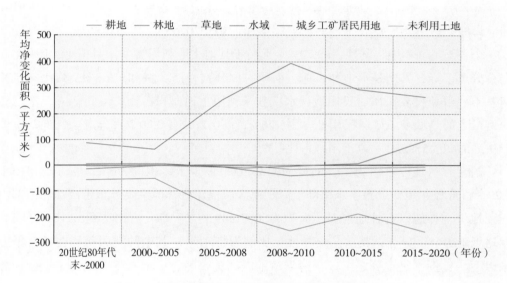

图12 安徽省不同时段土地利用分类面积年均净变化

2.12.3 安徽省2015年至2020年土地利用时空特点

2015~2020年是安徽省土地利用变化面积最多的时期，土地利用变化面积达到了2931.53平方千米，占20世纪80年代末至2020年整个监测时段动态总面积的31.12%。同时也是年均变化速度最快的时期，年均变化速度达到了586.31平方千米/年。

安徽省城乡工矿居民用地在2015~2020年净增加1326.22平方千米，增速略低于2010~2015年。其中增加最多的二级类型是城镇用地，面积净增加了881.09平方千米，工交建设用地面积净增加了446.03平方千米，增加面积较2010~2015年都略有下降，农村居民点用地面积较2010~2015年变化不大。

2015~2020年安徽省土地利用变化总体上依然呈现变化加剧、速度增快趋势。对比

2010~2015年，土地利用年变化速度增加了17.43%，耕地变化尤甚，减少速度增加了34.93%。

2.13　福建省土地利用

福建省土地利用以林地为主，全省土地面积约三分之二为林地覆盖，覆盖率远高于全国平均水平。20世纪80年代末至2020年，全省面积最大的土地利用动态是林地内部转移，省内营林活动频繁。

2.13.1　福建省2020年土地利用状况

2020年，福建省土地面积122887.11平方千米，陆地与海洋的转化（包括填海造陆、海涂扩展等）使得其土地面积继续增加，相比2015年土地面积增加了53.31平方千米。全省土地面积中，林地占60.73%，远高于其他土地利用类型，但相比2015年有0.20个百分点下降；其次是草地和耕地，面积占比分别为15.32%和11.68%，其比例与2015年基本一致。城乡工矿居民用地、水域和未利用土地面积占比均不到一成，这三类中比例最大的是城乡工矿居民用地，为5.76%，高出2015年0.70个百分点。此外，耕地内非耕地面积为5399.15平方千米，占比4.39%。

福建省耕地以水田为主，面积9438.93平方千米，比例为65.71%，较2015年低0.20个百分点，主要分布于东南部沿海平原区。福建省林地主要分布于西部和中部山地丘陵地带，林地以有林地居多，面积为50076.49平方千米，占比达到67.10%，较2015年略低0.20个百分点；其次是疏林地，比例为17.18%；其余两类面积均在10万平方千米以下，比例不足十分之一。福建省草地以高覆盖度、中覆盖度类型为主，面积分别为9910.28平方千米和7111.67平方千米，草地内占比分别为52.63%和37.77%。草地零散分布于山地、丘陵、河谷盆地及沿海平原区。城乡工矿居民用地二级类型分布较为均匀，面积最大的是工交建设用地，面积为2913.56平方千米，占比41.09%，较2015年略有增加；其次是城镇居民用地，占比32.15%，农村居民用地占比26.74%。

2.13.2　福建省20世纪80年代末至2020年土地利用时空特点

20世纪80年代末至2020年，福建省土地利用动态面积为16218.99平方千米，占土地利用总面积的13.20%。六种土地利用类型中，新增面积最大的是城乡工矿居民用地，达4448.80平方千米（见表13），为原有该类型面积的146.54%，主要分布于东南沿海地带。城乡工矿居民用地新增来源主要是耕地，占比为34.28%。同时，城乡工矿居民用地减少了395.41平方千米，使得该类型2020年面积较20世纪80年代末净增4053.39平方千米，增幅为133.50%。新增面积位居第二的是林地，新增9320.93平方千米，

28.45%由草地转化而来，主要分布在省域内陆山区。林地中不同林地类型间的内部转换（占比68.12%）构成了林地利用频繁快速变化的主要因素。

表 13　福建省 20 世纪 80 年代末至 2020 年土地利用分类面积变化
单位：平方千米

	耕地	林地	草地	水域	城乡工矿居民用地	未利用土地	耕地内非耕地
新增	243.03	9320.93	1063.89	894.01	4448.80	59.51	87.08
减少	1828.76	8700.14	3313.46	662.07	395.41	90.19	700.34
净变化	−1585.73	620.79	−2249.57	231.94	4053.39	−30.68	−613.26

除林地内部转移面积变化的情况，剩下五种土地利用类型中，减少面积最大的是草地，达3313.46平方千米，为该类型原有面积的15.72%；减少的面积有80.04%转化为林地。尽管其他土地利用类型也在向草地转化，面积为1063.89平方千米，但远小于草地减少面积；最终，福建省草地面积净减少2249.57平方千米，减幅10.67%。耕地减少面积也较大，为1828.76平方千米，减幅为11.46%；减少的耕地中，83.39%转化成为城乡工矿居民用地。

从动态变化的时间过程来看（见图13），福建省耕地面积一直表现为净减少态势，年均变化面积呈波动变化趋势，在2015~2020年仍然持续减少，最高值出现在2000~2005年，为118.70平方千米/年。城乡工矿居民用地变化过程与耕地相反，一直表现为净增加态势，年均变化面积呈现先增加后减少趋势，最高值出现在2000~2005年，为287.82平方千米/年。之后城乡工矿居民用地以较稳定趋势持续增加。林地除20世纪80年代末至2000年面积呈净增加外，其余年份均表现为净减少态势，但净减少趋势至2020年开始放缓。净减少速率最大时期为2008~2010年，年均净减少166.72平方千米。草地在大部分时段也呈现净减少态势，仅在2008~2010年出现净增加，年均净增加面积为69.82平方千米。

2.13.3　福建省2015年至2020年土地利用时空特点

2015~2020年，福建省除城乡工矿居民用地面积净增加外，其余五种土地利用类型面积均呈现净减少态势。城乡工矿居民用地面积增加了1019.54平方千米，增幅达16.40%，依然主要分布在东部沿海地区。年均净增加面积在2005年后不断减少后又有所抬升，为175.11平方千米/年，是2010~2015年的1.12倍。

净减少面积最大的是耕地，减少面积为306.32平方千米，减幅为2.08%。年均净减少面积在2005年开始不断降低之后再次回升，为61.26平方千米，是2010~2015年的1.03

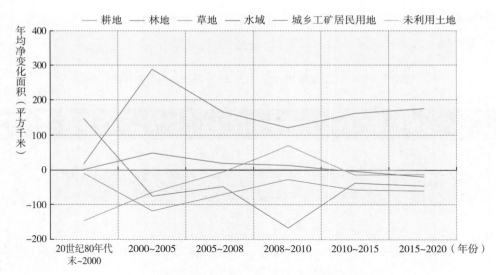

图 13　福建省不同时段土地利用分类面积年均净变化

倍。减少的耕地与增加的城乡工矿居民用地空间上重叠性较高。林地的净减少面积仅次于耕地，减少了227.74平方千米，减幅为0.31%；其年均减少面积相比此前监测时段略有提升，为45.54平方千米。林地减少主要发生在西北部武夷山区以及南部山区。草地净减少74.73平方千米，减幅0.39%。水域净减少面积相比2010~2015年大幅增加，达到94.07平方千米，是2010~2015年10.60倍。水域减少面积为252.99平方千米，其中水域变为城乡工矿居民用地占比43.07%，沿海地带的填海造地是主要因素之一。未利用土地的净减少面积最少，为5.25平方千米。

2.14　江西省土地利用

江西省是我国中部崛起战略区的重要省份，土地利用类型以林地和耕地为主，林业和农业地位突出。土地利用变化主要体现在城乡工矿居民用地的剧烈扩张、耕地的大量流失和林地的持续退化，变化的空间格局呈东多西少态势，多发生在地势相对平坦的北部和中部地区。土地利用变化数量呈现剧烈波动，20世纪80年代至2008年持续增加，之后两年出现短暂的快速回落后再次快速增加，于2015~2020年达到峰值。

2.14.1　江西省2020年土地利用状况

2020年，江西省土地面积166960.29平方千米。江西省山峦密布，林地分布广泛，与省域山脉走向吻合。在土地利用构成中，林地面积最多，占比61.48%，其中2/3以上为有林地为，疏林地、灌木林地和其他林地的占比分别为18.96%、8.86%和2.38%。耕地是居第二位的土地利用类型，面积34588.47平方千米，占20.72%，以水田为主。耕地空间分布广泛且呈北多南少格局，尤其是在鄱阳湖平原和江南丘陵区分布较为密集，其余地区也有零散分布。江西省水系发达、河网密集、南高北低，水域面积仅次于林地和耕地，主要分布在鄱阳湖及其周边。水域面积7332.45平方千米，占4.39%，以湖泊为主，其次是水库坑塘、河渠和滩地。草地面积略少于水域，面积6718.40平方千米，占4.02%，整体覆盖度较高，半数以上为高覆盖度草地。草地零散分布在各地级市，在东北部和中南部相对集中。城乡工矿居民用地面积共计6139.75平方千米，且二级地类占比相对均衡，城镇用地、农村居民点用地和工交建设用地分别占37.01%、38.38%和24.61%，空间分布呈北多南少格局，在鄱阳湖平原和江南丘陵区较为密集。未利用土地面积最少，面积436.95平方千米，仅占0.26%。受地理环境影响，未利用土地中91.56%为沼泽地，主要分布在水系发达的鄱阳湖周边；另有少量裸土地和裸岩石砾地零星分布在江西省境内。此外，江西省还有耕地内非耕地9101.25平方千米，占5.45%。

2.14.2 江西省20世纪80年代末至2020年土地利用时空特点

20世纪80年代末至2020年，江西省土地利用一级类型动态总面积为20481.99平方千米，占全省土地面积的12.27%。土地利用动态变化空间分布广泛、零散，在鄱阳湖平原和江南丘陵区相对集中。总的来看，土地利用变化速度先急剧增加，至2005~2008年达到峰值后出现显著减速，并于2015年之后出现回弹。各类土地变化差异显著，其中：城乡工矿居民用地呈明显净增加变化，水域新增面积略多于减少面积；耕地净减少面积最多，其次是林地、草地和未利用土地（见表14）。

江西省是林业大省，森林覆盖率居全国第二位。虽然林地净变化面积不大，却是总动态变化面积最多的土地利用类型。江西省地形复杂，受亚热带湿润季风气候影响，林地遍布全省，因此林地在全省的空间分布相对均衡，尤其是在有"赣江流域生态屏障区"之称的赣南地区较为集中。30余年来，林地在20世纪80年代末至2000年和2005~2008年出现小幅净增加，在其他时段均呈净减少变化，且在2008年之前加速减少，减少速度在2008年之后趋于平稳（见图14）。

表 14　江西省 20 世纪 80 年代末至 2020 年土地利用分类面积变化

单位：平方千米

	耕地	林地	草地	水域	城乡工矿居民用地	未利用土地	耕地内非耕地
新增	783.04	9606.04	271.75	5617.86	3790.95	198.64	213.71
减少	2253.02	10589.84	940.64	5125.82	317.65	640.58	614.46
净变化	-1469.98	-983.80	-668.88	492.04	3473.30	-441.93	-400.75

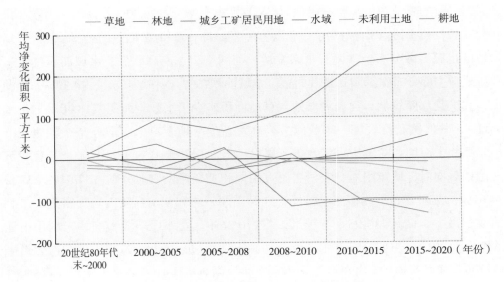

图14 江西省不同时段土地利用分类面积年均净变化

城乡工矿居民用地是净变化面积最多的土地利用类型，总动态面积位居林地和水域之后，在各时段均呈净增加变化，增加速度除在2005~2008年出现小幅下降外，在其他时段不断攀升，尤其是在2008年之后增速显著，于2015~2020年达到峰值247.52平方千米，是整个监测时段平均水平的1.93倍。该类土地动态变化分布比较集中，主要出现在江西省北部和中西部地区。城乡工矿居民用地扩展可逆性差，新增面积远多于减少面积，新增面积的47.20%、43.30%和9.50%分别为城镇用地、工交建设用地和农村居民点用地。新增面积主要源自对耕地和林地的占用，二者对城乡工矿居民用地扩展的贡献分别为42.88%和32.53%。

耕地是面积净减少最多的地类，动态变化呈现自北向南、自东向西减少态势，主要集聚在江西北部地区的鄱阳湖平原；除在2008~2010年出现短暂的小幅增加外，其他各时段呈净减少变化，且净变化速度在2008年之前相对平稳，2010年之后呈快增加态势，于2015~2020年达到峰值130.99平方千米，远高于整个监测时段的46.27平方千米。减少的耕地72.14%转变为城乡工矿居民用地；此外，水域淹没和退耕还林对耕地也有一定影响，减少耕地的16.57%和9.13%分别转变为水域和林地。新增耕地主要源于对林地和水域的占用，二者对新增耕地的贡献分别为53.21%和38.26%。

2.14.3 江西省2015年至2020年土地利用时空特点

2015~2020年，江西省土地利用一级类型动态总面积5177.90平方千米，变化强度较2010~2015年显著增大；变化分布与空间格局和20世纪80年代末至2020年基本一致。

林地是动态变化分布最广的类型，近年新增2195.61平方千米，减少2674.13平方千米，净减少478.52平方千米，净减少速度与2010~2015年基本持平。城乡工矿居民用地净增加面积最显著，新增1399.13平方千米，减少161.55平方千米，净增加了1237.59平方千米，城乡工矿居民用地扩张程度远高于其他各时段。耕地是净减少最多的类型，但其动态变化相对微弱，总动态变化面积仅有675.31平方千米，不及林地的1/5，排序位居林地、城乡工矿居民用地和水域之后。

综上所述，2015~2020年江西省土地利用变化与过去30多年的总体变化特点基本保持一致，即城乡工矿居民用地显著增加、水域略有增加、耕地和林地大幅减少、草地和未利用土地略微减少。

2.15　山东省土地利用

耕地和城乡工矿居民用地是构成山东省土地利用类型的两大主体，林地、水域、草地和未利用土地等土地利用类型所占比重相对较小。山东省地貌以平原和丘陵为主，因此，土地利用率较高。20世纪80年代末至2020年，土地利用变化以耕地持续减少和城乡工矿居民用地显著增加为主要特征，且城乡工矿居民用地占用是耕地减少的最主要原因，与全国土地利用变化主要特征一致。

2.15.1　山东省2020年土地利用状况

2020年，山东省土地利用遥感监测总面积为156906.51平方千米。耕地面积为80829.88平方千米，占全省面积的51.51%，是山东省面积占比最大的土地利用类型；与2015年耕地面积相比，减少了2.06%。城乡工矿居民用地面积仅次于耕地，为31848.61平方千米，占20.30%，比2015年净增加了7.57%。林地面积为10729.68 平方千米，占6.84%；水域、草地和未利用土地等类型面积相对较小，分别占山东省面积的4.93%、3.36%和0.61%。

耕地构成以旱地为主，占耕地总面积的99.10%；水田面积仅占耕地总面积的0.90%。城乡工矿居民用地中，农村居民点用地占49.05%；其次为城镇用地和工交建设用地，分别占30.22%和20.03%。有林地占林地总面积的71.33%，灌木林地、疏林地和其他林地分别占林地面积的11.66%、10.11%和6.89%。水域构成以水库坑塘为主，占49.42%；河渠、滩地、海涂和湖泊分别占18.78%、13.15%、10.92%和7.74%。草地以中覆盖度草地为主，占草地总面积的45.82%，高覆盖度草地和低覆盖度草地分别占39.59%和14.59%。未利用土地中，沼泽地和盐碱地占比分别为73.39%和18.81%。另有耕地内非耕地19525.42平方千米。其他类型面积相对较小。

2.15.2 山东省20世纪80年代末至2020年土地利用时空特点

20世纪80年代末至2020年，山东省土地利用动态总面积为16668.45平方千米，占全省面积的13.25%。仅城乡工矿居民用地和水域两种土地利用类型的面积表现为净增加；耕地、未利用土地、草地、海域和林地面积均呈现净减少趋势。其中，以耕地和城乡工矿居民用地变化幅度最为显著（见图15）。

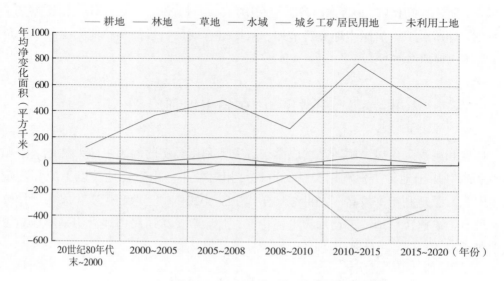

图15　山东省不同时段土地利用分类面积年均净变化

城乡工矿居民用地净增加面积最多，与20世纪80年代末相比，净增加幅度为55.98%（见表15），城镇用地和工交建设用地的净增加面积分别占城乡工矿居民用地净增量的58.26%和36.41%。耕地是新增城乡工矿居民用地的最主要来源，占新增面积的63.82%；其余土地利用类型转入面积比例相对较小。水域面积相比20世纪80年代末净增加了19.16%，坑塘面积增加是水域增加面积的1.30倍，同时伴随着滩地和海涂面积的减少。新增面积来源中，耕地和未利用土地分别占新增面积的8.25%和1.63%；转变为城乡工矿居民用地的面积占水域减少面积的48.44%，转变为耕地的占16.83%。

表15　山东省20世纪80年代末至2020年土地利用分类面积变化

单位：平方千米

	耕地	林地	草地	水域	城乡工矿居民用地	未利用土地	耕地内非耕地
新增	1272.09	82.06	83.72	2840.37	11613.24	251.25	266.45
减少	8363.89	322.46	889.18	1595.80	183.22	2517.47	2009.32
净变化	−7091.80	−240.40	−805.46	1244.58	11430.02	−2266.23	−1742.87

耕地的净减少面积最大，相比20世纪80年代末净减少了8.07%。耕地减少主要表现为被城乡工矿居民用地占用，面积为7411.23 平方千米，占耕地减少面积的88.61%；转向水域的面积占耕地减少面积的10.44%。耕地新增面积主要来自未利用土地和草地，分别占新增面积的33.45%和31.85%。

未利用土地的净减少面积仅次于耕地，相比20世纪80年代末净减少了69.81%。减少的未利用土地主要转变为水域和城乡工矿居民用地，面积分别为1028.03 平方千米和966.38 平方千米。

草地面积相比20世纪80年代末净减少13.26%，耕地开垦面积占草地减少面积的45.56%，向城乡工矿居民用地转变面积占草地减少面积的25.15%。从不同监测时段来看，2000~2005年，草地净减少585.00平方千米，占所有时期净减少面积的72.62%。

海域面积净减少量为508.55平方千米，主要转变为水域和城乡工矿居民用地，两者分别占海域面积减少量的72.03%和27.96%。林地面积的变化相对稳定，减幅极小，相比20世纪80年代末仅减少了2.19%。

2.15.3　山东省2015年至2020年土地利用时空特点

2015~2020年，城乡工矿居民用地和耕地的变化幅度相较于2010~2015年的峰值有所回落，但仍然远高于其他时段，两者的年均净变化面积分别是20世纪80年代末以来年均净变化面积的1.29倍和1.58倍。此外，其余土地利用类型2015~2020年的变化趋势与20世纪80年代末以来基本一致。

2015~2020年，城乡工矿居民用地年均净增加面积为448.45平方千米，由耕地和水域转入面积分别占新增面积的69.10%和6.52%。水域面积相比2015年净增加了50.89平方千米，变化幅度低于2010~2015年，水域的变化幅度仅高于海域。不同于2010~2015年的净减少趋势，2015~2020年海域呈现净增加变化，但净增加量仅为6.13平方千米。

耕地的净减少面积为1698.50平方千米，被城乡工矿居民用地占用的耕地面积占耕地减少面积的90.83%；耕地增加仅为73.60平方千米，主要来自城乡工矿居民用地、林地和水域。

相比2015年，未利用土地净减少了7.60%，变化幅度比2010~2015年有所减少，水域和城乡工矿居民用地的占用面积分别占未利用土地减少面积的72.78%和27.43%。

林地和草地面积变化均表现为净减少，但是减幅相对较小，分别只有0.51%和1.13%，与前一时期趋势一致，处于相对稳定时期。

2.16　河南省土地利用

河南省土地利用以耕地为主，其次是林地和城乡工矿居民用地。2020年，耕地占

全省面积的47.55%，林地和城乡工矿居民用地分别占19.68%和14.29%，相比2015年，耕地有所减少，林地略有减少，城乡工矿居民用地有所增加。20世纪80年代末至2020年，河南省一级土地利用动态区域占全省总面积的6.66%，其中最为显著的动态是未利用土地面积比监测初期净减少了91.66%。

2.16.1 河南省2020年土地利用状况

2020年河南省遥感监测面积16.65万平方千米。其中，耕地是主要土地利用类型，占全省面积的47.55%。其次是林地，面积为32773.68平方千米，占19.68%。城乡工矿居民用地面积为23786.14平方千米，占14.29%。草地面积5278.75平方千米，占3.17%。水域面积4304.39平方千米，占2.59%。未利用土地面积仅有10.78平方千米，仅占0.01%；另外，耕地内非耕地面积21171.11平方千米。

旱地是河南省耕地的主要构成部分，占耕地总面积的92.97%。旱地主要分布在豫北、豫中和豫东黄淮海平原地区，以及南阳盆地中部和东南部。此外，旱地还分布在豫西丘陵山区和南阳盆地边缘地区。水田在耕地中相对较少，仅占7.03%，主要分布在淮河和黄河两岸地区。

林地中，有林地面积占87.37%，是最主要的类型。灌木林地占5.30%，疏林地占3.11%，其他林地占4.23%。河南省的林地总量相对较少且分布不均衡，主要集中在豫西山区、伏牛山、豫北太行山区中段、豫东平原西端、南阳盆地南缘、桐柏山区及大别山区等。

城乡工矿居民用地以农村居民点用地为主，占总面积的62.53%。其次是城镇用地，占比25.28%。工交建设用地占12.20%。河南省的城乡工矿居民用地中，农村居民点用地分布相对分散，而城镇及工矿用地则主要集中在平川地区。

草地中高覆盖度草地是主要构成部分，占草地总面积的80.37%；其次是中覆盖度草地，占比16.55%；低覆盖度草地仅占3.08%。草地主要分布在桐柏山区及豫东平原的低洼地区，伏牛山东端也有少量草地分布。

水库坑塘是水域的主要构成部分，占据了水域总面积的41.92%。其次是河渠和滩地，分别占31.37%和26.58%。水域主要包括一些重要的水系以及耕地区的主干渠、水库坑塘等。滩地主要分布在淮南各水系的两岸以及黄河故道的下游地区，同时，在豫中、豫东地区的各大小型水库附近也有少量滩地分布。

2.16.2 河南省20世纪80年代末至2020年土地利用时空特点

从20世纪80年代末至2020年，河南省的一级土地利用类型呈现动态变化，其总面积达到了11028.45平方千米（见表16）。这些变化所涉及的面积占据了整个河南省总面积的6.62%。

表 16　河南省 20 世纪 80 年代末至 2020 年土地利用分类面积变化

单位：平方千米

	耕地	林地	草地	水域	城乡工矿居民用地	未利用土地	耕地内非耕地
新增	1468.30	600.12	226.17	1236.21	7027.02	34.53	435.42
减少	6131.00	798.69	1163.17	1082.74	79.24	153.97	1618.97
净变化	−4662.70	−198.57	−937.00	153.47	6947.79	−119.44	−1183.55

　　城乡工矿居民用地面积明显增加（见图16），比监测初期净增加了41.26%，年均净增加面积为224.97平方千米，其中在2010~2015年增加速度最快，是整个监测时段年均增加面积的2.16倍。新增的城乡工矿居民用地中，城镇用地、农村居民点用地以及工交建设用地分别占其总增量的65.18%、20.16%和32.80%。值得注意的是，新增的城乡工矿居民用地主要来自耕地，占新增用地总面积的91.10%，其次为林地，占比为5.57%。草地和水域分别仅占新增用地面积的1.82%和1.50%。相比之下，城乡工矿居民用地减少面积相对较少，总计为69.25平方千米。这些减少的用地主要转变为耕地，占比为59.96%；其次是转变为水域，占比为14.85%；另有11.75%转变为未利用土地。

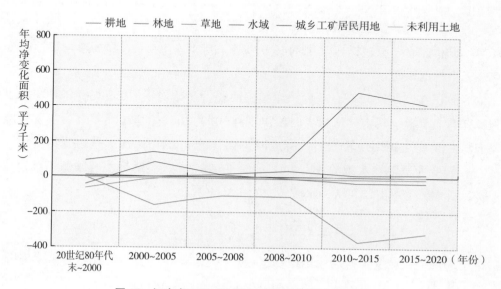

图 16　河南省不同时段土地利用分类面积年均净变化

　　水域净增加面积占监测初期的3.70%，年均净增加面积为20.19平方千米，其中在2000~2005年增加速度最快，是整个监测时段年均增加面积的4.16倍。新形成的水域面积中，有约82.02%是由耕地转变而来，8.85%则源自草地，而5.00%则是由林地转变而来。在水域减少的面积中，转变为耕地的占主导地位，约占水域减少面积的82.10%。其次，转变为城乡工矿居民用地的占比为9.72%。同时，水域转变为草地的比例为3.39%，而转变为林地的则占2.50%。

　　未利用土地面积在监测期间经历了显著的净减少，占监测初期总面积的91.66%，年均净减少面积为2.15平方千米，主要出现在2005年以前和2015年以后。未利用土地减少主要是向耕地转变，占减少面积的65.06%，其次是转变为水域，占23.62%。新增未利用土地的变化相对有限，其中约59.62%来自水域转变。

　　草地面积在监测期间也呈现净减少趋势，占初期面积的15.07%，年均净减少面积为15.48平方千米，其中减少速度最快的时期出现在2000年以前，是整个监测时段年均减少面积的4.03倍。减少的草地主要向林地转变，占草地减少面积的43.65%。其次，草地转变为耕地，占37.56%；转变为城乡工矿居民用地的占10.06%；转变为水域的占8.54%。新增草地的变化来源复杂，其中约61.60%是由林地转变而来，17.51%是耕地退耕而来，还有13.89%是由水域转变而成。

　　耕地面积有所减少，净减少面积占监测初期总面积的5.56%，年均净减少面积为173.78平方千米，其中在2010~2015年减少速度最快，是整个监测时段年均减少面积的2.10倍。耕地减少主要是转变为城乡工矿居民用地，占耕地减少面积的84.55%。其次，一部分耕地转变为水域，占13.31%；转变为林地和草地的比例分别为1.48%和0.61%。新增耕地来源多样，其中约49.07%来自水域转变，26.37%来自草地转变，15.97%来自林地转变。

　　林地面积在监测期间略有减少，净减少面积占初始面积的0.60%，年均净减少面积为8.27平方千米，其中林地减少时段出现在2000~2005年和2008年以后。林地减少主要向城乡工矿居民用地转变，占林地减少面积的46.24%，其次是转变为耕地，占31.97%，转变为草地和水域的分别占18.00%和6.78%；新增林地主要来源于草地，占78.79%；耕地转变的占15.83%，水域转变的占3.84%。

2.16.3　河南省2015年至2020年土地利用时空特点

　　相比2015年，城乡工矿居民用地和水域有所增加，未利用土地减少明显，耕地有所减少，林地和草地略有减少；相比20世纪80年代末至2020年，该时段城乡工矿居民用地增加，耕地和林地减少更显著。

　　城乡工矿居民用地有所增加，比2015年净增加了9.63%，是20世纪80年代末以来年均增加面积的1.86倍。新增城乡工矿居民用地中，城镇用地、农村居民点和工交建设用地增加面积分别占其增量的53.93%、11.90%和34.17%。其中耕地变为城乡工矿居民用地面积最大，占其新增面积的88.78%；林地占7.88%，草地和水域分别占1.88%和1.44%。城乡工矿居民用地主要沿道路交通线集中增长，以郑州市为中心向南集中分布在许昌、漯河和驻马店等一线，向北在新乡、鹤壁、安阳和濮阳等一线较为集中，向东和向西分别在开封和洛阳一线集中分布。

水域有所增加，比2015年净增加了1.54%。水域增加的主要原因在于耕地向水域转变，占新增水域面积的89.02%。此外，林地和草地转变分别贡献了4.66%和2.19%的水域增加面积。

未利用土地减少明显，比2015年净减少了30.63%。减少的主要原因是大部分未利用土地被转变为水域（占50.99%）和耕地（占42.04%），这种变化反映了土地利用结构的调整。水域扩张可能是由于基础设施建设等，而耕地增加可能与农业用地需求的变化有关。这些变化共同导致了未利用土地的减少。

耕地以减少为主，比2015年净减少了1.94%，是20世纪80年代末以来年均减少面积的1.80倍。耕地减少的主要原因是大量耕地转变为城乡工矿居民用地，占减少面积的95.28%。另外，耕地变为水域和草地分别占4.70%和0.02%。

林地仅比2015年净减少了0.44%，却是20世纪80年代末以来年均净减少面积的3.50倍。林地减少的主要原因是城乡工矿居民用地不断扩张，占据了93.80%的减少面积，同时部分林地被转为耕地（3.16%）和水域（2.73%），这种用地结构调整导致了林地净减少。

草地略有减少，比2015年净减少了0.62%。草地减少以转变为城乡工矿居民用地为主，占草地减少面积的93.38%。其次是草地转变为水域，占5.34%，转变为耕地的占1.04%。

2.17 湖北省土地利用

湖北省土地利用类型空间分布呈现明显的阶梯性，自西向东表现为从林地和草地到耕地、水域、城乡工矿居民用地和未利用土地过渡，土地利用构成以林地和耕地为主。20世纪80年代末至2020年，湖北省土地利用变化愈演愈烈，主要发生在长江中下游平原。土地利用变化以城乡工矿居民用地与水域显著增加、耕地和林地持续减少为主，另有少量的未利用土地与草地减少。

2.17.1 湖北省2020年土地利用状况

在湖北省土地利用构成中，林地面积最多，占比49.54%。44.15%、23.05%、

31.79%和1.00%分别为有林地、灌木林地、疏林地和其他林地，主要分布在鄂西山区、鄂东南和鄂东北丘陵区以及大洪山附近地区。耕地是第二大土地利用类型，面积49109.60平方千米，占26.41%，主要分布在地势相对平坦的鄂中地区，尤以长江中下游平原最为集中。耕地中水田略多于旱地，二者分别占比57.40%和42.60%。湖北省素有"千湖之省"之称，水域面积12496.47平方千米，占6.72%，以水库坑塘、湖泊和河渠为主，九成以上水域面积为这三种类型，另有967.18平方千米的滩地，占7.74%。水域主要分布在鄂中南的江汉平原区、鄂东沿江地带和鄂北岗地丘陵区。城乡工矿居民用地集中分布在武汉城市圈，面积9741.68平方千米，内部由39.59%、38.401%和22.01%的城镇用地、农村居民点用地和工交建设用地组成。草地面积位居城乡工矿居民用地之后，合计6886.05平方千米，占3.70%，以中高覆盖度草地为主，零星分布在鄂西山区、鄂东南与鄂东北丘陵区，湖北省中部地区鲜有出现。未利用土地面积最少，为295.85平方千米，占0.16%，以沼泽地为主，主要分布在河网密集、水系发达的江汉平原。此外，湖北省还有耕地内非耕地15303.79平方千米，占8.23%。

2.17.2 湖北省20世纪80年代末至2020年土地利用时空特点

近30年来，湖北省土地利用变化呈持续加剧趋势，主要发生在经济发达、人口增长较快、交通便利的长江中下游平原。各类土地利用类型的变化存在较大差异，其中城乡工矿居民用地和水域呈净增加变化；其他类型呈净减少变化，耕地的净减少最明显，林地有所减少，草地和未利用土地略有减少（见表17）。

表 17 湖北省 20 世纪 80 年代末至 2020 年土地利用分类面积变化

单位：平方千米

	耕地	林地	草地	水域	城乡工矿居民用地	未利用土地	耕地内非耕地
新增	472.95	946.83	97.63	4590.69	5081.67	171.02	147.15
减少	4083.88	1980.71	197.55	3253.98	499.61	213.41	1278.81
净变化	−3610.93	−1033.88	−99.92	1336.71	4582.06	−42.39	−1131.66

耕地是净减少面积最多、总动态变化位居第三的土地利用类型，变化多集中在大中城市周边，尤其是在武汉城市圈最为密集。30余年来，耕地持续减少，且净减少速度不断加速，在2000~2005年和2008~2010年两个时段尤为显著（见图17），于2015~2020年达到30余年来的峰值192.59平方千米/年。耕地减少与新增同时存在，减少面积是新增面积的8.63倍，对城乡工矿居民用地的扩展和水域增加的贡献较大，减少耕地的94.72%转变为这两种土地利用类型。新增耕地主要源自对水域和林地的占用，二者对新增耕地的贡献率分别为57.65%和32.65%。

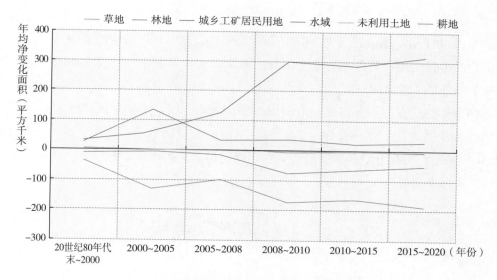

图 17　湖北省不同时段土地利用分类面积年均净变化

城乡工矿居民用地是净变化面积最多、总动态变化面积位居第二的土地利用类型。城乡工矿居民用地扩展是一种难以逆转的过程，主要土地来源是耕地，因此它的动态变化空间格局与耕地高度一致，主要发生在湖北省城镇化水平较高的武汉、鄂州、黄石和宜昌等长江沿岸城市。湖北省城乡工矿居民用地扩展具有显著的时间阶段性，在2010年之前扩展速度飞速增长，于2010年达到峰值后扩展速度相对平稳。新增面积中，城镇用地扩展面积和工交建设用地新增面积相当，农村居民点用地增加面积微小，三者净增加面积分别占比48.26%、47.98%和3.75%。新增城乡工矿居民用地的主要土地来源是耕地和林地，二者对城乡工矿居民用地扩展的贡献分别为49.83%和17.68%。该类土地的减少主要是水域淹没造成的。

湖北省境内湖泊众多，河网纵横，省域内的湖泊群是长江中下游湿地系统的重要组成部分。监测期间，水域面积变化显著，是总动态变化面积最多、净增加面积位居第二的土地利用类型。水域在各时段均呈净增加变化，在2005年之前，净增加面积波动显著，呈现先增后减变化趋势，并于2000~2005年达到30余年来的峰值；2005年后净增加速度相对平稳。湖北省水域变化主要出现在长江支流汉水和沮水沿线，在河湖密布的江汉平原区也较为密集。耕地既是水域增加的主要来源，又是水域减少的重要去向。新增水域对耕地的影响最大，30余年共有1336.03平方千米耕地变为水域。减少水域面积除了水域二级类型之间互相转换，主要流转为城乡工矿居民用地、耕地和未利用土地，分别有272.65平方千米、291.00平方千米和162.91平方千米水域流转为这三类土地利用类型。

遥感监测绿皮书

2.17.3　湖北省2015年至2020年土地利用时空特点

2015~2020年，湖北省土地利用动态变化主要表现为耕地的剧烈减少和城乡工矿居民用地的迅猛增加，其他地类变化相对较小，土地利用变化与过去30年的总体变化规律与空间分布基本保持一致。

30余年总动态面积最多的土地利用类型是水域，城乡工矿居民用地位居其后，但近年二者动态变化总面积排序逆转，城乡工矿居民用地总动态面积是水域的近2倍。2015~2020年，所有土地利用类型的净变化速度均超过30余年来的均值，城乡工矿居民用地和耕地尤为显著。

2.18　湖南省土地利用

湖南省土地利用以林地和耕地为主，两者面积占省域土地面积的80%以上。省内土地利用变化以城乡工矿居民用地和水域增加、耕地减少以及以林地为代表的各种植被减少为主。

2.18.1　湖南省2020年土地利用状况

2020年，湖南省土地利用面积211816.40平方千米，其中林地面积最大，为131392.21平方千米，占62.03%，相比2015年低0.20个百分点。耕地面积次之，为43496.77平方千米，占20.54%，略低于2015年的20.73%。水域面积为7580.92平方千米，占比3.58%，为湖南省内第三大土地利用类型。草地面积为6982.24平方千米，占比为3.30%，相比2015年下降0.38个百分点。城乡工矿居民用地面积仅为6199.40平方千米，占2.93%，相比2015年有明显增加，高出0.47个百分点。未利用土地面积最小，仅占全省土地面积的0.32%，与2015年基本一致。

湖南省林地以有林地和疏林地为主，各占林地总面积的65.93%和24.44%，较2015年比例均略有下降，主要集中于西部山区、南部丘陵山地区以及东部山地丘陵区。耕地以水田为主，面积为31856.81平方千米，占耕地总面积的73.24%，较2015年略有上升，主要分布在境内各河湖水系的冲积平原，山地丘陵区有少量分布。湖南省草地以高覆盖度草地为主，占草地总面积的80.97%。草地的分布区与林地相似，主要在西部、南部和东部的山地丘陵区。水域以河渠、湖泊和水库坑塘为主，三者共占水域总面积的91.72%。城乡工矿居民用地则以城镇用地占比最大，为45.82%，较2015年高出2.92个百分点；其次是农村居民点用地，占比为26.67%，比2015年减少了5.26个百分点。湖南省未利用土地以沼泽为主，比例达到94.47%，主要分布于洞庭湖区。

2.18.2　湖南省20世纪80年代末至2020年土地利用时空特点

20世纪80年代末至2020年，湖南省土地利用动态总面积为11689.28平方千米，占土地总面积的5.52%。各种土地利用类型中，新增面积最大的是林地，为5314.99平方千米。但同时林地减少面积也比较明显，为6655.08平方千米，林地面积的动态变化主要为内部类型转换。除林地外，新增面积最大的为城乡工矿居民用地，达3493.78平方千米（见表18），相当于20世纪80年代末同类型面积的129.10%。城乡工矿居民用地新增来源主要是林地和耕地，分别有41.03%和37.28%的新增面积由这两类土地利用类型转化而来。这些新增面积大多集中在"长株潭城市群"地区。城乡工矿居民用地的减少面积为215.44平方千米，其面积该时段净增加3278.34平方千米。水域新增面积为2434.94平方千米，来源于耕地和林地的占比分别为12.39%和7.98%。

表 18　湖南省 20 世纪 80 年代末至 2020 年土地利用分类面积变化

单位：平方千米

	耕地	林地	草地	水域	城乡工矿居民用地	未利用土地	耕地内非耕地
新增	180.19	5314.99	115.22	2434.94	3493.78	87.61	62.52
减少	1859.78	6655.08	269.08	1870.87	215.44	164.82	654.19
净变化	−1679.59	−1340.09	−153.86	564.07	3278.34	−77.21	−591.67

所有6种土地利用类型中，减少面积最大的是林地，为6655.08平方千米；减少的面积有21.55%转化为城乡工矿居民用地。其他土地利用类型转化为林地的面积为5314.99平方千米，最终使得全省林地面积净减少1340.09平方千米。林地的变化主要出现在湘西和湘南丘陵区。耕地减少的面积1859.78平方千米，为原有面积的4.11%，减少的面积有70.04%转化为城乡工矿居民用地。其他土地利用类型转化为耕地的面积为180.19平方千米，远远小于减少的耕地面积；最终，湖南省耕地面积净减少1679.59平方千米，减幅为3.71%。

从动态变化的时间过程来看（见图18），城乡工矿居民用地一直表现为面积净增加态势，且年均净增加面积呈现不断扩大趋势，在2010~2015年有所回落，但在2015~2020年年均净增加面积再次略有回升，年均净增加面积最高值是2008~2010年的220.99平方千米/年。耕地、林地则一直表现为面积净减少态势，且耕地和林地的年均净减少面积基本呈现随时间增加的趋势，在2010~2015年有所降低，在2015~2020年略有回升。两者的最高值均出现在2008~2010年，年均分别净减少84.02平方千米/年和99.63平方千米/年。在2008年以前，耕地的年均净减少面积一直高于林地，但之后发生转变，林地成为年均净减少面积最大的土地利用类型。

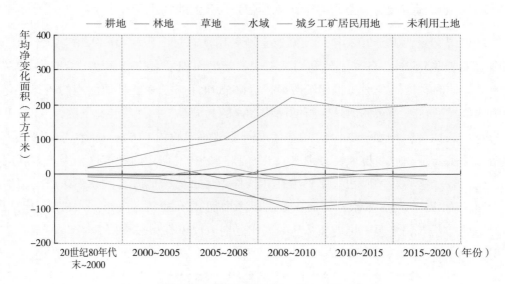

图18　湖南省不同时段土地利用分类面积年均净变化

2.18.3　湖南省2015年至2020年土地利用时空特点

2015~2020年，城乡工矿居民用地净增面积最大，达1015.09平方千米，占20世纪80年代末以来净增面积的30.96%。年均净增加面积在整个时段与2008~2010年接近，达到203.01平方千米/年。"长株潭城市群"依然是全省城乡工矿居民用地扩展最剧烈的地区。

林地和耕地是减少面积最多的两种土地利用类型。林地减少面积为1909.19平方千米，占20世纪80年代末以来减少面积的28.68%；年均净减少面积在整个时段仅次于2008~2010年，为94.09平方千米/年，林地的变化多发生在湘东南南岭地区。耕地减少面积为435.29平方千米，占20世纪80年代末以来减少面积的23.40%；年均净减少面积大于2010~2015年，在整个时段仅次于2008~2010年，达82.65平方千米/年。耕地的变化与城乡工矿居民用地扩展具有较高的空间一致性。

2.19　广东省、香港和澳门特别行政区土地利用

将香港和澳门两个特别行政区的土地利用合并在广东省一起表述，它们的总体土地利用类型以林地为主，其次为耕地。自20世纪80年代末至2020年，区域土地利用类型中，除城乡工矿居民用地显著净增加、水域面积净增加外，耕地、林地、草地和未利用土地面积都不同程度地净减少，并以耕地净减少最显著。

2.19.1 广东省、香港和澳门特别行政区2020年土地利用状况

2020年，广东省、香港和澳门特别行政区遥感监测土地总面积为179852.17平方千米。其中，林地是各土地利用类型中面积最大的，为112357.98平方千米，占全区面积的62.47%；其次是耕地，面积28222.45平方千米，占15.69%；城乡工矿居民用地面积15362.87平方千米，占8.54%；水域面积8793.28平方千米，占4.89%；草地面积4163.39平方千米，占2.31%；未利用土地最少，面积148.92平方千米，占0.08%。另有耕地内非耕地10803.47平方千米，占该区域遥感监测总面积的6.01%。

面积最大的林地以有林地为主，达97744.02平方千米，占林地总面积的86.99%；而其他林地、疏林地和灌木林地面积均较小，依次为6275.40平方千米、4607.73平方千米和3730.82平方千米，占5.59%、4.10%和3.32%。广东省、香港和澳门特别行政区的林地主要分布在区域的北部及周边地区。

耕地中水田面积明显大于旱地，水田面积达17632.21平方千米，约占该区域耕地总面积的三分之二（62.48%），水田主要分布于该区域珠江三大支流汇集的中南部和东南部地区。

城乡工矿居民用地面积占该区域总面积的8.54%，是位列第三的土地利用类型。其中，城镇用地面积相对最大，为7323.83平方千米，占城乡工矿居民用地面积的47.67%；农村居民点用地面积次之，面积约4458.98平方千米，占城乡工矿居民用地面积的29.02%；工交建设用地最少，面积3580.06平方千米，占城乡工矿居民用地面积的23.30%。该区域城镇用地和工交建设用地主要分布于珠江三角洲地区，人口密集，经济相对发达；而农村居民点用地主要分布于区域的中部和西南地区。

水域面积位列广东省、香港和澳门特别行政区土地面积的第四位，并以水库坑塘的面积最大，达5431.39平方千米，占该区域水域面积的61.77%；其次是河渠，面积约2593.62平方千米，占29.50%；滩地和海涂面积均较小，面积分别为387.56平方千米和354.82平方千米，约占该区域水域面积的4.41%和4.04%；湖泊面积最小，只有25.57平方千米，占该区域水域面积的0.29%。总体上，该区域内河渠分布相对广泛，包括珠江的几大支流东江、北江、西江和韩江等。而海涂和滩地集中分布于广东省的东部、西部和雷州半岛等地。

区域内草地面积相对较小，并以高覆盖度草地为主，面积约3656.92平方千米，占草地总面积的87.84%；其次是中覆盖度草地，面积为474.51平方千米，占11.40%；低覆盖度草地最少，面积只有31.96平方千米，仅占0.77%。草地主要分布于广东省的北部和西部沿海地区。

本区域土地利用程度较高，未利用土地面积很少，并以沙地为主，面积仅约100.77

平方千米，占该区域未利用土地的67.67%，主要分布在东南沿海一带；其次是沼泽地，面积不足40平方千米，占该区域未利用土地面积的24.62%；盐碱地和其他未利用土地的面积均不足10平方千米，分别占该区域未利用土地面积的5.64%和2.11%。

2.19.2 广东省、香港和澳门特别行政区20世纪80年代末至2020年土地利用时空特点

20世纪80年代末至2020年，广东省、香港和澳门特别行政区土地利用变化中，一级类型变化总面积达10892.70平方千米，占全区面积的6.06%。各土地利用类型中城乡工矿居民用地面积净增加最多，水域略有增加；而耕地面积净减少最多，林地、草地面积均呈净减少，未利用土地面积变化最小（见表19）。

表 19　广东省、香港和澳门特别行政区 20 世纪 80 年代末至 2020 年土地利用分类面积变化

单位：平方千米

	耕地	林地	草地	水域	城乡工矿居民用地	未利用土地	耕地内非耕地
新增	259.40	22126.11	194.80	2197.90	9139.53	12.47	97.27
减少	4287.60	23988.70	388.02	1923.63	1195.97	47.73	1855.65
净变化	−4028.20	−1862.60	−193.22	274.26	7943.56	−35.26	−1758.37

该区域城乡工矿居民用地净增加了7943.56平方千米，是变化最显著且增加面积最大的土地类型。占用耕地是新增城乡工矿居民用地的主要土地来源，占用耕地面积达3163.89平方千米，占新增城乡工矿居民用地面积的34.62%，且被占用的主要是水田；新增城乡工矿居民用地居第二位的来源是林地，面积达2195.81平方千米，占新增城乡工矿居民用地面积的24.02%；占用水域开发为城乡工矿居民用地为其第三位的土地来源，面积为927.42平方千米，占新增城乡工矿居民用地面积的10.15%。在整个监测时段，耕地作为城乡工矿居民用地新增面积的土地来源比例不断下降，该比例由20世纪80年代末至2000年的41.19%，下降至2015~2020年的30.32%，而林地作为新增城乡工矿居民用地土地来源的比例则升高至32.10%。在整个监测时段，城乡工矿居民用地面积的增加集中发生在20世纪80年代末至2005年，并以2000~2005年的增速最为显著，年均净变化面积达476.62平方千米（见图19）。由于区位因素及我国改革开放政策的影响，该区域城乡工矿居民用地变化最集中的是珠江三角洲地区。

整个监测时段，广东省、香港和澳门特别行政区水域面积净增加了274.26平方千米，并以水库坑塘为主，新增面积达1687.25平方千米，占新增水域面积的76.77%。新

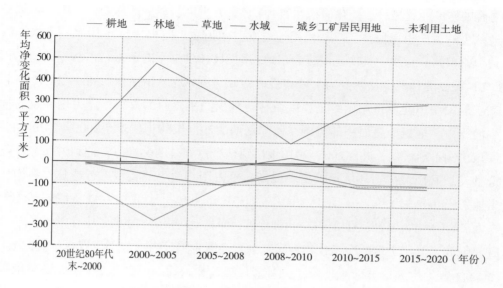

图 19　广东省、香港和澳门特别行政区不同时段土地利用分类面积年均净变化

增水域主要来自耕地，面积832.85平方千米，占新增面积的54.25%；来自海域的面积为193.46平方千米，占12.60%。减少的水域中927.42平方千米为城乡工矿居民用地占用，占减少面积的73.55%。除2005~2008年、2010~2015年和2015~2020年水域面积为净减少变化外，其他三个时段水域面积均呈净增加，20世纪80年代末至2000年水域面积增加最多，占整个监测时段新增水域面积的51.01%。

耕地是净减少面积最多的地类，相比监测初期减少了12.49%，且减少的面积以水田为主。耕地减少的去向主要是城乡工矿居民用地占用，面积达3163.89平方千米，占耕地减少面积的73.79%；耕地减少去向居第二位的为退耕还湖还水等工程占用，占耕地减少面积的19.42%。监测初期的20世纪80年代末至2000年，耕地减少的约半数面积是由于城乡工矿居民用地占用，该比例在2005年至2008年达到第一次峰值（约增加到92.57%），之后略呈下降变化，至2015~2020年又达第二次峰值（约95.00%）。受到《土地管理法》对耕地占补平衡要求的制约，以及保障对粮食的基本需求等因素影响，该区域也有新增耕地，并主要来自对水域的开垦占用，面积约153.14平方千米，占新增耕地面积的59.04%；其次来自对林地的开垦，面积81.06平方千米，占新增耕地面积的31.25%。在整个监测时段，耕地面积总体呈持续减少趋势，但减少速度呈先升后降态势，在2000~2005年耕地面积减少速度最为显著。

广东省、香港和澳门特别行政区林地净减少面积仅次于耕地，但该区域林地基数大，因此变化幅度表现不显著，2020年区域林地面积相比20世纪80年代末减少了1.63%，其中有林地减少最多，占林地减少面积的40.24%。且林地一级类型内部二级类型之间的转换变化显著，变化面积达21404.17平方千米，占林地总变化面积的46.41%。林地减少的去向也以城乡工矿居民用地开发占用为主，面积达2195.81平方千米，占林地减少面积的84.96%；其次是退化为草地，面积约177.56平方千米，占林地减少面积的6.87%；减少的林地少量转变为水域和耕地，分别占林地减少面积的3.60%和3.14%。城乡工矿居民用地建设占用始终是该区域林地减少的主要原因，因建设占用导致的林地减少面积占林地减少总面积的比例在监测初期的20世纪80年代末至2000年为68.11%，之后该比例不断增加，并在2008~2010年达到整个监测时期的峰值，达到97.95%。随着林业的发展和区域生态环境保护要求提高，也占用其他土地类型进行造林，新增林地的土地来源以耕地为主，占新增林地面积的40.31%，并以旱地为主。林地面积减少主要发生在人口集中和经济较发达的珠江三角洲地区，而林地面积增加主要集中在雷州半岛。

草地和未利用土地的净变化均为净减少，净减少量较少，分别只有193.22平方千米和35.26平方千米。草地的减少去向主要为植树造林，约249.37平方千米，占草地减少总面积的65.39%，其次是建设用地占用，占27.00%。

2.19.3 广东省、香港和澳门特别行政区2015年至2020年土地利用时空特点

2015~2020年，广东省、香港和澳门特别行政区土地利用一级类型变化总面积1691.27平方千米，占全区面积的0.94%。城乡工矿居民用地面积是唯一净增加的类型，其他均表现为净减少；林地面积减少最为显著，其次是耕地，水域和草地略有减少，未利用土地变化最小。

城乡工矿居民用地年均净增加自2005年减速后呈现新的增速，年均净增加面积达295.48平方千米。土地来源以占用林地和耕地为主，面积分别达548.09平方千米和517.76平方千米，占城乡工矿居民用地新增加面积的32.10%和30.32%；其次为占用水域180.34平方千米，占10.56%。城乡工矿居民用地新增加面积多集中在珠江三角洲地区，以及粤东的汕头和雷州半岛的湛江地区。

林地和耕地都在2008~2010年净减少速度降低之后，在2010~2015年显著加速至2015~2020年，净减少速度达113.91平方千米/年和96.68平方千米/年，而水域在上一时段呈净减少趋势后，呈净减少加速态势。林地的变化在珠江三角洲、汕头、雷州半岛以外的区域广泛发生，而耕地的变化主要出现在珠江三角洲、汕头和湛江地区。

2.20 广西壮族自治区土地利用

广西壮族自治区的土地利用类型中以林地面积最大，耕地面积位列第二。整个监测时段的20世纪80年代末至2020年，土地利用变化以城乡工矿居民用地增加最显著，

水域面积略有增加，其他土地利用类型面积均呈减少变化，并以草地减少最显著，而耕地和林地呈持续减少但变化幅度较小。

2.20.1　广西壮族自治区2020年土地利用状况

2020年广西壮族自治区遥感监测土地面积237065.36平方千米，其中林地面积158838.39平方千米，占全区面积的67.00%；其次是耕地，面积40368.83平方千米，占17.03%；草地面积为12975.35平方千米，约占全区土地面积的5.47%；城乡工矿居民用地面积位列第四，面积为7481.37平方千米，占全区土地面积的3.16%；水域面积较少，约为4376.90平方千米，占全区土地面积的1.85%；未利用土地面积最少，只有15.73平方千米，占0.01%。

广西壮族自治区林地面积广阔，并以有林地为主，面积达108659.11平方千米，占林地面积的68.41%；灌木林地面积次之，为32037.27平方千米，占全区林地总面积的20.17%。林地在广西壮族自治区主要分布在山地，包括大容山、六万大山、十万大山和大瑶山等地。

耕地中，半数以上为旱地，面积达21854.80平方千米，占全区耕地总面积的54.14%。耕地广泛分布在广西壮族自治区的东部、南部和中部，包括浔江平原、郁江平原、宾阳平原和南流江三角洲等区域。水田集中分布在东部及南部地势较低平、水源条件较好的地区，而旱地广泛分布于西部和中部地区。

草地以高覆盖度草地为主导类型，面积达11704.77平方千米，占全区草地总面积的90.21%；而中覆盖度草地面积只有1234.69平方千米，不足全区草地总面积的10%；低覆盖度草地最少，不足40平方千米，只占全区草地总面积的0.28%。全区大面积连片草地主要分布在人口稀疏的西部、北部山区，其余地区多为零星分布。

全区城乡工矿居民用地中，农村居民点用地面积最大，为3443.80平方千米，占全区城乡工矿居民用地面积的半数左右（46.03%）；其次为城镇用地和工交建设用地，这两种土地利用类型面积相当，面积分别为1970.53平方千米和2067.03平方千米，占全区城乡工矿居民用地面积的26.34%和27.63%。城乡工矿居民用地集中分布在盆地中部和东南沿海一带。

广西壮族自治区的水域中水库坑塘面积最大，达到2071.61平方千米，占全区水域总面积的47.33%；河渠次之，面积为1760.60平方千米，占全区水域总面积的40.22%；海涂和滩地的面积相对较小，分别为342.52平方千米和200.03平方千米，占全区水域总面积的7.83%和4.57%。河渠广泛分布在广西壮族自治区境内，水网密布，有西江流域从西向东贯穿广西，有南流江注入北部湾，西南有属于红河水系的河流。

广西壮族自治区的未利用土地很少，不足20平方千米，并以沙地、裸土地和裸岩石砾地为主，分别占区域未利用土地总面积的32.26%、28.45%和24.47%；区域有少量沼泽地分布，占全区未利用土地面积的14.81%。沙地、裸土地和裸岩石砾地主要分布在广西壮族自治区的沿海一带。

2.20.2　广西壮族自治区20世纪80年代末至2020年土地利用变化的时空特点

20世纪80年代末至2020年，广西壮族自治区土地利用变化中一级类型变化总面积达5488.60平方千米，占全区土地面积的2.32%。其中，城乡工矿居民用地是面积净增加最多的土地利用类型，此外水域面积也呈净增加变化；耕地是区域净减少面积最大的土地利用类型，面积净减少变化居第二、第三的是林地和草地，未利用土地变化最小（见表20）。

表 20　广西壮族自治区 20 世纪 80 年代末至 2020 年土地利用分类面积变化

单位：平方千米

	耕地	林地	草地	水域	城乡工矿居民用地	未利用土地	耕地内非耕地
新增	497.39	15483.24	223.53	1132.98	3138.23	0.07	178.44
减少	1552.92	16266.35	992.92	720.64	289.52	0.25	504.25
净变化	−1055.54	−783.11	−769.39	412.35	2848.72	−0.18	−325.82

城乡工矿居民用地是变化最显著且增加面积最大的土地类型，整个监测时段其净增加呈持续加速态势（见图20），相比20世纪80年代末增加61.49%。该地类新增面积3138.23平方千米，其中51.05%是工交建设用地，43.96%是城镇用地，4.99%是农村居民点用地。新增面积中来自耕地的面积最大，为1322.64平方千米，占新增面积的42.15%；其次来自林地，面积902.31平方千米，占28.75%。从时间变化看，耕地作为城乡工矿居民用地主要土地来源的比例呈持续下降态势，该比例从监测初期20世纪80年代末至2000年的60.37%下降到2015~2020年的40.84%，而城乡工矿居民用地占用林地的比例逐渐上升至31.78%，占用草地、水域和海域的比例也略有增加，这从侧面说明广西壮族自治区的开发方式在不断变化。在整个监测时段，城乡工矿居民用地面积增加在广西壮族自治区大部分区域都有发生，在南宁市区域最为集中。

广西壮族自治区的水域面积变化也以增加为主，并在前5个监测时段持续增加后呈减少趋势。在整个监测时段，新增面积共计1132.98平方千米，相比20世纪80年代末增加了10.40%。新增的水域类型主要是海涂和水库坑塘，分别占全区新增水域面积的32.97%和39.32%。新增的水域面积主要来自海域，面积达376.28平方千米，占全区新增面积的57.94%，其次来自耕地和林地，分别占18.00%和16.20%。新增水域面积的主要土地来源在各监测时段略有差异，20世纪80年代末至2000年主要来自海域，之后耕

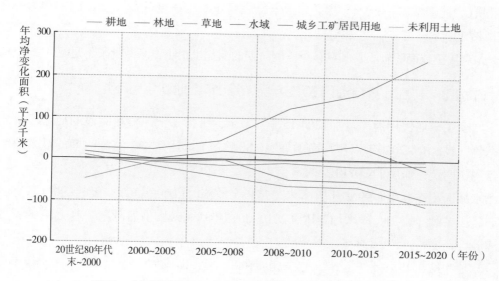

图 20　广西壮族自治区不同时段土地利用分类面积年均净变化

地、林地所占比例大幅增加。

　　广西壮族自治区的耕地是净减少最多的类型。在监测初期有短暂净增加，之后呈持续净减少，净减少速度也呈加速态势。相比20世纪80年代末耕地减少2.55%，其中超半数是旱地。减少的耕地面积中有1322.64平方千米被城乡工矿居民用地占用，占耕地减少面积的85.17%；耕地转变为林地和水域次之，分别占耕地减少面积的7.53%和7.09%。各个监测时段中，城乡工矿居民用地建设占用始终是耕地减少的主要原因，而耕地新增面积的主要土地来源在不同时段略有差异，20世纪80年代末至2020年82.96%来自林地，来自水域、草地和建设用地整理而来的比例呈逐渐增加态势。

　　林地的变化最为剧烈，新增面积和减少面积均超过15000平方千米，且其内部二级类型之间转换量较大。林地总体净减少了783.11平方千米，是净减少面积第二大的土地利用类型，相比20世纪80年代末减少0.49%，但净减少的速度呈增加态势。林地的减少面积中48.17%是有林地，其次是其他林地，占41.11%。林地减少去向主要为城乡工矿居民用地占用，占林地减少面积的51.53%；其次是耕地开垦占用，占23.56%。

　　草地是净减少面积仅次于林地的土地利用类型，相比20世纪80年代末草地面积减少5.60%。减少的草地绝大部分是高覆盖度草地，占全区草地减少面积的97.21%。草地面积减少的主要去向是转变为林地，面积约为793.50平方千米，占草地减少面积的79.92%。在不同时段，草地减少的去向始终以林地为主，但该比例从监测初期的89.59%不断降低到2015~2020年的33.42%，城乡工矿居民用地占用的比例则逐渐从1.06%上升至监测末期的65.60%。整个监测时段草地持续减少，在监测初期的净减少速

度最快，达到年均净减少45.78平方千米，之后净减少速度放缓，至监测末期为9.03平方千米/年。

未利用土地面积较小，其在整个监测时期的变化也很小，净减少了不足0.2平方千米。

2.20.3 广西壮族自治区2015年至2020年土地利用时空特点

城乡工矿居民用地净增加1204.15平方千米，维持了上一监测时段的加速净增加变化态势，在2015~2020年以年均净增加240.83平方千米达到整个监测时期的最大速度，是监测初期变化速度的9.07倍。

水域面积净减少了99.97平方千米，是整个监测时段唯一净减少变化的时段，前5个监测时段持续净增加，净增加速度在2010~2015年达到最大值后急剧减速（19.99平方千米/年）。

草地净减少45.16平方千米，减少速度在2000年后明显放缓，在2015~2020年年均净减少面积不足10平方千米。草地减少以城乡工矿居民用地占用为主，面积30.72平方千米，其次是变为林地，面积为15.65平方千米。

广西壮族自治区耕地面积除监测初期净增加外，其他时段呈持续加速净减少，在2015~2020年达到最大值，年均净减少106.44平方千米。

林地在2008年前各监测时段净增加变化不明显，在2008年之后的3个监测时段持续净减少，呈加速减少态势，并在2015~2020年达到净减少变化速度的最大值，年均净减少面积为91.40平方千米。

2.21 海南省土地利用

海南省土地利用类型以林地和耕地为主。20世纪80年代末至2020年土地利用变化以城乡工矿居民用地和水域面积增加、耕地和草地面积减少为主要特点。城乡工矿居民用地扩展在沿海地区较为集中，2008年后扩展速度明显加快，2010~2015年达到历史最高水平；耕地和林地减少速度在2010~2015年也是历史最高。城镇用地和工交建设用地扩展占用是耕地和林地面积减少的主因。2015~2020年城乡工矿居民用地扩展速度及耕地和林地减少速度均有所降低。

2.21.1 海南省2020年土地利用状况

遥感监测2020年海南省土地利用总面积为3.42万平方千米，涵盖所有一级土地利用类型和其中21个二级土地利用类型。海南省土地利用类型以林地为主，面积21304.00平方千米，占62.38%；其次是耕地，面积6666.73平方千米，占19.52%。其他各种土地利用类型比例较小，水域面积1299.55平方千米，占3.81%；城乡工矿居民用地面积1603.24平方千米，占4.69%；草地面积603.46平方千米，占1.77%；未利用土地最少，面积为54.94平方千米，仅占0.16%。另有耕地内非耕地2618.23平方千米。

林地中有林地的面积最多，占林地面积的56.77%；其次是其他林地，占37.00%；灌木林地和疏林地面积较少，分别占4.41%和1.82%。有林地主要分布在海南岛中部的山地和丘陵区；其他林地分布比较广泛；灌木林地和疏林地仅有零星分布。

耕地以旱地为主，占耕地面积的68.63%，水田占耕地面积的31.37%。耕地主要分布在山地周围的丘陵、台地和平原区。

水域类型较为丰富，其中水库坑塘面积最大，占水域面积的61.06%；其次是滩地和河渠，分别占14.88%和14.20%；湖泊和海涂分布较少，分别占5.81%和4.05%。水域分布范围较广，且较为零散。

城乡工矿居民用地中工交建设用地面积最多，占城乡工矿居民用地面积的35.96%，城镇用地和农村居民点用地面积相当，分别占32.34%和31.70%。城乡工矿居民用地集中分布于海南省的台地和平原区域。

草地几乎全为高覆盖度草地，占草地总面积的91.26%，中覆盖度草地占7.70%，低覆盖度草地仅占1.05%。草地在海南省的分布范围比较广泛，在中部山地和北部沿海相对集中。

未利用土地以沙地为主，占未利用土地面积的76.22%，其次是沼泽地，占21.71%，均主要分布在滨海区域。

2.21.2 海南省20世纪80年代末至2020年土地利用时空特点

20世纪80年代末至2020年，海南省城乡工矿居民用地面积增加显著，水域面积也有所增加；耕地面积减少最显著，其次为草地，再次为林地和未利用土地（见表21）。监测期间，海南省土地利用一级类型动态总面积为1709.67平方千米，占海南省面积的5.01%。城乡工矿居民用地面积始终净增加，耕地面积始终净减少，耕地面积减少与城乡工矿居民用地面积增加的变化时间一致（见图21）。

表21　海南省20世纪80年代末至2020年土地利用分类面积变化

单位：平方千米

	耕地	林地	草地	水域	城乡工矿居民用地	未利用土地	耕地内非耕地
新增	156.67	403.48	35.39	224.88	841.22	4.90	39.60
减少	520.04	508.41	272.24	76.15	4.66	85.55	174.82
净变化	−363.38	−104.93	−236.84	148.73	836.56	−80.65	−135.22

城乡工矿居民用地净增加面积最多，相比20世纪80年代末净增加了109.11%，其中城镇用地和工交建设用地净增加面积相对较多。有38.79%的新增城乡工矿居民用地来自耕地，且主要来自旱地；其次来自林地，比例为35.60%。2008年后，城乡工矿居民用地扩展速度明显加快，2010~2015年达到历史最快，年均新增75.44平方千米，是2005~2008年扩展速度的8.12倍。2015~2020年城乡工矿居民用地扩展速度有所回落，年均新增34.02平方千米。新增城乡工矿居民用地在沿海地区比较集中。

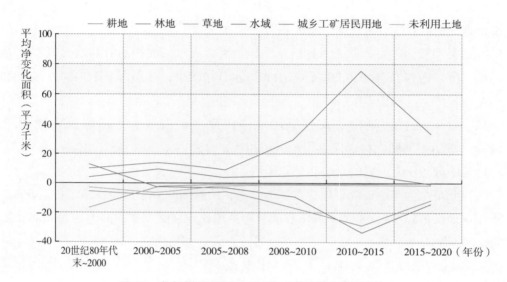

图 21　海南省不同时段土地利用分类面积年均净变化

水域面积相比20世纪80年代末净增加了12.92%，其中水库坑塘增加面积最多。新增水域面积的42.62%来自耕地，且主要来自旱地；另外，分别有27.21%和11.62%的新增面积来自林地和草地。减少水域面积主要流向城乡工矿居民用地和耕地转换，分别占水域减少面积的38.13%和26.53%。

耕地净减少面积最多，相比20世纪80年代末净减少了5.17%。耕地面积始终净减少，在2010~2015年减少最快，年均净减少28.32平方千米，2015~2020年回落至每年11.23平方千米。66.88%的新增耕地来自林地，且主要来自有林地；有18.44%的新增耕地来自沙地。耕地减少以转变为城乡工矿居民用地为主，占耕地减少面积的62.75%；耕地减少面积的18.78%转变为林地，18.43%转变为水域。

草地面积相比20世纪80年代末净减少了28.19%。20世纪80年代末至2000年年均净减少面积最多，年均减少16.92平方千米。48.19%的新增草地面积来自林地；27.64%来自未利用土地，且主要来自其中的沙地；另有22.86%来自水域。减少的草地主要转变为林地，占草地减少面积的85.13%；其次转变为水域，占草地减少面积的9.60%。

未利用土地相比20世纪80年代末净减少了59.48%，减少幅度较大。新增未利用土地面积极少；减少的未利用土地33.77%开垦为耕地，另有35.39%和11.44%的减少面积转换为林地和草地。

林地面积比20世纪80年代末净减少了0.49%。林地在20世纪80年代末至2000年增加速度最快，此后林地面积不断减少。57.44%的新增林地面积来自草地，且主要为高覆盖度草地；另有24.21%的新增林地面积来自耕地，主要为丘陵区旱地。林地减少以转变为城乡工矿居民用地和开垦为耕地为主，分别占林地减少面积的58.91%和20.59%。

2.21.3 海南省2015年至2020年土地利用时空特点

2015~2020年海南省土地利用一级类型动态总面积203.90平方千米，是20世纪80年代末至2020年土地利用动态总面积的11.93%，年均动态面积较2010~2015年有较大回落。该时段土地利用变化以耕地和林地减少、城乡工矿居民用地面积增加为最主要特点，城乡工矿居民用地扩展是耕地和林地面积减少的最主要因素。2015~2020年新增城乡工矿居民用地的41.31%来自林地，且主要为有林地和其他林地；有33.49%来自耕地，且主要为平原区旱地和丘陵区旱地。新增城乡工矿居民用地类型以工交建设用地为主，其次为城镇用地。2015~2020年城乡工矿居民用地扩展速度及对耕地和林地面积的影响较2010~2015年均有所回落。

2.22 重庆市土地利用

重庆市主要土地利用类型为林地和耕地，2020年林地和耕地分别占全市面积的39.65%和33.52%，相比2015年呈净减少趋势，分别减少了0.23%和1.37%。20世纪80年代末至2020年，重庆市一级土地利用动态占全市总面积的4.96%，以城乡工矿居民用地增加最为突出，比监测初期面积净增加了7.61倍。

2.22.1 重庆市2020年土地利用状况

2020年重庆市遥感监测面积82390.10平方千米，其中，耕地面积27613.69平方千米，占全市面积的33.52%，相比2015年净减少1.37%。土地利用类型以林地为主，面积为32664.15平方千米，占全市面积的39.65%。草地处于第三位，面积为8902.56平方千米，占全市面积的10.81%。分布相对较少的有城乡工矿居民用地和水域，分别占全市面积的3.04%和1.46%。未利用土地最少，仅占0.02%。耕地内非耕地面积9491.19平方千米。

林地主要集中在北部和东南山区。灌木林地是林地中分布面积最大的二级类型，

占林地面积的38.10%，其次是有林地，占30.37%；另外，疏林地和其他林地分别占28.47%和3.05%。

耕地明显集中在地势相对低缓的西部和西南地区，主要位于四川盆地的东南边缘。东南和北部地区地势高峻陡峭，耕地分布稀少。旱地占耕地面积的69.92%，水田占30.08%。

草地主要分布在西南部茶江水系、东北部长江干流、岷江水系、东南部乌江、支流黔江等区域。不同覆盖度草地面积比例差异明显，其中，中覆盖度草地面积最大，占草地面积的77.41%，高覆盖度草地与低覆盖度草地分别占17.48%和5.11%。

城乡工矿居民用地中城镇用地面积较大，占51.90%，分布较为集中，主要分布在长江沿岸的低山丘陵地区，并以西南地区分布最为密集。工交建设用地和农村居民点两种类型分布相对分散，分别占34.97%和13.13%。

长江干流及其主要支流嘉陵江、乌江、岷江和汉江流经重庆市，河渠分布非常密集，是水域面积中最大的二级类型，占74.03%，水库坑塘处于第二位，占20.36%，主要分布在东北部的瞿塘峡附近以及东南部黔江沿岸。滩地与湖泊分布较为分散，分别占4.74%和0.86%。

未利用土地主要分布在大巴山、巫山、大娄山等山间峡谷地带的喀斯特地貌区，二级类型绝大部分为裸岩石砾地，占99.49%。还有小部分的盐碱地，仅占0.51%。

2.22.2　重庆市20世纪80年代末至2020年土地利用时空特点

从20世纪80年代末至2020年，重庆市的一级土地利用动态变化总面积达到了4090.44平方千米（见表22）。这些变化涉及的面积占整个重庆市总面积的4.96%。

表22　重庆市20世纪80年代末至2020年土地利用分类面积变化

单位：平方千米

	耕地	林地	草地	水域	城乡工矿居民用地	未利用土地	耕地内非耕地
新增	180.93	981.06	344.43	297.54	2232.59	0.08	53.81
减少	2014.76	554.10	783.26	17.38	19.45	3.92	697.56
净变化	−1833.83	426.96	−438.83	280.16	2213.13	−3.84	−643.76

城乡工矿居民用地增加最为显著，比监测初期面积净增加了7.61倍（见图22），年均净增加面积为90.57平方千米，其中在2005~2008年增加速度最快，是整个监测时段年均增加面积的1.45倍。新增城乡工矿居民用地有84.35%为占用耕地而来，其次有11.85%为占用林地而来，还有少部分是由草地（3.23%）和水域（0.56%）转变而来。

减少的城乡工矿居民用地大部分转变为水域，占75.92%。另外，还有一些转变为草地（10.02%）、耕地（7.37%）和林地（6.69%）。

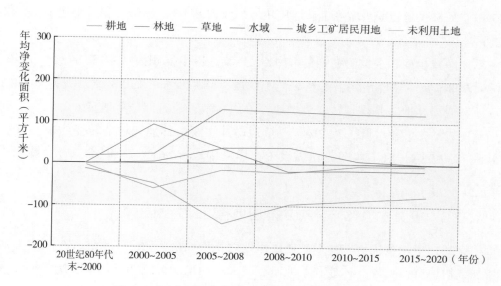

图 22　重庆市不同时段土地利用分类面积年均净变化

水域扩张比较明显，较监测初期面积净增加了30.39%，年均净增加面积为15.80平方千米，其中在2008~2010年增加速度最快，是整个监测时段平均年增加面积的2.51倍。新增水域面积主要来自耕地、林地和草地，分别占44.99%、27.00%和21.24%。还有少部分来自城乡工矿居民用地（5.63%）和未利用土地（1.14%）。水域减少主要转变为城乡工矿居民用地，占61.00%，其次是转变为耕地，占30.57%，其他少部分转变为林地（5.85%）、草地（2.47%）和未利用土地（0.11%）。

林地相比监测初期增加了1.32%，年均净增加面积为14.66平方千米，其中在2000~2005年增加速度最快，是整个监测时段年均增加面积的6.38倍。新增林地主要是由草地和耕地转变而来，分别占61.37%和38.38%。减少的林地主要转变为城乡工矿居民用地，占38.19%，其次是转变为草地，占36.03%。还有一部分林地转变为水域和耕地，分别占12.97%和12.80%。

耕地表现为净减少，耕地减少面积占监测初期的6.23%，年均净减少面积为77.07平方千米，其中在2005~2008年减少速度最快，是整个监测时段年均减少面积的1.87倍。有71.88%的减少耕地转变为城乡工矿居民用地，其次是转变为林地，占16.68%，转变为草地和水域的分别占5.72%和5.71%。新增耕地的主要来源为草地和林地，分别占58.43%和37.69%，其次是水域，占2.68%，还有少量来自城乡工矿居民用地和未利用

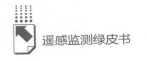

土地，仅占0.77%和0.44%。

未利用土地明显减少，比监测初期净减少了23.67%，年均净减少面积为0.13平方千米，净减少总量不大。减少的未利用土地主要转变为水域和耕地，分别占78.35%和21.35%。另有少量转变为城乡工矿居民用地，仅占0.31%。新增未利用土地很少，仅有0.08平方千米。

草地净减少面积占监测初期的4.70%，年均净减少面积为16.68平方千米，其中在2005~2008年减少速度最快，是整个监测时段年均减少面积的0.87倍。有71.36%的减少草地转变为林地，其次是转变为耕地，占14.04%；还有部分草地转变为城乡工矿居民用地（7.38%）和水域（7.22%）。草地增加主要由林地和耕地转变而来，分别占62.03%和37.23%。还有少量是由城乡工矿居民用地（0.61%）和水域（0.13%）转变而来。

2.22.3 重庆市2015年至2020年土地利用时空特点

相比2015年，重庆市城乡工矿居民用地面积增加最为明显，水域和未利用土地略有增加，耕地有所减少，林地和草地略有减少；相比20世纪80年代末至2020年，该时段城乡工矿居民用地的增加和林地的减少更显著。

城乡工矿居民用地变化以新增为主，净增加面积在所有土地利用类型中最大，比2015年净增加了31.79%，是20世纪80年代末以来年均净增加面积的1.22倍。新增城乡工矿居民用地主要来源于耕地，占其新增面积的80.43%。新增城乡工矿居民用地主要分布在重庆的市辖区周边以及沿长江干流河岸一带。

水域呈净增加趋势，比2015年净增加了0.12%。新增水域主要来源于耕地，占新增水域面积的94.17%。新增水域主要分布在重庆中部和东北部的长江干流沿线地区。

未利用土地整体面积较小，变化面积很小，只增加了0.06平方千米。

耕地面积有所减少，比2015年净减少了1.37%。耕地减少以变为城乡工矿居民用地为主，占耕地减少面积的98.33%，耕地减少主要密集分布在重庆市的市辖区周边。

林地仅比2015年净减少了0.23%，与20世纪80年代末以来的净增加趋势相反，是净增加均值的1.03倍。林地减少以转变为城乡工矿居民用地面积最多，占其减少面积的99.40%，主要集中在重庆中南偏西市直辖区的周边山区，其次在重庆北部和东南部的山区也有分布。

草地略有减少，比2015年净减少了0.14%。草地减少以转变为林地为主，占草地减少面积的99.81%，大巴山区以南的北部地区、重庆市辖区以东的中南部乌江和长江交汇附近的草地减少较突出。另外，草地减少在嘉陵江西北部的四川盆地也有分布。

2.23 四川省土地利用

四川省土地利用类型半数以上为草地和林地，2020年草地和林地分别占全省面积的34.90%和34.88%，耕地占17.58%。相比2015年，草地净增加了0.39%，林地净减少了0.56%，耕地净减少了1.09%。20世纪80年代末至2020年，四川省一级土地利用动态占全省总面积的1.93%，以城乡工矿居民用地增加最为显著，比监测初期面积净增加了1.98倍。

2.23.1 四川省2020年土地利用状况

2020年，四川省耕地面积为85067.77平方千米，占全省总面积的17.58%。相较于2015年，耕地面积净减少1.09%。耕地主要分布于四川盆地，以及西南侧和西北侧的旱地区域。其中，旱地占据主导地位，占耕地总面积的64.68%。

草地是四川省土地利用中面积最大的类型，总面积达168812.55平方千米，占全省面积的34.90%。草地主要集中分布在西北部的青藏高原东南边缘和西南部的大凉山区。根据覆盖度不同，中覆盖度、高覆盖度和低覆盖度草地分别占草地总面积的61.18%、28.14%和10.68%。

林地在四川省的土地利用中占据重要地位，总面积为168749.36平方千米，占34.88%。其分布较为集中，主要分布在东南部大雪山南缘、北部偏东的岷山地区以及西南部的大凉山地区。有林地、灌木林地、疏林地和其他林地分别占林地总面积的44.03%、37.33%、17.75%和0.89%。

四川省未利用土地主要分布在大巴山西南部、云贵高原的西北部、青藏高原东南部以及大凉山东北部等区域。未利用土地总面积中，裸岩石砾地占据最大比例，达76.64%，其次是沼泽地，占22.44%。沙地和裸土地分布较为有限，分别占未利用土地总面积的0.60%和0.32%。

城乡工矿居民用地主要分布在四川盆地北缘、西侧和南侧，其中城镇用地集中在成都市区及周边。城镇用地是城乡工矿居民用地的主要组成部分，占总面积的43.47%。农村居民点用地和工交建设用地面积较少，分别占31.54%和24.99%。

水域主要集中分布在四川省中西部和东北部。水域中，河渠是分布面积最大的类型，占44.14%。其次是水库坑塘，占23.13%。冰川与永久积雪虽然面积相对较小，但也占到了15.66%。滩地和湖泊分布较少，分别占水域总面积的8.94%和8.13%。

2.23.2 四川省20世纪80年代末至2020年土地利用时空特点

从20世纪80年代末至2020年，四川省的一级土地利用动态变化总面积达到了

9358.14平方千米（见表23），占四川省总面积的1.93%。

表 23　四川省 20 世纪 80 年代末至 2020 年土地利用分类面积变化

单位：平方千米

	耕地	林地	草地	水域	城乡工矿居民用地	未利用土地	耕地内非耕地
新增	356.57	1283.87	1941.15	573.48	4799.09	298.54	105.25
减少	4146.03	2333.61	1277.65	65.43	55.39	67.89	1511.95
净变化	−3789.45	−949.74	663.50	508.05	4743.70	230.65	−1406.70

城乡工矿居民用地增加显著，比监测初期面积净增加了1.98倍（见图23）。整个监测时段城乡工矿居民用地增速有不断加快的趋势，在2008~2010年增速最大，年均净增加面积为322.98平方千米，是整个监测时段均值的1.63倍。新增城乡工矿居民用地有85.28%为占用耕地，有8.29%为占用林地，还有少部分是由草地（5.33%）和水域（1.01%）转变而来。减少的城乡工矿居民用地主要转变为水域、耕地和林地，分别占38.06%、30.10%和23.86%，还有一些转变为草地（7.86%）和未利用土地（0.13%）。

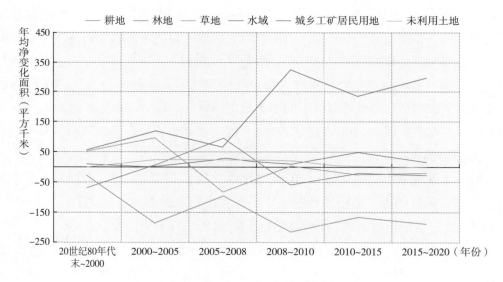

图23　四川省不同时段土地利用分类面积年均净变化

水域增加明显，较监测初期面积净增加了13.15%，年均增加面积为17.57平方千米，其中，在2010~2015年增加最快，是整个监测时段均值的2.68倍。新增水域面积主要来自耕地、草地和林地，分别占47.86%、30.20%和18.05%，还有少部分来自城乡工矿居民用地（3.87%）和未利用土地（0.02%）。水域减少主要转变为城乡工矿居民用地，占60.80%，其次是转变为耕地，占24.93%，还有一些转变为草地（8.66%）和林地（5.61%）。

未利用土地表现为净增加，比监测初期净增加了1.33%，年均增加面积为11.41平方千米，主要增加时段出现在2000~2010年，是整个监测时段均值的2.02倍。新增未利用土地主要来源于草地、耕地和林地，分别占40.85%、30.26%和28.88%。减少的未利用土地主要转变为草地，占85.06%，转变为林地和城乡工矿居民用地的分别占9.32%和5.45%，另有少量转变为水域，仅占0.17%。

草地略有增加，净增加面积占监测初期的0.39%，年均增加面积为2.94平方千米，增加时段主要出现在2005年以前以及2008~2010年，其他时段草地表现为净减少。新增草地主要由林地和耕地转变而来，分别占75.98%和20.41%，还有一些是由未利用土地（3.12%）转变而来，由水域和城乡工矿居民用地转变的草地很少，仅占0.28%和0.21%。草地减少主要转变为林地，占53.08%，还有一些转变为城乡工矿居民用地（15.28%）、未利用土地（13.59%）和水域（11.72%），转变为耕地的占比较小，仅占6.34%。

耕地表现为净减少，耕地减少面积占监测初期的4.26%，年均减少面积为146.39平方千米，其中2008~2010年减少最快，是整个监测时段均值的1.47倍。有72.00%的减少耕地转变为城乡工矿居民用地，其次是转变为林地，占10.71%，转变为草地和水域的分别占8.86%和5.47%，还有2.96%的耕地转变为未利用土地。新增耕地的主要来源为林地，占69.34%，其次是来源于草地，占22.31%，还有一些来自城乡工矿居民用地和水域，分别占4.18%和4.17%。

林地相比监测初期减少了0.56%，年均减少面积为13.01平方千米，除了在2000~2008年出现净增加外，其他时段均表现为净减少。减少的林地主要转变为草地，占65.09%，其次是转变为城乡工矿居民用地和耕地，分别占13.81%和11.44%。还有少部分转变为未利用土地和水域，分别占5.58%和4.07%。新增林地主要由草地和耕地转变而来，分别占58.22%和39.90%，还有少量是由城乡工矿居民用地（1.03%）、未利用土地（0.55%）和水域（0.29%）转变而来。

2.23.3 四川省2015年至2020年土地利用时空特点

相比2015年，四川省城乡工矿居民用地面积增加最为显著，水域有所增加，耕地有所减少，林地、草地和未利用土地略有减少；相比20世纪80年代末至2020年，该时段城乡工矿居民用地的增加，草地、林地和耕地的减少更为显著。

城乡工矿居民用地净增加明显，比2015年净增加了26.16%，是20世纪80年代末以

来年均净增加面积的1.63倍。新增城乡工矿居民用地主要来源于耕地，占其新增面积的80.43%，城乡工矿居民用地转变成其他类型的面积很少。新增城乡工矿居民用地在四川盆地内成都市区周边较为集中。

水域也表现为净增加，比2015年净增加1.67%。新增水域94.17%来源于耕地。水域变化一般分布在四川天然河流沿岸地区，在四川盆地西部的成都市周边区域更为密集。

耕地有所减少，比2015年净减少了1.10%，是20世纪80年代末以来年均净减少面积的1.28倍。减少的耕地主要变为城乡工矿居民用地，占减少耕地总面积的98.33%。减少的耕地主要分布在四川盆地西部，且在成都市周边更为集中。

林地略有减少，比2015年净减少了0.09%，是20世纪80年代末以来年均净减少面积的2.19倍。林地减少面积中有99.40%转变为城乡工矿居民用地。林地减少主要集中在北部秦岭、大巴山、四川盆地西缘和南部的大凉山区。

草地略有减少，比2015年净减少0.06%，这与20世纪80年代末以来草地净增加的趋势相反，是净增加均值的7.25倍。草地减少主要转变为城乡工矿居民用地，占99.81%。草地减少在北部岷山北麓和南部大凉山地区较突出，此外在四川西部青藏高原边缘的草地减少也较明显。

未利用土地变化面积相对较小，减少面积仅为0.52平方千米。

2.24 贵州省土地利用

2020年贵州省有53.88%的土地利用类型为林地，耕地是贵州省第二大土地利用类型，面积占全省的22.41%，分别比2015年净减少了0.40%和1.53%。20世纪80年代末至2020年，贵州省一级土地利用动态占全省总面积的4.52%，其中最为显著的是城乡工矿居民用地的增加，比监测初期面积净增加了5.64倍。

2.24.1 贵州省2020年土地利用状况

贵州省2020年遥感监测面积为176109.72平方千米，其中，耕地面积39472.47平方千米，占全省面积的22.41%，比2015年减少了1.53%。土地利用类型以林地为主，面积为94882.69平方千米，占全省面积的53.88%。草地面积为29127.82平方千米，占16.54%。城乡工矿居民用地、水域和未利用土地面积分别为3391.43平方千米、746.17平方千米和30.09平方千米，比例相对较小；另有耕地内非耕地8459.05平方千米。

林地主要分布在大娄山、武陵山和梵净山等山区地带。林地中以灌木林为主，占林地面积的45.70%，其次是疏林地，占28.54%，有林地处于第三位，占25.33%，其他林地较少，仅占0.42%。

耕地集中分布区包括贵州高原和乌江中下游的河谷、山间平地和丘陵区。以旱地为主，占耕地面积的71.92%，水田仅占28.08%。

草地分布范围广泛，在六盘水地区和南盘江水系附近较为密集。以中覆盖度草地为主，占草地面积的81.30%，高覆盖度草地最少，仅占8.67%，低覆盖度草地处于二者之间，占10.03%。

城乡工矿居民用地中主要为工交建设用地和城镇用地，分别占城乡工矿居民用地的52.08%和38.90%，农村居民点相对较少，仅占9.02%。城镇用地集中分布在贵州中部的山间平地。工交建设用地集中分布在贵州中部的遵义、贵阳，东部的黔东南苗族侗族自治州，西部的毕节市以及西南角的兴义市周边地区，农村居民点在中部贵阳市周边较为集中，在其他区域较为分散。

水域主要集中在乌江、清水江和南北盘江地区。水库坑塘是水域中面积最大的二级类型，占水域总面积的63.70%，其次是河渠，占23.63%，湖泊处于第三位，占13.61%。

未利用土地主要分布在喀斯特地区的山间河谷地带，主要是裸岩石砾地，占未利用土地的99.02%，未利用土地二级类型中还有少量沼泽地和裸土地。

2.24.2　贵州省20世纪80年代末至2020年土地利用时空特点

从20世纪80年代末至2020年，贵州省的一级土地利用动态变化总面积达到了7954.03平方千米（见表24），占贵州省总面积的4.52%。

表24　贵州省 20 世纪 80 年代末至 2020 年土地利用分类面积变化

单位：平方千米

	耕地	林地	草地	水域	城乡工矿居民用地	未利用土地	耕地内非耕地
新增	1010.82	2463.18	992.63	376.04	2893.18	1.78	216.41
减少	2287.74	1992.29	3171.04	8.77	12.88	12.42	468.90
净变化	−1276.92	470.89	−2178.41	367.27	2880.30	−10.64	−252.49

城乡工矿居民用地增加显著，比监测初期面积净增加了5.64倍（见图24）。整个监测时段城乡工矿居民用地增速有不断加快的趋势，到2015~2020年增速达到最大，年均净增加面积为261.01平方千米，是整个监测时段均值的2.51倍。新增城乡工矿居民用地有55.04%为占用耕地，有25.97%为占用林地，由草地转变的占18.78%，还有少量是由水域（0.18%）和未利用土地（0.03%）转变而来。减少的城乡工矿居民用地主要转

变为草地，占41.35%，其后是转变为水域和耕地，分别占25.24%和22.36%，还有一些转变为林地（11.04%）。

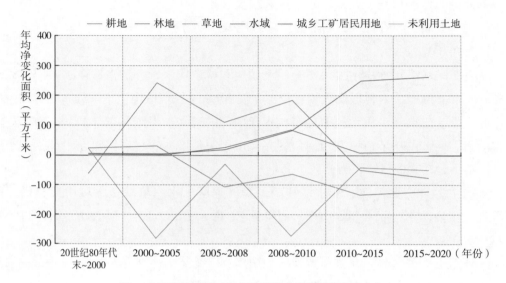

图24　贵州省不同时段土地利用分类面积年均净变化

水域也显著增加，较监测初期面积净增加了96.93%，年均增加面积为21.77平方千米，其中，在2008~2010年增加最快，是整个监测时段均值的3.85倍。新增水域面积主要来自耕地、林地和草地，分别占37.04%、33.24%和28.80%。还有少部分来自城乡工矿居民用地（0.90%）和未利用土地（0.02%）。水域减少主要转变为城乡工矿居民用地，占55.95%，其次是转变为耕地，占24.43%，还有一些转变为草地（15.23%）和林地（4.38%）。

林地略有增加，相比监测初期净增加了0.50%，年均增加面积为58.39平方千米，其中在2000~2005年净增加最为显著，是整个监测时段的4.13倍。新增林地主要是由草地和耕地转变而来，分别占81.62%和17.98%，还有少量是由未利用土地（0.33%）、城乡工矿居民用地（0.06%）和水域（0.02%）转变而来。减少的林地分别转变为城乡工矿居民用地、草地和耕地，分别占35.67%、33.30%和24.89%。还有少部分转变为水域和未利用土地，分别占6.13%和0.01%。

草地表现为净减少，净减少面积占监测初期的6.96%，年均减少面积为108.76平方千米，减少时段出现在2000年以后，2000年以前草地表现为净增加。草地减少主要转变为林地，占63.30%；其次是转变为耕地和城乡工矿居民用地，分别占17.47%和15.91%；还有少量转变为水域（3.28%）和未利用土地（0.05%）。新增草地主要由林地和耕地转变而来，分别占66.75%和32.37%，由城乡工矿居民用地、未利用土地和水域转变的草地很少，分别仅占0.54%、0.21%和0.13%。

耕地也有所减少，耕地净减少面积占监测初期的3.13%，年均减少面积为62.46平方千米，其中2010~2015年减少最快，是整个监测时段均值的2.16倍。有62.38%的减少耕地转变为城乡工矿居民用地，其次是转变为林地和草地，分别占18.65%和13.32%，还有转变为水域的占5.64%，转变为未利用土地的最少，占0.01%。新增耕地的主要来源为草地和林地，分别占52.88%和46.49%，还有少量来自城乡工矿居民用地、水域和未利用土地，分别占0.27%、0.20%和0.16%。

未利用土地净减少明显，比监测初期净减少了26.13%，年均减少面积为0.48平方千米，在2000~2005年减少最为明显，是整个监测时段均值的4.28倍。减少的未利用土地主要转变为林地，占64.74%，转变为草地和耕地的分别占15.95%和13.18%，另有一些转变为城乡工矿居民用地和水域，分别占5.57%和0.55%。新增未利用土地主要来源于草地，占72.64%，其次是来源于耕地和林地，各自的占比都是13.68%。

2.24.3 贵州省2015年至2020年土地利用时空特点

相比2015年，贵州省城乡工矿居民用地面积增加最为显著，水域有所增加，耕地有所减少，林地和草地略有减少，未利用土地未发现变化。相比20世纪80年代末至2020年，该时段城乡工矿居民用地的增加、林地和耕地的减少更为突出。

城乡工矿居民用地增加显著，比2015年增加了62.55%，是20世纪80年代末以来年均净增加面积的2.51倍。新增城乡工矿居民用地主要来源于耕地，占其新增面积的50.60%，其次是林地，占30.82%，草地占18.46%。新增城乡工矿居民用地几乎遍布整个贵州省，在贵阳、遵义、兴义、毕节、黔东南州等市区周边更为集中。

水域有所增加，比2015年净增加了8.92%。新增水域主要来源于耕地、草地和林地。增加的水域较集中区域有中部乌江水系的贵阳地区、西北角赤水河水系的赤水地区、西部牛栏江横江水系的毕节地区、西南角南盘江水系的兴义地区等。此外，在东部沅江和柳江流域也有零星分布。

耕地有所减少，比2015年净减少了1.53%，是20世纪80年代末以来年均净减少面积的1.97倍。耕地减少主要转变为城乡工矿居民用地，占耕地减少面积的95.84%。耕地减少在贵阳、遵义、兴义、毕节和黔东南州等市区周边地区较为密集。

草地和林地也略有减少，分别比2015年减少了0.82%和0.40%，林地在该时段与20世纪80年代末以来净增加的趋势相反，是净增加均值的1.30倍。减少的林地和草地都主要转变为城乡工矿居民用地。林地减少主要分布在中部的贵阳市周边区域，草地减少的集中分布区有中东部的贵阳、都均和凯里地区，西部乌蒙山以东的毕节地区和西南

角南盘江以北的兴义地区。

未利用土地该时段未发现动态变化。

2.25　云南省土地利用

2020年云南省57.47%的面积为林地，其次是22.44%的草地，耕地面积占云南省的12.83%。相比2015年，林地净减少0.14%，草地净减少了0.26%，耕地净减少了1.10%，城乡工矿居民用地增加最明显。20世纪80年代末至2020年，云南省一级土地利用动态占全省总面积的3.01%，以城乡工矿居民用地增加最为突出，比监测初期面积净增加了68.03%。

2.25.1　云南省2020年土地利用状况

2020年云南省遥感监测面积383102.70平方千米，其中，耕地面积为49135.88平方千米，占12.83%，相比2015年减少526.80平方千米，减少了1.06%；林地面积最大，为220175.47平方千米，占全省面积的57.47%；其次是草地，面积85951.02平方千米，占22.44%；城乡工矿居民用地、水域和未利用土地分布较少，占全省面积的比例分别只有1.24%、0.90%和0.55%；另有耕地内非耕地17562.21平方千米。

林地主要分布在横断山、云岭、哀牢山和无量山等区域，其中在丽江市、楚雄彝族自治州、普洱市和西双版纳傣族自治州等地区的林地分布更为密集。林地中灌木林地分布面积最大，占林地面积的38.70%，其次是有林地，占38.68%，疏林地占20.26%，其他林地较少，仅占2.36%。

草地集中分布在东北部的乌蒙山地区，西部的无量山以西以及西北部高黎贡山和云岭之间的山地、丘陵和高原地区。其中高覆盖度草地最多，占草地面积的62.65%，中覆盖度草地次之，占34.35%，低覆盖度草地最少，仅占2.99%。

耕地密集分布在南盘江上游的河谷地带，其中在昆明市和文山壮族自治州周边更为密集。另外，在无量山以西、澜沧江西岸与其支流双江交汇区域的山间平地和丘陵地带也比较密集。耕地以旱地为主，占77.71%，水田占22.29%。

水域以滇池和洱海为代表的湖泊面积最大，占水域面积的37.15%。河渠面积占31.89%，居第二位。水库坑塘占22.64%，处于第三位。另外，冰川与永久积雪占5.71%，滩地占2.62%。

城乡工矿居民用地以工交建设用地面积最大，占33.66%，农村居民点占比相同，面积仅小0.21平方千米，居第二位，城镇用地占32.67%。

未利用土地主要分布在南盘江的山间峡谷以及无量山以西的干热河谷地带，以裸岩石砾地为主，占未利用土地面积的90.6%。另外，二级类型中还有少量沼泽地、裸土地和沙地分布，分别占未利用土地面积的5.65%、3.79%和0.01%。

2.25.2 云南省20世纪80年代末至2020年土地利用时空特点

从20世纪80年代末至2020年，云南省的一级土地利用动态变化总面积达到了11544.70平方千米（见表25），占云南省总面积的3.01%。

表 25 云南省 20 世纪 80 年代末至 2020 年土地利用分类面积变化

单位：平方千米

	耕地	林地	草地	水域	城乡工矿居民用地	未利用土地	耕地内非耕地
新增	671.83	3743.73	2914.23	698.99	3252.03	7.76	256.12
减少	2978.89	3643.77	3712.27	89.76	20.41	14.28	1085.32
净变化	−2307.06	99.96	−798.04	609.23	3231.62	−6.52	−829.19

城乡工矿居民用地增加显著，比监测初期面积净增加了68.03%（见图25）。在2008~2010年增速最大，年均净增加面积为373.96平方千米，是整个监测时段均值的2.61倍。新增城乡工矿居民用地60.33%来自耕地，20.67%来自林地，由草地转变的占18.14%，还有少量是由水域（0.83%）和未利用土地（0.03%）转变而来。减少的城乡工矿居民用地主要转变为水域，占39.13%，其次是转变为林地（22.05%），还有一些转变为草地和耕地，分别占17.27%和16.31%。

水域较监测初期面积净增加了17.74%，年均增加面积为20.14平方千米，其中，在2010~2015年增加最快，是整个监测时段均值的5.14倍。新增水域面积主要来自林地、耕地和草地，分别占33.89%、32.99%和29.69%，还有少部分来自未利用土地（2.12%）和城乡工矿居民用地（1.30%）。水域减少主要转变为耕地，占39.32%，其次是转变为城乡工矿居民用地和草地，分别占24.53%和17.01%，还有一些转变为林地（4.84%）。

林地略有增加，相比监测初期净增加了0.05%，年均净增加面积为47.17平方千米，其中在2008~2010年净增加最为显著，是整个监测时段的5.98倍。新增林地主要由草地和耕地转变而来，分别占80.08%和19.65%，还有少量是由城乡工矿居民用地（0.13%）、水域（0.12%）和未利用土地（0.01%）转变而来。减少的林地主要转变为草地，占61.69%。其次是转变为城乡工矿居民用地和耕地，分别占15.07%和12.54%。还有少部分转变为水域和未利用土地，分别占5.71%和0.01%。

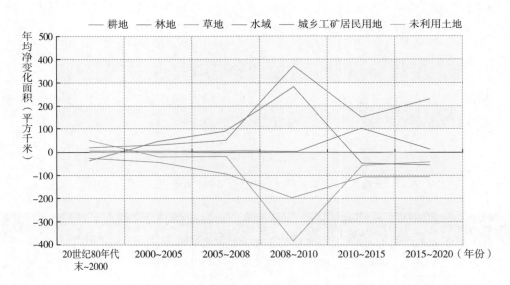

图 25　云南省不同时段土地利用分类面积年均净变化

耕地有所减少，净减少面积占监测初期的4.70%，年均减少面积为95.64平方千米，其中2008~2010年减少最快，是整个监测时段均值的2.06倍。减少的耕地有53.82%转变为城乡工矿居民用地，其次是转变为林地和草地，分别占23.10%和16.27%，还有转变为水域的占6.79%，转变为未利用土地的最少，占0.01%。新增耕地的主要来源为草地和林地，分别占67.99%和26.26%，来自水域的占5.25%，还有少量由城乡工矿居民用地转变而来，占0.50%。

草地略有减少，净减少面积占监测初期的0.93%，年均减少面积为79.45平方千米，净减少时段均出现在2000年以后。草地减少主要转变为林地，占75.55%，其次是转变为城乡工矿居民用地，占12.98%，还有一些转变为水域（4.91%）、耕地（4.75%），转变为未利用土地的很少，仅占0.18%。新增草地主要由林地和耕地转变而来，分别占81.69%和17.62%，剩余由水域和城乡工矿居民用地转变的草地很少，分别仅占0.56%和0.13%。

未利用土地略有减少，比监测初期净减少了0.31%，年均减少面积为0.02平方千米，未利用土地减少主要出现在2010~2020年，整体波动不大。减少的未利用土地主要转变为水域，占91.08%，转变为城乡工矿居民用地和林地的分别占5.12%和2.94%，另有少量转变为草地，仅占0.85%。新增未利用土地主要来源于草地，占89.96%，其后是来源于耕地和林地，分别占比5.90%和4.14%。

2.25.3　云南省2015年至2020年土地利用时空特点

相比2015年，云南省城乡工矿居民用地面积增加明显，水域有所增加，耕地有所减少，草地、林地和未利用土地略有减少；相比20世纪80年代末至2020年，该时段城乡工矿居民用地的增加、林地和耕地的减少更显著。

城乡工矿居民用地明显净增加，比2015年净增加了31.88%，是20世纪80年代末以来年均净增加面积的1.60倍。新增城乡工矿居民用地主要来源于耕地、林地和草地，分别占51.52%、28.95%和18.94%，主要分布在乌蒙山以南、无量山以东的云贵高原，其中以昆明市区周边更为密集，另外在昭通、大理、保山和景洪等市区周边也较为密集。

水域有所增加，比2015年净增加1.75%。新增水域主要来源于耕地、草地和林地，集中分布在云南东部的滇池周边、南盘江两岸地区以及昆明和曲靖市区附近，另外在云南西部的洱海周边、大理市区附近也较密集。

耕地有所减少，比2015年净减少了1.10%，是20世纪80年代末以来年均净减少面积的1.10倍。耕地减少主要转变为城乡工矿居民用地，占耕地减少面积的92.26%。耕地减少主要在乌蒙山以南、无量山以东的云贵高原，其中昆明市区周边更为集中。

草地略有减少，比2015年净减少了0.26%。草地减少主要转为耕地和城乡工矿居民用地，分别占草地净减少面积的58.48%和39.34%。草地减少在哀牢山区、南盘江上游沿岸以及昆明、曲靖、昭通、大理和保山等市区周边较为密集。

林地略有减少，比2015年净减少0.14%，与20世纪80年代末以来净增加的趋势相反，是净增加均值的1.13倍。减少的林地以转变为城乡工矿居民用地为主。林地减少主要集中在云南省的东部和南部，其中在昆明市区周边、澜沧江沿岸更为密集。

未利用土地略有减少，比2015年净减少0.03%。减少的未利用土地主要变为水域，占未利用土地减少面积的93.27%。实际减少的未利用土地面积很少，仅有0.58平方千米。

2.26 西藏自治区土地利用

受高原地貌和气候条件影响，西藏的草地面积和水域面积为全国最多，水域中的湖泊面积、冰川和永久积雪面积均为全国第一。20世纪80年代末至2020年，受西部大开发建设和气候变化影响，西藏土地利用也发生了一定变化，水域、城乡工矿居民用地和林地面积有所增加，草地和耕地面积有所减少，但动态面积较少，仅为同期全国土地利用动态总面积的0.83%。土地利用动态变化主要分布于西藏中部和南部的河谷地区。

2.26.1 西藏自治区2020年土地利用状况

西藏自治区遥感监测土地利用面积120.17万平方千米，土地利用类型涵盖了所有一级土地利用类型和其中的23个二级土地利用类型。自治区草地面积最多，其次为未利用土地，再次为林地和水域；耕地和城乡工矿居民用地面积较少，合计仅为自治区土地面积的0.41%。

草地面积834603.81平方千米，占自治区土地面积的69.45%和中国草地总面积的29.68%。高、中、低覆盖度草地分别占草地面积的38.67%、35.13%和26.20%。草地分布广泛，集中分布于西藏中部、西部和北部，以及藏东的部分地区。

未利用土地面积为177467.17平方千米，占比为14.77%。未利用土地以裸岩石砾地为主，占未利用土地面积的80.07%；其次为其他未利用土地和盐碱地，分别占9.52%和7.43%。裸岩石砾地和其他未利用土地主要沿藏西、藏南和藏东的高大山脉分布；其他各种未利用土地主要分布于藏北高原。

林地面积为127089.55平方千米，占全区面积的10.58%。有林地的面积最多，占林地面积的82.10%；其次是灌木林地，占16.32%；其他林地和疏林地的面积较少，仅占林地总面积的1.10%和0.48%。林地主要分布于藏东南地区。

水域面积57524.72平方千米，占自治区土地面积的4.79%和中国水域总面积的21.14%。湖泊、冰川与永久积雪分别占52.32%和38.96%；其他水域面积相对较少，其中滩地占6.23%，河渠占2.23%，水库坑塘占0.26%。西藏湖泊众多，藏北湖泊分布相对较多，其次为藏南，多属于断层湖；冰川和永久积雪依主要山脉分布；主要河流有雅鲁藏布江干流及其支流。

耕地面积4536.51平方千米，占全区面积的0.38%。95.73%的耕地为旱地，主要分布于西藏的"一江两河"地区，东部和东南部也有少量分布。

城乡工矿居民用地430.90平方千米，仅占全区面积的0.04%。城镇用地面积最多，占城乡工矿居民用地的59.28%；其次是工交建设用地，占29.42%；农村居民点用地的面积比例最小，占11.30%。藏南的主要城市及其周边城乡工矿居民用地分布比较集中。

2.26.2 西藏自治区20世纪80年代末至2020年土地利用时空特点

20世纪80年代末至2020年，西藏自治区土地利用一级类型动态总面积3132.07平方千米，约为辖区土地面积的0.26%。监测期间，自治区水域面积增加最多，其次是城乡工矿居民用地和林地；草地减少面积最多，其后为未利用土地和耕地（见表26）。2010年后草地和水域的变化速度持续加快，其他时期各种土地利用类型的变化速度均较小（见图26）。

表 26　西藏自治区 20 世纪 80 年代末至 2020 年土地利用分类面积变化

单位：平方千米

	耕地	林地	草地	水域	城乡工矿居民用地	未利用土地
新增	25.87	150.73	22.51	2440.93	269.96	222.07
减少	129.00	22.54	2070.16	279.07	0.17	631.13
净变化	−103.13	128.19	−2047.65	2161.86	269.79	−409.06

　　水域面积相比20世纪80年代末净增加了3.90%。2005年以前水域面积减少较多，2005~2008年保持稳定，2008年后水域面积逐渐恢复，2010~2020年水域面积快速增加，除冰川与永久积雪和滩地外，各种水域类型的面积较监测初期均有所增加，湖泊面积增加相对明显，河渠和水库坑塘增加面积较少。新增水域面积74.15%来自草地，其中高、中、低覆盖度草地分别占17.91%、31.98%和24.26%；其次有24.25%来自未利用土地，且主要为盐碱地。减少水域面积主要转变为未利用土地，其中37.92%为盐碱地；其次转变为林地，其中24.60%为其他林地。

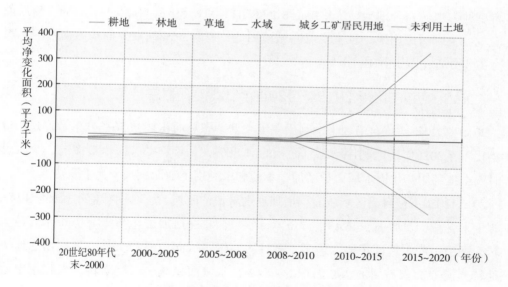

图 26　西藏自治区不同时段土地利用分类面积年均净变化

　　2010年后，城乡工矿居民用地扩展速度突增且持续加快，2020年城乡工矿居民用地面积相比20世纪80年代末净增加了167.45%，增加幅度较大，且城镇用地增加面积最多。新增城乡工矿居民用地主要来自草地，占新增面积的49.66%；其次是耕地，占新增面积的40.26%。新增城乡工矿居民用地主要分布在拉萨市和日喀则市周边。

林地变化幅度较小，相比20世纪80年代末面积净增加了0.10%。林地面积在20世纪80年代末至2000年和2008~2010年两个阶段增加较快，在其他时段相对稳定。林地增加面积远大于减少面积，并且基本为其他林地面积增加。新增林地面积主要来自水域和草地，分别为新增林地面积的49.10%和44.33%。新增林地在藏南雅鲁藏布江河谷分布较多。

草地相比20世纪80年代末减少了0.24%，幅度不大，但变化面积较多。监测期间，草地面积持续减少，且2010年以后年均减少面积突增。新增草地面积的66.63%来自水域，18.46%来自未利用土地。草地减少以转变为水域为主，占草地减少面积的87.43%；其次是转变为城乡工矿居民用地，占草地减少面积的6.48%。草地动态集中分布在藏南谷地。

未利用土地相比20世纪80年代末仅减少了0.23%。未利用土地与水域相互转变面积较多，且主要表现为盐碱地与湖泊的相互转化。湖泊转为盐碱地面积占新增未利用土地面积的47.65%，盐碱地转为湖泊面积占未利用土地减少面积的69.31%。2010~2015年和2015~2020年两个阶段未利用土地变化面积持续增多，相关动态主要分布于藏北和藏南雅鲁藏布江河谷。

耕地面积缓慢下降，相比20世纪80年代末减少了2.22%。新增耕地面积很少，主要来自草地和水域，分别为新增耕地面积的87.41%和12.59%。有84.24%的减少耕地面积流向城乡工矿居民用地，且主要流向城镇用地；有14.56%的减少面积流向水域。耕地动态主要分布在藏南谷地。

2.26.3 西藏自治区2015年至2020年土地利用时空特点

2015~2020年西藏自治区土地利用一级类型动态总面积1935.56平方千米，是20世纪80年代末至2020年土地利用动态总面积的61.80%，是年均动态面积最多的一个时段。该时段土地利用变化以水域面积增加、草地和未利用土地面积减少为主要特点。

2015~2020年是自治区水域面积增加速度最快的时期，该时期新增水域面积1743.35平方千米，减少水域面积46.48平方千米，水域面积净增加了1696.88平方千米。各类草地转为湖泊引起水域面积增加最多，合计占新增水域面积的72.72%，未利用土地中盐碱地转为湖泊面积占新增水域面积的7.84%；水域面积减少以湖泊转为未利用土地为主。大范围湖泊面积增加可能与气候变暖有关。

该时期城乡工矿居民用地扩展速度历史最快，引起的耕地面积减少速度也是历史最快。新增城乡工矿居民用地132.33平方千米，其中36.88%来自耕地，52.51%来自草地。新增城乡工矿居民用地类型以工交建设用地为主，其次为城镇用地。西藏自治区耕地稀少，工程建设加快的同时应注意对优质耕地及生态环境的保护。

2.27 陕西省土地利用

陕西省土地利用率较高，草地、耕地和林地是主要土地利用类型。20世纪80年代末至2020年，陕西省林地、城乡工矿居民用地和草地面积增加明显，耕地和未利用土地减少较多，水域面积相对稳定。陕西北部林地、草地增加面积较多，与"三北"防护林建设、退耕还林还草工程实施以及沙地治理等有很大关系。2000年后城乡工矿居民用地扩展速度明显加快，关中盆地新增乡工矿居民用地比较集中，耕地是新增城乡工矿居民用地最主要的土地来源。

2.27.1 陕西省2020年土地利用状况

2020年，陕西省遥感监测土地利用面积205732.91平方千米。草地所占比重最大，其次为耕地，再次为林地，合计占土地总面积的88.64%。城乡工矿居民用地、未利用土地和水域面积相对较少。监测土地面积包括耕地内非耕地11379.22平方千米。

草地分布最多，面积为76882.42平方千米，占省域面积的37.37%。草地覆盖度良好，以中覆盖度草地和高覆盖度草地为主。中覆盖度草地全省均有分布，高覆盖度草地主要分布于陕南、陕北南部的山地和丘陵区，低覆盖度草地主要分布于陕北北部。

耕地面积57757.37平方千米，土地垦殖率为28.07%，高于全国的14.75%。旱地和水田分别占89.44%和10.56%。关中平原区旱地分布比较集中，其次为陕北黄土高原区。汉中盆地水田分布最为集中，陕南山地和丘陵坪坝区的水田分布比较分散。

林地面积47726.11平方千米，林地覆盖率为23.20%，略低于全国平均水平。其中，有林地面积最多，其次为灌木林地和疏林地，其他林地面积最少，比例分别为39.07%、30.98%、26.44%和3.51%。林地主要分布于陕南秦巴山地，以及陕北南部的子午岭和黄龙山。

未利用土地4244.89平方千米，占省域面积的2.06%。沙地占未利用土地的比例高达93.85%，重点分布于陕北北部的毛乌素沙漠。

城乡工矿居民用地5850.19平方千米，占省域面积的2.84%。农村居民点面积最多，占46.29%；其次为城镇用地，再次为工交建设用地，比例分别为27.16%和26.56%。关中平原和汉中盆地的城镇用地规模相对较大，农村居民点密布。工交建设用地分布相对分散，主要分布于关中平原和陕北北部。

水域面积1892.72平方千米，仅占省域面积的0.92%，主要为河流沟渠和滩地，汾渭谷地分布面积相对较多。

2.27.2 陕西省20世纪80年代末至2020年土地利用时空特点

20世纪80年代末至2020年，陕西省土地利用一级类型动态总面积9804.02平方千

米，是省域面积的4.77%。城乡工矿居民用地、林地和草地面积表现为净增加，耕地、未利用土地面积表现为净减少（见表27）。受退耕还林影响，2000~2005年林地增加速度最快，耕地减少速度也最快。监测期间城乡工矿居民用地面积持续增加，2015~2020年扩展速度历史最快（见图27）。

表27　陕西省20世纪80年代末至2020年土地利用分类面积变化

单位：平方千米

	耕地	林地	草地	水域	城乡工矿居民用地	未利用土地	耕地内非耕地
新增	1301.20	1894.35	2697.85	438.78	3044.74	208.19	218.91
减少	3698.87	431.91	2533.82	344.51	34.15	2023.64	737.14
净变化	−2397.67	1462.44	164.03	94.27	3010.60	−1815.44	−518.23

城乡工矿居民用地面积净增加了106.02%。城乡工矿居民用地动态基本呈增加变化，其中工交建设用地新增面积最多，其次为农村居民点，再次为城镇用地。2000年后城乡工矿居民用地扩展速度加快明显，2015~2020年达到最快，年均净增加210.45平方千米。耕地是新增城乡工矿居民用地最主要的土地来源，比例达52.72%。草地和未利用土地分别占新增城乡工矿居民用地土地来源的21.50%和7.89%。

林地面积净增加了3.16%。由于"三北"防护林建设和退耕还林还草工程的实施，20世纪80年代末至2008年林地面积持续净增加，其间2000~2005年林地面积增加最快；2008年后林地面积表现为净减少，但减少面积非常有限。林地与耕地、草地的相互转化频繁，耕地是新增林地的第一土地来源，其次为草地，新增林地类型主要为其他林地，其次为灌木林地；林地减少以林地变草地为主，其次为林地变城乡工矿居民用地，再次为林地变耕地，有林地和灌木林地面积减少相对较多。新增林地主要分布于陕北北部，减少林地的空间分布比较分散。

草地面积净增加了0.21%。与林地变化情况类似，2008年以前草地面积持续净增加，2008年后表现为净减少。草地新增面积和减少面积均非常多，新增草地主要来自未利用土地和耕地，因沙地治理使得低覆盖度草地新增面积较多，占新增草地面积的54.61%；摞荒及退耕还草使得耕地转为草地面积相当多，占新增草地面积的31.92%。减少的草地主要转变为林地和耕地，以中覆盖度草地减少为主。新增草地集中于陕北长城沿线，减少的草地主要分布在陕北黄土高原区。

耕地净减少面积最多，净减少了3.99%。2000年以前耕地面积表现为净增加，2000年后各监测时段均表现为净减少，其间2000~2005年减少速度最快，年均净减少328.27平方千米，后期减少速度趋缓。退耕还林还草工程实施以及城市化是耕地减少的主

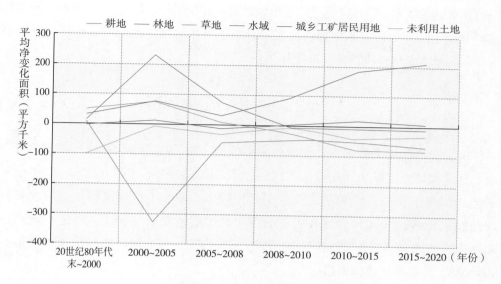

图 27　陕西省不同时段土地利用分类面积年均净变化

因，也是旱地面积减少的主因。2000~2008年减少耕地主要变为林地和草地，占同期耕地减少面积的79.38%；2008~2020年减少耕地主要变为城乡工矿居民用地，占同期耕地减少面积的87.26%。新增耕地基本为旱地，草地、未利用土地和水域是新增耕地的主要土地来源，分别占新增耕地面积的61.62%、15.78%和15.23%。耕地减少在关中平原和陕北均比较普遍，新增耕地主要分布于陕北南部，陕北北部偏西也有少量分布。

　　未利用土地面积净减少了29.96%。未利用土地变化主要表现为沙地面积减少，多分布于陕北北部的毛乌素沙漠边缘，20世纪80年代末至2020年沙地变为低覆盖度草地1383.82平方千米，占未利用土地减少面积的68.38%。

2.27.3　陕西省2015年至2020年土地利用时空特点

　　2015~2020年陕西省土地利用一级类型动态总面积1341.48平方千米，是20世纪80年代末至2020年土地利用动态总面积的13.68%。该时段土地利用变化以城乡工矿居民用地增加，草地、耕地和未利用土地面积减少为主要特点。

　　2015~2020年是陕西省城乡工矿居民用地增加速度最快的时期，扩展速度是2010~2015年的1.15倍。新增城乡工矿居民用地的土地来源中，45.23%来自耕地，28.25%来自草地，9.32%来自未利用土地。增加的城乡工矿居民用地类型中58.00%为工交建设用地，38.49%为城镇用地。关中平原地区特别是西安市周边新增城乡工矿居民用地最为集中，位于陕北北端和鄂尔多斯高原南部的神木市和府谷县新增城乡工矿居民用地也较多。

　　草地类型中的中覆盖度和低覆盖度草地，未利用土地类型中的沙地流向耕地的

面积也相对较多，仅次于这些土地利用类型流向城乡工矿居民用地的面积。新增的耕地主要分布于陕北地区，减少的耕地主要分布于关中地区，新增与减少耕地质量不匹配，并对区域水土保持工作带来一定压力。

2.28 甘肃省土地利用

甘肃省土地利用类型丰富，土地利用率偏低。未利用土地和草地所占比例较大，耕地、林地和城乡工矿居民用地所占比例较小，水域面积不足百分之一。20世纪80年代末至2020年未利用土地和草地净减少面积较多，城乡工矿居民用地、耕地和林地净增加面积较多。2000年后城乡工矿居民用地扩展速度明显加快，耕地、未利用土地和草地是新增城乡工矿居民用地的主要土地来源。受生态退耕和植树造林影响，2000~2008年林地和草地新增面积较多。

2.28.1 甘肃省2020年土地利用状况

2020年，甘肃省遥感监测土地利用面积404627.15平方千米。土地利用类型丰富，涵盖了除海涂之外的所有二级土地利用类型。未利用土地和草地面积合计占72.04%，耕地、林地、城乡工矿居民用地和水域面积偏少。

未利用土地面积152431.42平方千米，比例为37.67%。位于甘肃省西部的河西走廊与北山山地，其未利用土地分布较广，戈壁、裸岩石砾地和沙地等合计占未利用土地面积的85.03%。盐碱地在河西走廊内陆河下游面积较多，占未利用土地面积的4.63%。

草地面积139045.06平方千米，比例为34.36%。高覆盖度草地面积占草地总面积的19.18%，主要分布于甘南高原和陇南山地以及河西走廊的祁连山地；中覆盖度草地占42.89%，主要分布于陇中和陇东黄土高原；低覆盖度草地占37.93%，主要分布于河西走廊与陇中黄土高原。

耕地面积56986.06平方千米，比例为14.08%。基本为旱地，陇中和陇东黄土高原区、陇南山地的河谷区，以及河西走廊的绿洲地带是主要的旱地耕作区。

林地面积38695.26平方千米，比例为9.56%。灌木林地面积最多，其次为有林地，再次为疏林地，分别占林地总面积的42.49%、36.43%、18.85%。林地主要分布于祁连山地、甘南高原、陇南山地，以及陇东东部的子午岭。

城乡工矿居民用地面积5516.77平方千米，比例为1.36%。城乡工矿居民用地中，农村居民点比重较大，占总面积的55.83%，城镇用地和工交建设用地分别占20.48%和23.69%。

水域面积3237.94平方千米，比例为0.80%。主要为河渠与滩地，合计占水域面积的61.34%，其次为冰川与永久积雪，面积占25.77%，湖泊与水库坑塘偏少。

2.28.2 甘肃省20世纪80年代末至2020年土地利用时空特点

20世纪80年代末至2020年，甘肃省土地利用一级类型动态总面积9514.22平方千米，是省域面积的2.35%。城乡工矿居民用地、耕地和林地面积变化表现为净增加，未利用土地、草地和水域面积变化表现为净减少（见表28）。监测期间，未利用土地的面积一直保持快速减少；城乡工矿居民用地面积持续增加，扩展速度2005年后不断加快，在2010~2015年达到最快；林地和草地面积经历了2000~2010年的恢复期后，面积又开始下降，草地面积减少较快，林地面积减少相对缓慢（见图28）。

表 28　甘肃省 20 世纪 80 年代末至 2020 年土地利用分类面积变化

单位：平方千米

	耕地	林地	草地	水域	城乡工矿居民用地	未利用土地	耕地内非耕地
新增	3232.86	750.05	2329.22	195.98	2224.26	265.03	516.30
减少	2449.09	583.53	2753.24	211.05	56.57	3061.98	398.23
净变化	783.76	166.52	−424.03	−15.07	2167.69	−2796.95	118.07

城乡工矿居民用地净增加面积最多，净增加了64.72%。城乡工矿居民用地类型中，工交建设用地新增面积最多，其次为城镇用地，再次为农村居民点，相比20世纪80年代末，城镇用地面积增加了158.37%，农村居民点面积增加了15.10%，工交建设用地面积增加了454.29%。新增的城乡工矿居民用地中有45.83%来自耕地，22.97%来自未利用土地，19.86%来自草地，而且各个时期耕地所占的比例均为最高。

耕地面积净增加了1.39%。20世纪80年代末至2000年甘肃省耕地净增加面积较多，耕地总量在2000年达到最高。2000~2008年由于退耕还林还草工程等的实施，耕地表现为净减少变化，2008年后耕地面积又有所增加。草地是新增耕地最主要的土地来源，其次为未利用土地，占新增耕地面积的比例分别为46.85%和46.08%。耕地减少以耕地变草地、城乡工矿居民用地和林地为主，占耕地减少面积的比例分别为42.32%、41.62%和10.93%。

林地净增加面积最少，净增加了0.43%。2000年以前林地面积变化表现为净减少，2000~2008年退耕还林和植树造林实施后，林地面积净增加，但2008年后又开始减少，并且减少的速度加快。林地动态主要表现为林地与草地、林地与耕地的相互转化，草地、耕地变林地面积分别为新增林地面积的55.74%和35.68%，新增林地类型以其他林地和灌木林地为主；林地变草地、耕地面积分别为减少林地面积的66.25%和18.33%，

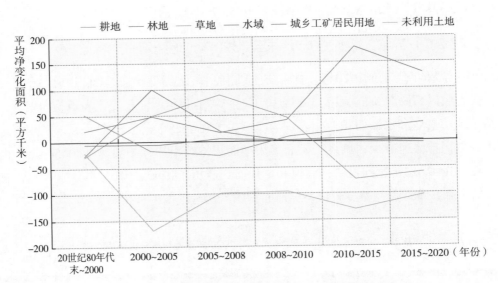

图28 甘肃省不同时段土地利用分类面积年均净变化

减少林地类型以灌木林地和疏林地为主。陇东北部新增林地面积较多，甘南高原北部和陇东南部林地减少面积较多。

未利用土地净减少面积最多，减少了1.80%。未利用土地面积减少主要发生在2000后，年均减少125.71平方千米，沙地、戈壁和盐碱地变为耕地和草地的面积较多，集中分布于河西走廊地区。

草地面积净减少了0.30%。草地新增和减少面积均非常多，2000年以前草地面积变化表现为净减少，2000~2010年净增加面积较多，2010年后再次净减少。新增草地主要来自耕地、未利用土地和林地，分别占新增草地面积的44.51%、29.83%和16.60%。草地减少主要流向耕地、城乡建设用地和林地，分别占草地减少面积的55.02%、16.04%和15.11%。

水域面积净减少了0.46%。河西走廊中部滩地、冰川和永久积雪减少面积相对较多，全省湖泊和水库坑塘面积有所增加。

2.28.3 甘肃省2015年至2020年土地利用时空特点

2015~2020年甘肃省土地利用一级类型动态总面积1250.94平方千米，是20世纪80年代末至2020年土地利用动态总面积的13.15%。该时段土地利用变化以城乡工矿居民用地和耕地面积增加、未利用土地和草地面积减少为主要特点。

2015~2020年是甘肃省城乡工矿居民用地增加速度较快的时期之一，年均扩展129.16平方千米，仅次于2010~2015年的年均177.38平方千米。新增城乡工矿居民用地面积的36.53%来自耕地，27.91%来自草地，25.38%来自未利用土地。增加的城乡工矿居民用地类型以工交建设用地为主，其次为城镇用地。城乡工矿居民用地在兰州周边和河西走廊绿洲地带的扩展较为明显；在甘南、陇南和陇东地区扩展规模较小，空间分布较为分散。

耕地面积年均净增加33.14平方千米，增加速度快于2010~2015年的年均22.61平方千米。新增耕地面积的58.99%来自未利用土地，且主要来自戈壁；29.13%来自草地，且主要来自低覆盖度草地。减少耕地面积的98.61%流向城乡工矿居民用地。河西走廊绿洲边缘新增耕地面积较多，甘南高原也有少许分布；减少耕地主要分布于陇中和陇东的黄土高原区，以及陇南山地区。新增耕地主要位于西部干旱与风沙分布区，对区域水资源和生态环境保护形成新的压力。

2.29 青海省土地利用

受地形和气候条件影响，草地和未利用土地是青海省主要的土地利用类型，林地和水域偏少，耕地和城乡工矿居民用地均不足百分之一。青海省天然草地辽阔，是我国五大牧区之一，三江源和环青海湖地区是重要草场。20世纪80年代末至2020年青海省土地利用动态以草地和未利用土地面积减少、水域和城乡工矿居民用地面积增加为典型特征。草地和水域变化面积较大。城乡工矿居民用地面积比20世纪80年代末增加了212.44%，未利用土地和草地是主要土地来源。

2.29.1 青海省2020年土地利用状况

青海省遥感监测土地面积为71.67万平方千米，其土地利用类型丰富，涵盖了所有一级土地利用类型和其中24个二级土地利用类型。草地面积最多，为378737.10平方千米，占52.85%；其次是未利用土地，面积为266991.05平方千米，占37.25%；其他各种土地利用类型面积较少，水域和林地面积分别为31339.32平方千米和28186.95平方千米，分别占4.37%和3.93%；耕地和城乡工矿居民用地面积分别为6792.81平方千米和2863.84平方千米，分别占0.95%和0.40%；另有耕地内非耕地1768.31平方千米。

草地类型中，低覆盖度草地面积最多，占草地面积的55.65%；中覆盖度草地占35.72%；高覆盖度草地占8.63%。青海省西北部地区以外，草地基本覆盖全省。

未利用土地以裸岩石砾地为主，占未利用土地面积的33.53%；其次是戈壁，占22.66%；再次为沙地，占16.74%；其他未利用土地类型面积较少。裸岩石砾地、戈壁等主要分布于海拔较高地区，沙地、盐碱地主要分布在西北部的柴达木盆地。

水域类型较为丰富，其中湖泊的面积最大，占水域面积的46.50%；其次是滩地，

占31.23%；再次为冰川与永久积雪，占15.39%；河渠和水库坑塘分布较少，分别占3.27%和3.61%。水域分布广泛，湖泊、河流集中分布在青海省的东北部和西南部，冰川与永久积雪集中分布在祁连山山脉、昆仑山山脉和西南部的唐古拉山山脉。

林地中灌木林地面积最多，占林地总面积的72.57%；其次是疏林地和有林地，分别占16.97%和10.45%；其他林地面积较少。青海省东北部和东南部林地分布较多，在柴达木盆地边缘也有一定分布。

耕地几乎全为旱地，主要分布在青海省东北部，黄河谷地和湟水谷地比较集中，东南部也有少量分布。

城乡工矿居民用地中，工交建设用地面积最多，占67.70%；其次是农村居民点用地，占21.54%；城镇用地仅占10.77%。城乡工矿居民用地主要分布在青海省东北部海拔相对较低的地区。

2.29.2 青海省20世纪80年代末至2020年土地利用时空特点

20世纪80年代末至2020年，青海省土地利用一级类型动态面积7596.36平方千米，是省域面积的1.06%，土地利用动态度较低。监测期间，城乡工矿居民用地和水域净增加面积较多，耕地净增加面积较少；草地面积净减少最显著，其次为未利用土地，再次为林地（见表29）。监测期间，城乡工矿居民用地扩展速度呈线性上升趋势；水域面积在监测初期净减少，此后一直净增加；未利用土地面积在2005年前净增加，其后一直净减少，且减少速度持续加快；草地面积始终净减少，并且在2000~2005年减少速度最快；耕地和林地在各时段的变化面积均较少（见图29）。

表29　青海省20世纪80年代末至2020年土地利用分类面积变化

单位：平方千米

	耕地	林地	草地	水域	城乡工矿居民用地	未利用土地	耕地内非耕地
新增	550.68	92.22	670.01	2580.11	1971.70	1569.41	162.23
减少	309.51	142.14	3040.64	700.23	24.47	3297.61	81.76
净变化	241.17	−49.92	−2370.62	1879.87	1947.22	−1728.20	80.47

城乡工矿居民用地相比20世纪80年代末净增加了145.42%，其扩展速度持续加快，2010~2015年扩展速度历史最快，达到年均143.01平方千米。工交建设用地净增加面积最多，占城乡工矿居民用地净增加面积的86.93%。新增城乡工矿居民用地面积的48.69%来自未利用土地，且主要来自盐碱地和沼泽地，其次有30.34%来自草地，再次有11.28%来自耕地。

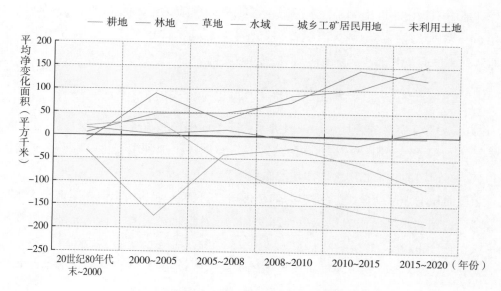

图 29　青海省不同时段土地利用分类面积年均净变化

　　水域面积相比20世纪80年代末净增加了6.38%。青海省水域面积在2000年前有所减少，但在2000年后持续增加。有71.57%的新增水域面积来自未利用土地，主要为盐碱地、沼泽地和沙地；另外，有24.78%的新增水域面积来自草地。水域减少主要转变为未利用土地，占水域减少面积的58.48%；另外，分别有21.68%、17.77%的减少水域面积转变为草地和城乡工矿居民用地。

　　耕地面积相比20世纪80年代末净增加了3.68%。2008年以前耕地面积持续增加，后期由略有减少转为增加趋势。有81.78%的新增耕地面积来自草地，12.07%来自未利用土地。减少的耕地主要流向城乡工矿居民用地，占耕地减少面积的71.70%，另外分别有12.70%和11.02%变为水域和草地。

　　未利用土地总面积保持稳定，但新增和减少面积均较多。未利用土地面积在2005年前有所增加，在2005年后减少速度加快。新增未利用土地面积的81.78%来自草地，有26.04%来自水域。减少未利用土地主要转变为水域，是减少面积的53.21%，其次转变为城镇工矿居民用地和草地，分别占29.80%和16.02%。

　　草地面积减少量最大，但相比20世纪80年代末仅减少了0.62%，幅度并不明显，主要为低覆盖度草地面积减少。草地面积变化始终为净减少，2000~2005年减少最快，年均减少174.07平方千米，其次为2015~2020年，年均减少113.33平方千米。新增草地主要来自未利用土地，占新增草地面积的59.72%；其次来自水域和林地，分别占22.66%和10.49%。草地减少主要变为未利用土地，占草地减少面积的37.36%；其次变为水域和耕地，分别占草地减少面积的21.03%和19.67%。

林地面积相比20世纪80年代末净减少了0.18%。林地动态面积较少，新增林地面积有90.64%来自草地；林地减少面积有49.45%变为草地，17.06%变为水域，16.74%变为耕地。青海省的东北部和南部有零星林地动态变化。

2.29.3 青海省2015年至2020年土地利用时空特点

2015~2020年青海省土地利用一级类型动态总面积1656.76平方千米，是20世纪80年代末至2020年土地利用动态总面积的21.81%。该时段土地利用变化以城乡工矿居民用地和水域面积增加、未利用土地和草地面积减少为主要特点。

水域面积增加速度最快，年均增加153.49平方千米。未利用土地和草地转为水域面积最多，占新增水域面积的72.57%和25.99%。三江源地区、青海省东北部和青海湖周围水域动态分布较多。

2015~2020年青海省城乡工矿居民用地扩展速度较2010~2015年有所回落，年均净增加122.86平方千米，低于2010~2015年的年均143.01平方千米。工交建设用地扩展速度最快，年均净增加105.99平方千米，是城镇用地扩展速度的7.48倍。新增城乡工矿居民用地主要分布于青海省的东北部，柴达木盆地的湖泊周边、湟水谷地等区域分布也较多。

2015~2020年青海省耕地净增加速度仅次于20世纪80年代末至2000年，年均净增加88.62平方千米。新增耕地主要来自草地和未利用土地，分别占新增耕地面积的66.32%和33.11%。93.52%的耕地减少面积流向城乡工矿居民用地，且主要流向城镇用地和工交建设用地，青海省耕地稀少，工程建设加快的同时应注意对优质耕地及生态环境的保护。

2.30 宁夏回族自治区土地利用

宁夏回族自治区土地利用类型以草地和耕地为主。20世纪80年代末至2020年，自治区城乡工矿居民用地、耕地、林地、水域面积净增加，草地和未利用土地面积净减少。城乡工矿居民用地净增加面积最多，2010年以前城乡工矿居民用地扩展速度相对缓慢，2010年后扩展速度剧烈加快，耕地、草地和未利用土地是主要的土地来源，新增城乡工矿居民用地在自治区北部铁路与黄河沿线比较集中。耕地总量在2000年达到最高，之后于2000~2005年减少面积较多，但总体增加。宁夏是全国唯一全境列入"三北防护林"工程的省份，其林地总面积持续增加，南部黄土高原区与东部鄂尔多斯台地区林地面积增加较多。

2.30.1　宁夏回族自治区2020年土地利用状况

2020年，宁夏回族自治区遥感监测土地利用面积51782.76平方千米。土地总面积虽小，但土地利用类型丰富，涵盖所有6个一级土地利用类型和其中的22个二级土地利用类型。草地和耕地是主要土地利用类型，面积合计占辖区总面积的73.51%，未利用土地、林地、城乡工矿居民用地和水域面积相对较小。

草地面积23233.74平方千米，占自治区土地面积的44.87%。低覆盖度草地和中覆盖度草地面积较多，分别占草地总面积的44.01%和49.97%，高覆盖度草地偏少，比例为6.01%。低覆盖度草地主要分布于黄土高原丘陵区，中覆盖度草地主要分布于东部的鄂尔多斯台地区，高覆盖度草地主要分布于北部的贺兰山和南部的六盘山。

耕地面积14829.89平方千米，比例为28.64%。水田和旱地分别占耕地总面积的21.63%和78.37%。水田主要分布于宁夏平原的引黄灌区，旱地主要分布于南部的黄土高原区。

未利用土地面积4400.87平方千米，比例为8.50%。主要为沙地和戈壁，分别占未利用土地面积的53.02%和22.18%。沙地主要分布于西部的腾格里沙漠，以及东部的鄂尔多斯台地，戈壁分布于贺兰山东麓。

林地面积2825.81平方千米，比例为5.46%。灌木林地面积最多，其次为疏林地，再次为其他林地，有林地面积最少。林地主要分布于北部的贺兰山和南部的六盘山。

城乡工矿居民用地面积2507.47平方千米，比例为4.84%。工交建设用地面积最多，占城乡工矿居民用地总面积的45.14%；城镇用地和农村居民点相对较少，比例分别为19.98%和34.87%。宁夏平原区的城乡工矿居民用地分布比较密集。

水域面积1032.85平方千米，比例为1.99%。主要包括滩地、水库坑塘和河流沟渠等水域类型。黄河干流自西向东北斜贯宁夏平原，两侧滩地和水库坑塘分布较多。

2.30.2　宁夏回族自治区20世纪80年代末至2020年土地利用时空特点

20世纪80年代末至2020年，宁夏回族自治区土地利用一级类型动态总面积8708.68平方千米，为自治区土地面积的16.82%，土地利用动态度较大，其间城乡工矿居民用地、耕地、林地和水域面积净增加，草地和未利用土地面积净减少（见表30）。由于退耕还林还草，2000~2005年林地和草地面积增加速度最快，耕地减少速度也最快。城乡工矿居民用地面积持续增加，2010~2015年扩展速度达到最快（见图30）。

城乡工矿居民用地面积净增加了222.23%。2010年以前，城乡工矿居民用地扩展速度相对缓慢，年均扩展21.03平方千米，2010年后扩展速度剧烈加快，2010~2015年年均

表 30　宁夏回族自治区 20 世纪 80 年代末至 2020 年土地利用分类面积变化

单位：平方千米

	耕地	林地	草地	水域	城乡工矿居民用地	未利用土地	耕地内非耕地
新增	2915.98	662.59	2156.23	832.77	1780.31	890.28	648.13
减少	1856.62	255.63	4938.79	726.25	51.01	1649.92	408.07
净变化	1059.36	406.96	−2782.56	106.52	1729.30	−759.63	240.06

扩展136.54平方千米，扩展速度为历史最高。新增城乡工矿居民用地中工交建设用地面积居多，其次为城镇用地，再次为农村居民点，占新增城乡工矿居民用地面积的比例分别为63.25%、25.97%和10.78%。新增城乡工矿居民用地主要来自草地、耕地和未利用土地，比例分别为35.41%、29.78%和20.65%。

耕地面积净增加了7.69%。耕地面积增加主要发生在2000年以前，之后因退耕还林还草政策的实施，2000~2005年耕地净减少面积最多，2005年后耕地总量基本保持稳定。监测期间，减少的耕地主要流向草地，占耕地减少面积的42.22%，其次为城乡工矿居民用地，比例为27.87%，再次为未利用土地，比例为14.64%。新增耕地主要来自草地，2000年以后新增耕地土地来源中未利用土地和水域所占比例上升。

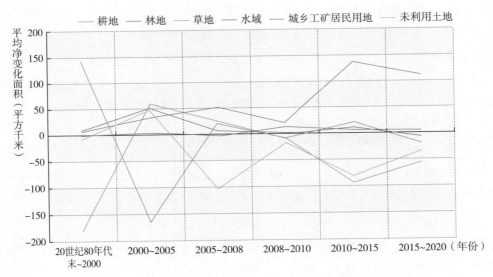

图 30　宁夏回族自治区不同时段土地利用分类面积年均净变化

林地面积净增加了16.82%，2015年以前林地面积始终表现为净增加。监测期间年均新增林地面积19.17平方千米，其间2000~2005年林地增加速度最快，年均新增56.56

平方千米。林地减少面积相对较少,20世纪80年代末至2020年年均减少林地面积6.83平方千米。新增林地面积有一半以上来自草地,其次来自耕地和未利用土地,其他林地新增面积最多,其次为灌木林地和疏林地。灌木林地减少面积较多,主要转变为未利用土地、耕地和草地。宁夏回族自治区南部的黄土高原区和东部的鄂尔多斯台地区新增林地面积较多;减少林地主要分布于宁夏平原区。

水域面积净增加了11.50%。除2005~2008年水域面积净减少外,其他监测时段水域面积变化均为净增加。水域与耕地、草地和未利用土地的相互转化面积较多。新增水域以水库坑塘、湖泊以及河流沟渠为主,减少水域主要为滩地。沿黄河水域变化比较集中,银川西北部新增水域面积较多。

草地面积净减少了10.70%。2000年以前草地减少面积较多,2000~2008年草地面积净增加,之后草地面积再次净减少。早期,减少草地主要转变为耕地,土地沙化与盐碱化使得部分草地变为未利用土地,随着城市化的加快,城乡工矿居民用地扩展占用草地面积增加。新增草地主要来自耕地和未利用土地。减少的草地空间分布比较广泛,北部沿黄河两岸比较集中;新增草地主要集中于南部黄土高原区与东部鄂尔多斯台地区。

未利用土地净减少了14.72%。2005~2008年和2010~2015年两个时期未利用土地减少速度较快,近年有所减缓。未利用土地与草地、耕地类型的相互转化面积较多。减少未利用土地类型以沙地、戈壁和盐碱地为主,新增未利用土地类型以沙地和裸土地为主。贺兰山东麓和鄂尔多斯台地区的未利用土地减少面积较多,宁夏平原向黄土高原过渡区新增未利用土地面积较多。

2.30.3 宁夏回族自治区2015年至2020年土地利用时空特点

2015~2020年宁夏回族自治区土地利用一级类型动态总面积673.03平方千米,是20世纪80年代末至2020年土地利用动态总面积的7.73%。该时段土地利用变化以城乡工矿居民用地和水域面积增加、草地和未利用土地面积减少为主要特点。

2015~2020年宁夏回族自治区城乡工矿居民用地增加速度较快,年均扩展112.55平方千米,仅次于2010~2015年的年均136.54平方千米。新增城乡工矿居民用地面积的41.96%来自草地,23.93%来自未利用土地,21.80%来自耕地。工交建设用地增加面积居多,其次为城镇用地。新增城乡工矿居民用地主要分布于自治区北部的铁路与黄河沿线。

草地年均净减少55.14平方千米,近期减少速度低于2010~2015年的年均93.91平方千米。减少草地面积的85.86%流向城乡工矿居民用地,7.67%流向耕地,5.49%流向水域。二级土地利用类型中,中、低覆盖度草地分别占减少草地面积的48.58%和45.41%。

2.31 新疆维吾尔自治区土地利用

新疆维吾尔自治区土地利用以未利用土地为主，其次为草地，两者面积占全区土地利用面积的九成以上。区内土地利用动态主要表现为城乡工矿居民用地和耕地的净增加以及草地和林地的净减少。

2.31.1 新疆维吾尔自治区2020年土地利用状况

2020年，新疆土地总面积1640011.03平方千米，其中，未利用土地面积最大，达1082872.83平方千米，占比为66.03%，较2015年下降0.22个百分点。草地面积次之，为396254.32平方千米，占比为24.16%，比2015年低0.16个百分点。其余土地利用类型面积占比均不到5%。耕地面积为72720.27平方千米，占4.43%，高出2015年0.18个百分点；水体面积为34447.17平方千米，占2.10%；城乡工矿居民用地面积最小，为9101.01平方千米，仅占0.55%。

新疆未利用土地以沙地、裸岩石砾地和戈壁为主，分别占未利用土地总面积的33.88%、32.31%和28.10%，相比2015年，沙地和裸岩石砾地的占比略有提升、戈壁略有下降。草地主要分布在各山区河流及湖泊周边地区，以低覆盖度草地为主，占比为45.11%；其次是高覆盖度草地，占比32.27%。较2015年，中低覆盖度草地面积占比有所下降，而高覆盖度草地比例上升0.19个百分点。新疆的耕地基本全部为旱地，占比为99.74%，较2015年基本保持不变，主要分布于各绿洲及山前洪积扇区域。水域一半以上是冰川与永久积雪，比例为51.43%，自2010年来已经连续下降，下降了了2.44个百分点。湖泊和滩地面积位居第二和第三，比例分别为21.00%和15.35%，前者较2015年上升0.77个百分点。其余水域二级类型占水域总面积的比例均在一成以下。林地中，有林地和疏林地面积最大，占比分别为42.74%和36.05%；其中有林地面积比例较2015年上升0.08个百分点。城乡工矿居民用地中，工交建设用地显著提升，成为面积最大的类型，占比达到36.41%，其次是农村居民用地，占比36.31%。

2.31.2 新疆维吾尔自治区20世纪80年代末至2020年土地利用时空特点

20世纪80年代末至2020年，新疆土地利用动态总面积为58171.04平方千米，占土地总面积的3.55%。六种土地利用类型中，新增面积最大的是耕地，达26877.95平方千米（见表31），相当于20世纪80年代末该类型面积的54.46%；主要分布在天山两侧、阿勒泰地区、伊犁盆地和阿克苏等地区。新增耕地来源主要是草地，占比达72.17%。耕地同时存在面积减少的现象，但减少面积仅为新增面积的13.05%，耕地最终表现为净增加，面积为23369.56平方千米，增幅达47.35%。

草地虽然大面积减少，达32349.04平方千米，但新疆境内仍有不少新增草地，面积仅次于新增耕地面积，为7858.61平方千米。减少最多的是低覆盖度草地，占58.36%。新增草地主要来源于耕地，占比为19.58%。新疆耕地和草地的相互转化非常明显，且草地变化与耕地变化的分布高度吻合。

表 31　新疆维吾尔自治区 20 世纪 80 年代末至 2020 年土地利用分类面积变化

单位：平方千米

	耕地	林地	草地	水域	城乡工矿居民用地	未利用土地	耕地内非耕地
新增	26877.95	1083.63	7858.61	6017.09	5219.59	4576.62	6537.52
减少	3508.39	1650.32	32349.04	3766.63	231.36	15769.60	895.66
净变化	23364.56	−566.69	−24490.43	2250.46	4988.23	−11192.98	5641.86

城乡工矿居民用地新增面积为5219.59平方千米。不同于大多数省份，新疆城乡工矿居民用地的主要来源是未利用土地，占比40.51%；耕地仅为其第二大来源，占比24.66%。相较其增加面积，城乡工矿居民用地的减少面积非常小，仅为新增面积的4.43%。城乡工矿居民用地增幅在六大类型中最高，达121.20%，这种变化主要出现在各大绿洲。

未利用土地的减少面积仅次于草地，位居第二，达15769.60平方千米；减少面积最大的是戈壁，占40.44%。未利用土地的新增面积为减少面积的29.02%，因此，其最终表现为净减少态势，减少面积11192.98平方千米，减幅为1.02%。

从动态变化的时间过程来看（见图31），新疆耕地始终保持净增加状态，且年均净增加量呈波动趋势，在2008~2010年年均净增加量最高，而2015~2020年净增加量出现回落。与此对应，新增耕地的主要来源类型草地则一直呈现净减少状态，且年均减少量呈波动上升态势。城乡工矿居民用地同样一直保持净增加状态，2010~2015年年均净增加面积上升明显，是前一时段的2.76倍；2015~2020年年均净增加面积有所减小，增加速度放缓。未利用土地除20世纪80年代末呈净增加外，其余时段始终保持净减少态势，且年均净减少量稳步上升。水域面积的变化则在净增加和净减少间不断反复。

2.31.3　新疆维吾尔自治区2015年至2020年土地利用时空特点

2015~2020年，新疆新增面积最大的依然是耕地，达3415.14平方千米。该时段耕地呈净增加，净增面积占20世纪80年代末至2020年整个时段的13.24%，年均净变化面积为618.62平方千米/年，相较以往监测时段增加幅度变缓。新增耕地分布与此前各时段相似，主要分布在天山两侧、阿勒泰地区等。城乡工矿居民用地在2015~2020年继续保

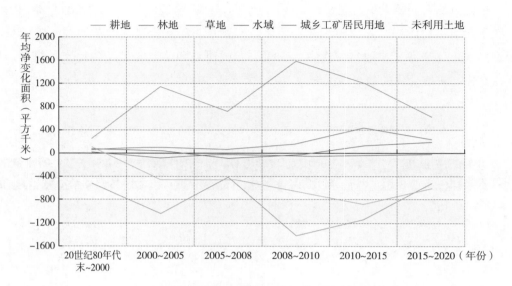

图31　新疆不同时段土地利用分类面积年均净变化

持增加，净增加1189.06平方千米，净增加量依然占整个时段的23.84%。水域的净增加面积为938.78平方千米，是整个时段的17.71%，自2010年以来连续呈现增加态势。

　　未利用土地减少面积最大，为3256.67平方千米，除去新增面积，净减少3088.03平方千米，占整个时段的27.59%，相比2010~2015年，净减少面积仅为2010~2015年净减少面积的70.51%，减少速度出现变缓趋势。减少的未利用土地主要分布在天山南侧和阿勒泰地区。草地减少面积次之，为3158.01平方千米，除去新增面积，净减少2611.76平方千米，仅占整个时段的10.66%。减少草地主要分布在天山两侧。林地也是新疆呈现净减少趋势的三个类型之一，净减少面积为566.69平方千米。总体来说，新疆各类型土地利用动态程度较前一个监测时段幅度有所变缓，土地利用变化的整体趋势依然相对稳定，主要表现为城乡工矿居民用地和耕地的净增加以及草地和林地的净减少。

2.32　台湾省土地利用

　　遥感监测表明，林地始终是台湾省居第一位的土地利用类型，耕地为居第二位的土地利用类型。20世纪80年代末至2020年的整个监测时期，城乡工矿居民用地净增加了13.40%，主要发生在台湾省西侧沿海地区，并以2000~2005年城乡工矿居民用地面积增加最显著。整个监测时段，台湾省的耕地呈显著净减少变化，但耕地作为台湾省城乡工矿居民用地新增面积主要土地来源的比例逐渐下降，而占用林地的比例不断升高。水域和未利用土地在整个监测时段略有增加，林地和草地呈净减少变化。

2.32.1　台湾省2020年土地利用状况

2020年，台湾省遥感监测土地面积36440.81平方千米，其中林地24540.65平方千米，占全省面积的67.34%，台湾省的林业优势十分明显。耕地面积6518.30平方千米，占17.89%；城乡工矿居民用地面积2579.08平方千米，占7.08%；水域面积和草地面积均分布较少，面积分别为1717.75平方千米和1002.39平方千米，占台湾省土地总面积的4.71%和2.75%；未利用土地面积最少，只有不足90平方千米，只占台湾省土地总面积的0.23%。

林地作为台湾省的主要土地利用类型，以有林地为主，占全省林地面积的86.75%；其次是疏林地，占5.84%；灌木林地和其他林地面积均很小，分别占全省林地面积的3.96%和3.44%。台湾省的林地主要分布在其中部的中央山脉、雪山山脉、玉山山脉和阿里山山脉等山地区。

台湾省的耕地中水田占绝对多数，占全省耕地面积的90.57%，主要集中分布在台湾省的沿海平原，尤其是西部的嘉南平原、屏东平原及东部的宜兰平原等区域。

台湾省的城乡工矿居民用地以城镇用地面积最大，占全省城乡工矿居民用地面积的56.24%；其次为农村居民用地，占32.60%；工交建设用地面积较少，占11.16%。

水域中水库坑塘与河渠所占面积较大，分别占水域面积的35.56%和32.77%；其后是海涂和滩地，分别占全省水域面积的18.37%和10.23%；水域中湖泊面积最小，只占全省水域面积的3.07%。水域在台湾省的沿海与内陆均有分布，在其内陆地区分布较均匀，但总体上西部多于东部；其中河渠、湖泊和滩地主要集中在东部的花莲溪、秀姑峦溪和卑南溪等区域。

台湾省的草地类型以高覆盖度草地面积最大，占全省草地面积的73.52%，中覆盖度草地和低覆盖度草地分别占全省草地面积的17.06%和9.42%。全省的草地分布较零散，在中部山脉有较为集中连片的草地，大部分零星散布于台湾岛周边的临海地区。台湾省的未利用土地类型面积最小，以裸土地为主，占全省未利用土地面积的54.33%，其次是裸岩石砾地，占45.67%。台湾省未利用土地类型总体面积不大，较为分散地分布在台湾省各地。

2.32.2　台湾省20世纪80年代末至2020年土地利用时空特点

20世纪80年代末至2020年，台湾省土地利用一级类型动态总面积817.44平方千米，占全省面积的2.24%。各土地利用类型中城乡工矿居民用地面积增加最多，未利用土地和水域略呈净增加变化；耕地净减少变化较明显，此外林地和草地均呈净减少变化（见表32）。

表32　台湾省20世纪80年代末至2020年土地利用分类面积变化

单位：平方千米

	耕地	林地	草地	水域	城乡工矿居民用地	未利用土地	耕地内非耕地
新增	46.98	440.23	153.40	151.47	337.35	16.50	178.44
减少	250.85	537.32	195.81	94.04	32.49	0.48	0.00
净变化	−203.87	−97.09	−42.41	57.42	304.86	16.01	178.44

　　整个监测时段，台湾省的城乡工矿居民用地净增加了304.86平方千米，是增加面积最大的土地利用类型，其中城镇用地、农村居民点用地和工交建设用地新增面积分别占全省城乡工矿居民用地新增面积的49.29%、23.18%和27.53%。新增的城乡工矿居民用地主要来自耕地，面积202.85平方千米，占新增面积的60.13%；其次来自林地，面积74.84平方千米，占新增面积的22.18%；来自水域和草地的面积均较小。从时间过程来看，耕地作为城乡工矿居民用地新增面积的主要土地来源，其所占比例逐渐下降，从监测初期的73.65%下降到2015~2020年的27.25%。整个监测时期，台湾省城乡工矿居民用地呈持续增加态势，其中2000~2005年增加速度最快，年均净增加面积达35.32平方千米（见图32）。

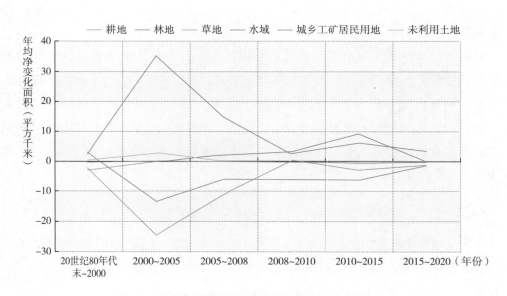

图32　台湾省不同时段土地利用类型面积年均净变化

　　未利用土地净增加了16.01平方千米，由于其基数小，变化幅度在各地类中最大，相比20世纪80年代末，2020年台湾省未利用土地增加了24.03%。增加的未利用土地面积主要来自林地退化和耕地撂荒，面积 5~8 平方千米，占全省未利用土地新增面积的 48.56% 和 35.60%；未利用土地的变化速度一直较小，没有明显起伏。

整个监测时段，台湾省水域面积净增加 57.42 平方千米，变化幅度较小，其中新增水域面积多来自林地，面积为 39.61 平方千米，占新增面积的 42.70%；其次是来自海域和耕地，面积分别为 28.09 平方千米和 23.46 平方千米，占全省新增水域面积的 30.28% 和 25.30%。水域的变化除 2000~2005 年和 2015~2020 年为净减少外，其他 4 个时段均呈持续净增加态势。

耕地净减少 203.87 平方千米，是净减少最多的地类，相比 20 世纪 80 年代末减少了 3.03%。耕地减少面积为 250.85 平方千米，其中大部分为城乡工矿居民用地占用，面积达 202.85 平方千米，占全省耕地减少面积的 60.13%，其次是变为林地（22.18%）。新增耕地主要来自林地，面积约为 30.76 平方千米，占全省新增耕地面积的 65.47%。整个监测时段，台湾省的耕地变化总体呈不断减少态势，在 2000~2005 年净减少速度达到整个监测时期的最大值，之后净减少速度减缓。

林地属于新增面积和减少面积均较大的地类，其内部二级类型的转换变化剧烈。由于台湾省林地的基数较大，其变化幅度在所有土地利用类型中反而最小，整个监测时段，台湾省林地总体净减少了 97.09 平方千米，相较于 20 世纪 80 年代末减少了 0.39%。台湾省的林地减少以退化为草地为主，占全省林地减少面积的 48.86%；其次转变为城乡工矿居民用地，占全省林地减少面积的 24.98%。全省新增林地的主要来源为草地，占新增面积的 87.76%，且主要为高覆盖度草地转变为有林地。整个监测时段，台湾省林地在监测初期呈净增加变化，之后的 5 个监测时段均为净减少变化，并在 2000~2005 年净减少速度最大，年均净减少 13.28 平方千米。

草地的新增面积和减少面积较为接近，最终净减少 42.41 平方千米。整个监测时期，台湾省草地减少面积约 195.81 平方千米，其中 93.21% 转变为林地，5.45% 转变为城乡工矿居民用地；新增草地面积约 153.40 平方千米，其中来自林地的面积占新增草地面积的 98.74%，且主要是从有林地和灌木林地转变而来。

2.32.3　台湾省 2015 年至 2020 年土地利用时空特点

台湾省 2015~2020 年土地利用变化量呈减小态势，由上一个监测时段（2010~2015 年）的 157.51 平方千米减小到 52.53 平方千米。

城乡工矿居民用地面积净增加最大，面积为 17.04 平方千米。林地是净减少最多的类型，面积为 6.18 平方千米，其次是耕地，净减少面积为 6.04 平方千米。草地呈净减少变化，而未利用土地几乎没有变化。总体上，台湾省的土地利用变化不剧烈，土地开发强度不大。

分 报 告
Sub-reports

G.3

中国植被状况

摘　要： 本报告利用自主研发的植被关键参数遥感定量产品，监测了我国森林、草地和农田生态系统现状及变化趋势，并评估了我国七个主要分区2001～2022年的生态系统质量变化状况。研究结果表明：①自2001年以来的22年间，我国国土面积87%以上的森林总初级生产力、草地覆盖度和农田叶面积指数呈稳步增加趋势；②2022年华南地区生态系统质量为良好，生态系统质量中等的区域依次为华东地区、东北地区、华中地区、西南地区和华北地区，西北地区生态系统质量为较差；③2001～2022年华南地区、华中地区、华东地区、东北地区和华北地区的生态系统质量增加占比较为显著，平均增加84.18%、79.37%、76.72%、76.57%和68.12%，而西北地区和西南地区的生态系统增加占比略低，平均增加45.26%和44.43%。

关键词： 叶面积指数　植被覆盖度　植被总初级生产力　生态系统质量

　　植被是地球表面覆盖的植物群落总称，是人类生存环境的重要组成部分，也是提示自然环境特征最重要的手段。植被的种类、数量和分布是衡量区域生态环境是否安全和适宜人类居住的重要指标。我国面对资源约束趋紧、环境污染严重、生态系统退化的严峻形势，坚持"绿水青山就是金山银山"理念，坚持尊重自然、顺应自然、保护自然生态文明思想，走科学、生态、节俭的绿化发展之路，推进生态环境改善，为建设美丽中国提供良好的生态保障。本报告以植被生态系统为主要研究对象，开展中国2022年植被状况及2001~2022年植被关键参数变化特征分析，对生态环境保护研究具有重要意义。

（1）叶面积指数

叶面积指数（Leaf Area Index, LAI）为单位地表面积上植物叶表面积总和的一半，是描述植被冠层功能的重要参数，也是影响植被光合作用、蒸腾以及陆表能量平衡的重要生物物理参量。本报告使用自主研发生产的2001~2022年500米分辨率每4天合成的MuSyQ LAI产品分析中国植被生长状况及其变化。报告采用年平均叶面积指数作为评价指标，取值范围为0~8，计算方法为该年全年叶面积指数的平均值，0表示区域内没有植被，取值越高，表明区域内植被生长状态越好。

（2）植被覆盖度

植被覆盖度（Fractional Vegetation Coverage，FVC）定义为植被冠层或叶面在地面的垂直投影面积占植被区总面积的比例，是衡量地表植被状况的一个重要指标。本报告使用自主研发生产的2001~2022年500米分辨率每4天合成的MuSyQ FVC产品分析中国植被覆盖程度变化状况。报告使用年最大植被覆盖度作为评价指标，计算方法为该年中植被覆盖度的最大值，取值范围为0~100%，0表示地表像元内没有植被即裸地，取值越高，表明区域内植被覆盖度越大。

（3）植被总初级生产力

植被总初级生产力（Gross Primary Productivity，GPP）是反映植被光合作用能力的指标之一，是评估植被固碳能力和碳收支的重要参数，指绿色植被在单位时间、单位面积上由光合作用产生的有机物质总量。报告使用自主研发生产的2001~2022年500米分辨率每4天合成的MuSyQ GPP产品分析中国植被GPP空间分布状况。报告使用年累积GPP作为评价指标，当年GPP为0克碳/平方米时，表示植被不具有固碳能力；年GPP值越高，表明植被固碳能力越强。

（4）生态系统质量

生态系统质量表征生态系统自然植被的优劣程度，反映生态系统内植被与生态系统整体状况。生态系统综合监测以叶面积指数、植被覆盖度、总初级生产力遥感产品作为输入指标，使用三个指标计算的相对密度构建生态系统质量指数，基于生态系统质量指数的分布和变化率等指标，对生态系统进行综合监测。

1）生态参数的相对密度

以每个气候带分区内森林、灌丛、草地和农田四类植被类型生态系统的生态参数最大值和最小值作为参照值，得到该分区内生态参数的相对密度，气候带分区采用柯本气候分类法，生态系统类型参见《全国生态状况调查评估技术规范——生态系统质量评估》附录A。相对密度越接近1，代表该像元的生态参数越接近参照值。具体计算

公式为：

$$RVI_{i,j,k} = \frac{F_{i,j,k} - F_{\min i,j,k}}{F_{\max i,j,k} - F_{\min i,j,k}} \qquad (1)$$

式中：$RVI_{i,j,k}$ 为第 i 年第 j 气候带分区第 k 类植被生态系统参数的相对密度，$F_{i,j,k}$ 为第 i 年第 j 气候带分区第 k 类植被生态系统参数值，$F_{\max i,j,k}$ 为第 i 年第 j 气候带分区第 k 类植被生态系统参数最大值，$F_{\min i,j,k}$ 为第 i 年第 j 气候带分区第 k 类植被生态系统参数最小值。

2）生态系统质量指数

由叶面积指数、植被覆盖度和植被总初级生产力的相对密度，构建生态系统质量指数（EQI），具体计算公式为：

$$EQI_i = \frac{LAI_i + FVC_i + GPP_i}{3} \times 100 \qquad (2)$$

式中：EQI_i 为第 i 年的生态系统质量指数，LAI_i 为第 i 年的叶面积指数相对密度，FVC_i 为第 i 年的植被覆盖度相对密度，GPP_i 为第 i 年的总初级生产力相对密度。

根据生态系统质量指数，将生态系统质量分为5级，即优、良、中、低、差，具体见表1。

表 1　生态系统质量分级标准

级别	优	良	中	低	差
生态系统质量	$EQI \geq 75$	$55 \leq EQI < 75$	$35 \leq EQI < 55$	$20 \leq EQI < 35$	$EQI < 20$
描述	生态系统质量为优	生态系统质量良好	生态系统质量为中等水平	生态系统质量较低	生态系统质量较差

3）生态系统质量指数变化率

以 EQI 作为代表生态系统质量的主要指标，采用回归分析方法监测生态系统质量变化特征，根据最小二乘法原理，计算 EQI 与时间的回归直线，结果是一幅斜率影像。具体计算过程为：对 n 年的全球 EQI 数据，基于每一个像元，求取 n 年间的变化率，具体计算方法如下：

$$KEQI = \frac{n \times \sum_{i=1}^{n} i \times EQI_i - \left(\sum_{i=1}^{n} i\right)\left(\sum_{i=1}^{n} EQI_i\right)}{n \times \sum_{i=1}^{n} i^2 - \left(\sum_{i=1}^{n} i\right)^2} \qquad (3)$$

式中：*EQI*为生态系统质量指数，*n*为生态系统质量指数的变化率，*KEQI*为生态系统质量指数变化率。*KEQI*可以反映像元长期的变化趋势：当*KEQI*>0，说明该时间序列的变化趋势为上升；当*KEQI*<0，说明该时间序列的变化趋势为下降。

根据主要生态系统类型植被生长状况变化的特点，将生态系统质量的变化类型分为2级4类，具体见表2。

表2　生态系统质量变化类型分级标准

植被生长状况变化类型	变化等级	*EQI*平均变化率
改善	明显改善	*KEQI*>1.0/a
	轻微改善	0.5/a<*KEQI*≤1.0/a
下降	轻微下降	−1.0/a≤*KEQI*<−0.5/a
	明显下降	*KEQI*<−1.0/a

4）生态系统质量指数百分比

*KEQI*反映的是*EQI*每年的绝对变化量，为更好地表征区域内*EQI*的相对变化，基于*KEQI*和*EQI*，计算一段时间内*EQI*变化的百分比*PEQI*，以衡量区域内*EQI*变化的相对幅度，*PEQI*的计算公式如下：

$$PEQI = (n-1)\frac{KEQI}{EQI} \times 100\%$$ （4）

3.1　中国植被状况及变化

3.1.1　2022年中国植被状况

中国2022年植被年平均叶面积指数具有明显的空间分布差异（见图1），受光温水条件和植被类型分布影响，呈现由西北向东南地区逐渐增加的趋势。青藏高原南端、云南南部、广西、广东、海南、台湾等地年平均叶面积指数大于3；福建、浙江、四川和重庆部分区域，以及大小兴安岭林区年平均叶面积指数介于2~3；除高值和中值区外的南部广大地区、华北平原、东北平原和三江平原的农作物区，以及在青藏高原东南部、内蒙古高原东部以及天山山脉等区域，年平均叶面积指数介于0.5~2；藏北高原区、塔里木盆地、柴达木盆地、吐鲁番盆地和内蒙古高原中西部地区的年平均叶面积指数低于0.5。

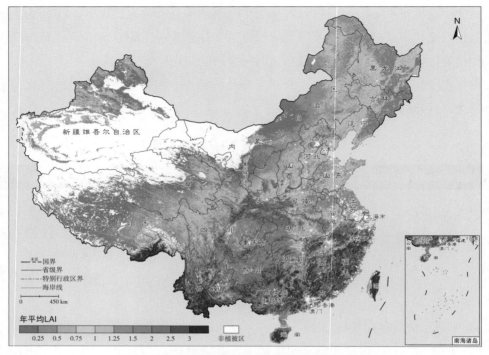

图1　2022年中国植被年平均叶面积指数空间分布

2022年中国年最大植被覆盖度具有明显的空间分布差异（见图2），与年平均叶面积指数空间分布一致。年最大植被覆盖度超过90%的主要分布在我国东北、华北、华中和华南地区的森林区域，而以草地和农田为主的区域年最大植被覆盖度在80%左右；年最大植被覆盖度在60%~85%的区域为新疆西北部和甘肃河西走廊绿洲区；年最大植被覆盖度在40%~60%的区域主要分布在青藏高原东南部、甘肃东南部和内蒙古中部的草地类型区；年最大植被覆盖度低于20%的区域在青藏高原中部海拔较高地区、内蒙古中西部地区；青藏高原西北部、新疆南部和西部及内蒙古西部的沙漠地区年最大植被覆盖度低于5%。

2022年中国植被年累积植被总初级生产力空间分布符合植被类型空间分布规律（见图3）。我国青藏高原东南端、云南省南部、南部沿海区域、海南省、台湾省等，年累积植被总初级生产力最高，超过2500克碳/平方米；秦岭淮河以南的南方腹地年累积植被总初级生产力2000~2500克碳/平方米；东北大小兴安岭等林区年累积植被总初级生产力1000~2000克碳/平方米；华北平原和东北平原的农作物区年累积植被总初级生产力1000~1500克碳/平方米；东北中部、青藏高原东南部、新疆北部地区年累积植被总初级生产力500~1000克碳/平方米；内蒙古高原和黄土高原大部分地区年累积植被总初级生产力低于500克碳/平方米。

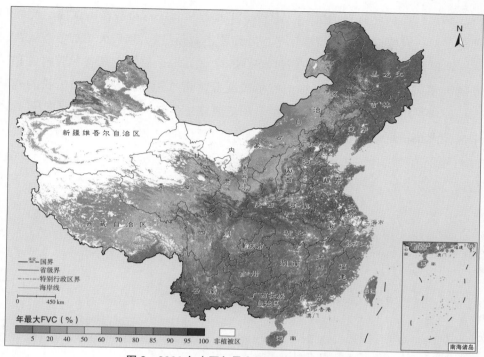

图 2 2022 年中国年最大植被覆盖度空间分布

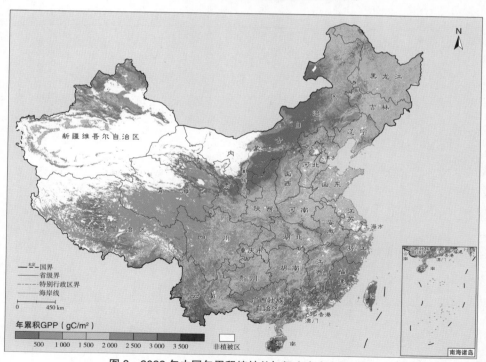

图 3 2022 年中国年累积植被总初级生产力空间分布

统计我国各省份2022年植被年平均叶面积指数、年最大植被覆盖度和年累积植被总初级生产力情况（见图4）。中国台湾省、海南省、福建省、广东省（含香港和澳门特别行政区）、广西壮族自治区、云南省、江西省和浙江省植被覆盖度高，光照和水热条件充足，适宜植被生长，植被年平均叶面积指数超过2，年最大植被覆盖度普遍高于90%，年累积植被总初级生产力超过2000克碳/平方米；而黑龙江省、吉林省和辽宁省分布的大小兴安岭及长白山森林虽然植被覆盖度超过90%，但受植被生长的光温水条件制约，年平均叶面积指数仅1.3，年累积植被总初级生产力最高1344克碳/平方米；位于中国西北部的西藏自治区、青海省、宁夏回族自治区和新疆维吾尔自治区气候环境条件不利于植被生长，年最大植被覆盖度低于44%、年平均叶面积指数低于0.6、年累积植被总初级生产力最低为720克碳/平方米。

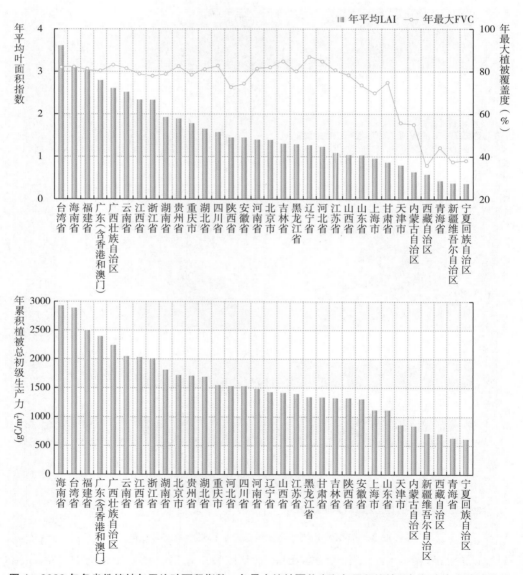

图4　2022年各省份植被年平均叶面积指数、年最大植被覆盖度和年累积植被总初级生产力统计结果

3.1.2 中国典型植被类型状况及变化

3.1.2.1 森林总初级生产力状况及变化

我国森林资源主要包括东北林区和西南林区两大天然林区以及东部的主要经济和人工林区，主要分布在大小兴安岭和长白山林区，四川省、重庆市、云南省、西藏自治区的横断山脉林区，秦岭淮河以南、云贵高原以东的广大山区。2022年中国森林年累积植被总初级生产力均值为1732克碳/平方米，2001~2022年中国森林年累积植被总初级生产力空间分布呈现由北向南增加趋势（见图5），其中增加比例为87.70%、降低比例为12.30%。我国中部和南部大部分森林的年累积植被总初级生产力呈增加趋势，平均逐年增加约20克碳/平方米；东北大小兴安岭地区、新疆天山山脉和阿尔泰山山脉、横断山脉森林年累积植被总初级生产力呈下降趋势，平均逐年下降约15克碳/平方米。各省市统计结果显示，海南省、台湾省、福建省、广东（含香港和澳门）、广西壮族自治区、江西省、浙江省和云南省森林年累积植被总初级生产力高于2000克碳/平方米，逐年增加超过23克碳/平方米；而北京市、天津市、河北省和山西省森林年累积植被总初级生产力介于1500~2000克碳/平方米，但年累积植被总初级生产力增加超过32克碳/平方米（见图6）。

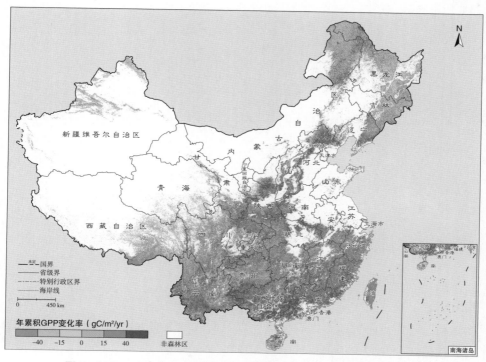

图5　2001~2022年中国森林年累积植被总初级生产力变化率空间分布

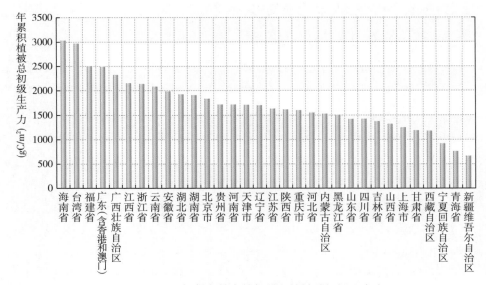

(a) 2022 年各省份森林年累积植被总初级生产力

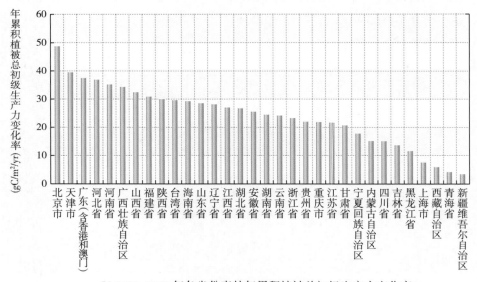

(b) 2001~2022 年各省份森林年累积植被总初级生产力变化率

图 6　2022 年各省份森林年累积植被总初级生产力及 2001~2022 年变化率

3.1.2.2　草地覆盖度状况及变化

我国草地主要分布于蒙古高原的温带草原和青藏高原寒区的高山草甸，包括内蒙古锡林郭勒、呼伦贝尔鄂尔多斯草原区，以及西北地区的天山、阿尔泰山、昆仑山和祁连山等草甸区。2022年中国草地年最大覆盖度均值为54.69%，2001～2022年中国草地覆盖度变化率呈现逐年增加趋势（见图7），其中增加比例为88.30%、降低比例为11.70%。草地类型受气候影响显著高于森林和农田类型，自2001年以来，位于400毫米降水线的草地年最大植被覆盖度增加最显著，逐年增加超过0.01；青藏高原东南部零星区域存在草地年最大植被覆盖度逐年降低趋势。陕西省、山西省、河北省、吉林省和宁夏回族自治区草地年最大植被覆盖度变化率增加显著，每年增加超过0.01（见图8）。

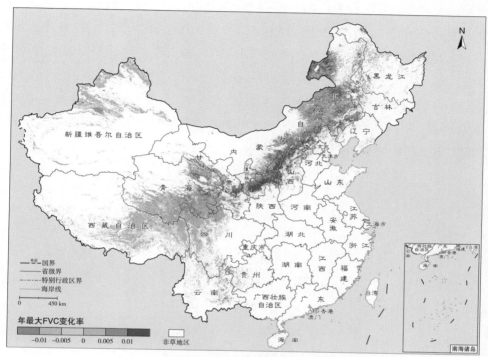

图7　2001~2022年中国草地年最大植被覆盖度变化率空间分布

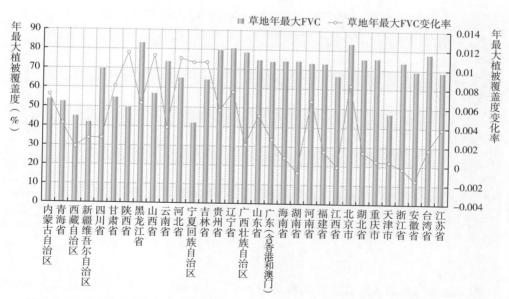

图8　2022年各省份草地年最大植被覆盖度及2001~2022年变化率（按草地面积排序）

3.1.2.3 农田作物生长状况及变化

我国农田主要分布在平原、盆地、丘陵等地，主要粮油作物和商品棉基地位于东北平原、黄淮海平原、长江流域、汾渭平原、河套灌区、甘肃新疆和华南共七个主产区。2022年农田平均叶面积指数为1.14，2001~2022年农田年平均叶面积指数变化率呈现逐年增加趋势（见图9），其中增加比例为87.55%、降低比例为12.45%。东北平原、华北平原、四川盆地、华南农作物主产区的农田年平均叶面积指数变化率逐年增加，每年增加超过0.02；农田年平均叶面积指数降低区域零星分布在长江中下游平原，逐年降低0.01左右。农田分布较多的省份如山东省和吉林省农田年平均叶面积指数变化率每年增加超过0.1，而海南省、广西壮族自治区、广东（含香港和澳门）等农田年平均叶面积指数变化率逐年增加超过0.02（见图10）。

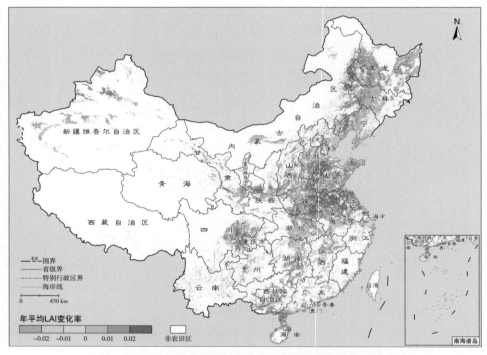

图9　2001~2022年中国农田年平均叶面积指数变化率空间分布

3.2　2001~2022年中国分区域生态系统质量变化

3.2.1　东北地区生态系统质量变化

东北地区包含黑龙江省、吉林省和辽宁省。东北地区以农田生态系统和森林生态系统为主，两者面积占区域总面积的90%以上，分布少量草地生态系统。我国第一大天然

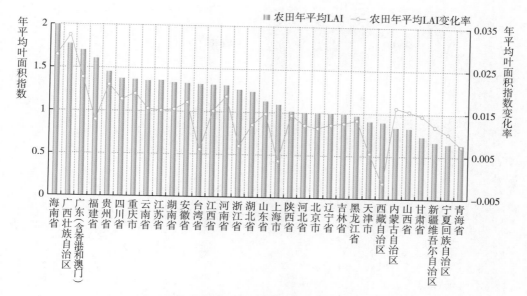

图 10　2022 年各省份农田年平均叶面积指数及 2001~2022 年变化率

林区主要分布在东北地区的大小兴安岭和长白山地区，森林类型以北方针叶林、温带针叶落叶阔叶混交林为主。东北地区也是我国重要的粮食基地之一，以玉米、稻谷、大豆等粮食作物为主，主要分布在三江平原、松嫩平原、吉林中部平原及辽宁中部平原。黑龙江松嫩平原和吉林西部科尔沁草原是中国主要畜牧业区。

2022年东北地区生态系统质量整体为中等（EQI=49.84），生态系统质量优良比例占26.24%、中等占66.89%、低差占6.88%，其中生态质量优良的区域主要分布在大小兴安岭和长白山林地，生态系统质量低差的区域主要分布在松嫩平原（见图11a和附表1）。2001~2022年东北地区生态系统质量总体呈现改善趋势，增加占76.57%、基本不变占22.79%、下降占0.63%，其中显著改善区域主要分布在辽宁省南部和西部区域、松嫩平原西部等地（见图11b和附表2）。2001年和2022年东北地区生态系统质量指数差异对比图显示，近二十年间东北地区各省份生态系统质量中等、良好和优的比例最大增加15.60%、12.73%和3.16%，其中黑龙江省和吉林省中等质量增加显著，辽宁省良好质量增加显著（见图12）。

结合2022年东北地区各省份典型植被类型生态系统质量及2001~2022年变化率统计结果（见表3），东北地区各省份生态系统质量均为中等，且二十余年间呈改善趋势，黑龙江省、吉林省和辽宁省生态系统质量平均变化率分别为0.76/yr、0.83/yr和0.97/yr，平均升高31.94%、35.39%和39.59%。由于植树造林、封山育林等生态保护工程的实施，东北地区的森林生态系统质量显著改善，黑龙江省、吉林省和辽宁省平均生态系统质量指数变化率分别为0.55/yr、0.65/yr和0.91/yr，二十余年间升高22.32%、25.84%和35.08%。由于

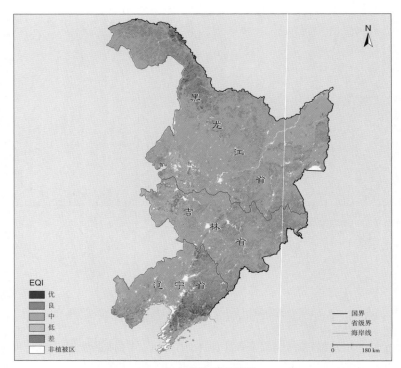

(a) 生态系统质量指数

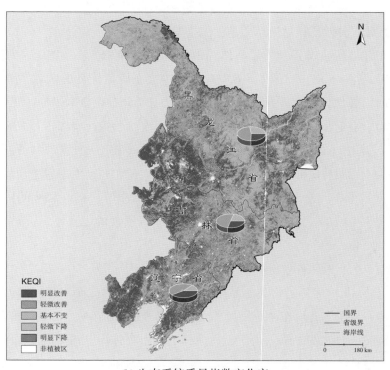

(b) 生态系统质量指数变化率

图 11　2001~2022 年东北地区生态系统质量指数及变化率空间分布

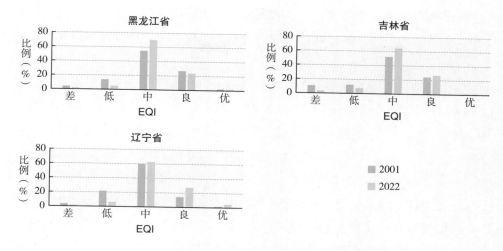

图 12　2001 年和 2022 年东北地区生态系统质量指数差异对比

退耕还草、荒漠化治理等生态系统修复工程的实施，东北地区的草地生态系统质量得到改善，黑龙江省、吉林省和辽宁省平均生态系统质量指数变化率分别为0.84/yr、0.84/yr和1.19/yr，二十余年间升高35.77%、53.21%和49.43%。对于农田生态系统，其生态系统质量增加趋势高于森林和草地类型，黑龙江省、吉林省和辽宁省生态系统质量指数平均变化率分别为0.96/yr、0.99/yr和0.97/yr，二十余年间升高42.31%、42.33%和40.90%。

表 3　2001~2022 年东北地区生态系统质量指数及变化率分省份统计

省份	指标	植被总体	森林	草地	农田
黑龙江省	*EQI*	49.97	52.19	49.51	47.68
	KEQI	0.76	0.55	0.84	0.96
	PEQI (%)	31.94	22.32	35.77	42.31
吉林省	*EQI*	49.24	52.53	32.98	48.94
	KEQI	0.83	0.65	0.84	0.99
	PEQI (%)	35.39	25.84	53.21	42.33
辽宁省	*EQI*	51.23	54.76	50.62	49.68
	KEQI	0.97	0.91	1.19	0.97
	PEQI (%)	39.59	35.08	49.43	40.90

3.2.2　华北地区生态系统质量变化

华北地区包含北京市、天津市、河北省、山西省和内蒙古自治区。华北地区位于秦岭、淮河以北，地形平坦广阔，农田生态系统约占区域总面积的42%，其余依次为荒漠、草地和森林生态系统。华北地区农田主要分布在河套平原、汾河平原和海河平原，粮食作物以小麦、玉米为主，主要经济作物有棉花和花生。华北地区森林主要分布在内蒙古自治区东北部的大兴安岭和华北平原西部的太行山脉，以北方针叶林、温带针叶落叶阔叶混交林、落叶阔叶林等为主。内蒙古高原草原辽阔，东部有呼伦贝尔大草原和松嫩草地，中部有锡林郭勒草地和科尔沁草地，中西部有乌兰察布草地，是我国重要的畜牧业生产基地。

2022年华北地区生态系统质量整体为中等（EQI=36.13），生态系统质量优良比例占15.58%、中等占33.59%、低差占50.83%，其中生态质量优良的区域主要分布在大兴安岭和太行山林区，生态系统质量低差的区域主要分布在内蒙古浑善达克沙地和毛乌素沙地附近（见图13a和附表1）。2001~2022年华北地区的生态系统质量总体呈现改善趋势，增加占68.12%、基本不变占31.32%、下降占0.57%，其中在400mm降水线以南的区域增加最为显著（见图13b和附表2）。2001年和2022年华北地区生态系统质量指数差异对比图显示，近二十年间华北地区各省份生态系统质量中等以上增加显著，特别是生态系统质量良好的等级，除内蒙古自治区外，其余省份增加15%~36%（见图14）。

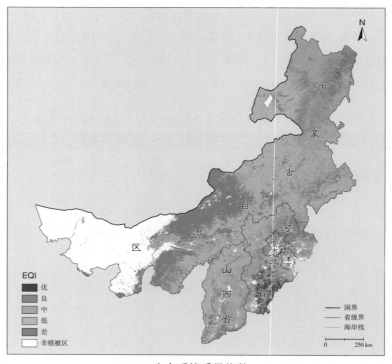

(a) 生态系统质量指数

结合2022年华北地区各省份典型植被类型生态系统质量及2001~2022年变化率统计结果（见表4），华北地区各省份生态系统质量均为中等，且二十余年间呈改善趋势，其中北京市、河北省和山西省的生态系统质量改善显著，生态系统质量平均变化率分别为1.27/yr、1.20/yr和1.16/yr，平均升高50.31%、49.15%和58.77%。由于植树造

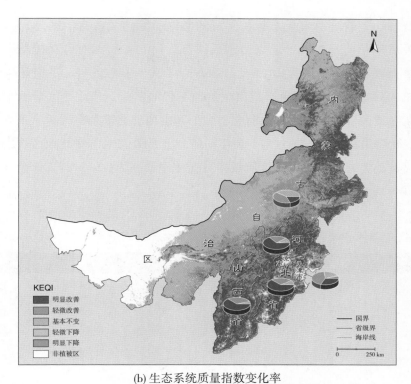

(b) 生态系统质量指数变化率

图 13　2001~2022 年华北地区生态系统质量指数及变化率空间分布

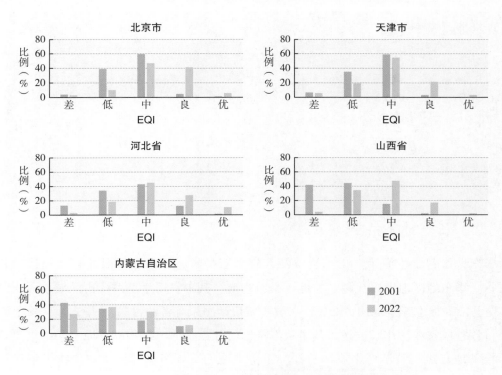

图 14　2001 年和 2022 年华北地区生态系统质量指数差异对比

林、封山育林、退耕还林等生态保护工程的实施，除内蒙古自治区外，其余省份的森林生态系统质量明显改善，北京市、天津市、河北省和山西省森林类型的平均生态系统质量指数变化率依次为1.42/yr、1.36/yr、1.30/yr和1.25/yr，平均升高54.70%、55.03%、53.03%和54.29%。由于荒漠化治理工程的实施，华北地区草地生态系统质量尤其是在内蒙古自治区东南部、河北省北部和山西省北部都有改善，平均生态系统质量指数变化率最高为1.75/yr，二十余年间最高上升67.87%。华北地区农田生态系统质量均呈改善趋势，平均生态系统质量指数变化率最高为1.20/yr，二十余年间最高上升56.57%。

表4　2001~2022年华北地区生态系统质量指数及变化率分省份统计

省份	指标	植被总体	森林	草地	农田
北京市	*EQI*	53.07	54.48	58.17	50.90
	KEQI	1.27	1.42	1.75	1.06
	PEQI (%)	50.31	54.70	63.05	43.56
天津市	*EQI*	47.49	51.73	24.99	47.55
	KEQI	0.88	1.36	0.40	0.87
	PEQI (%)	39.07	55.03	33.26	38.49
河北省	*EQI*	51.32	51.40	37.72	55.91
	KEQI	1.20	1.30	1.12	1.20
	PEQI (%)	49.15	53.03	62.32	44.91
山西省	*EQI*	41.47	48.50	32.08	44.64
	KEQI	1.16	1.25	1.04	1.20
	PEQI (%)	58.77	54.29	67.87	56.57
内蒙古自治区	*EQI*	37.67	51.64	31.99	44.38
	KEQI	0.76	0.54	0.74	1.17
	PEQI (%)	42.44	22.09	48.77	55.20

3.2.3　华东地区生态系统质量变化

华东地区包含上海市、山东省、江苏省、安徽省、江西省、浙江省、福建省和台湾省。华东地区地形以丘陵、盆地、平原构成，其中农田生态系统占区域总面积的60%以上，森林生态系统约占32%，水域和城市生态系统各约占3%。华东地区除上海市外，各省域农业都比较发达，其中黄淮平原、江淮平原、鄱阳湖平原是我国重要的商品粮基地，也是黄淮海平原和长江中下游平原的重要组成部分，农作物类型以小麦、水稻和棉花为主，此外还有油菜籽、花生、芝麻、甘蔗、茶叶等经济作物。华东地区森林类型主要分布在浙江省、福建省、江西省和台湾省境内山地和丘陵区域，以亚热带常绿阔叶林、针叶林和混交林为主。此外，华东地区水资源丰富，河道湖泊密布，区域内分布黄河、淮河、长江、钱塘江四大水系，中国五大淡水湖中有四个位于此区，分别是江西省的鄱阳湖、江苏省的太湖和洪泽湖，以及安徽省的巢湖。

2022年华东地区生态系统质量整体为中等（EQI=54.73），生态系统质量优良比例占41.38%、中等占50.39%、低差占8.22%，其中生态质量优良的区域主要分布在山东西北部、江西省、浙江省、福建省和台湾省，其余省份生态系统质量中等（见图15a和附表1）。2001~2022年华东地区的生态系统质量总体呈现改善趋势，增加占76.71%、基本不变占19.86%、下降占3.43%，其中明显改善的区域主要分布在山东省西北部、福建省和江西省，下降区域主要分布在安徽省、江苏省和上海市（见图15b和附表2）。2001年和2022年华东地区生态系统质量指数差异对比图显示，近二十年间华东地区各省份生态系统质量中等以上增加显著，特别是生态系统质量良好的等级，山东省、江苏省、安徽省和浙江省增加9%以上（见图16）。

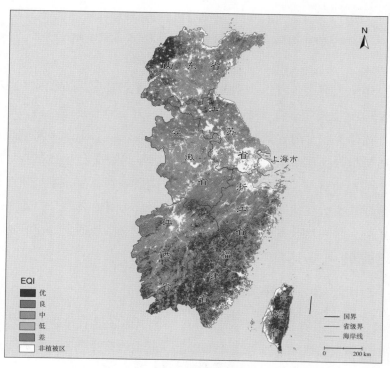

(a) 生态系统质量指数

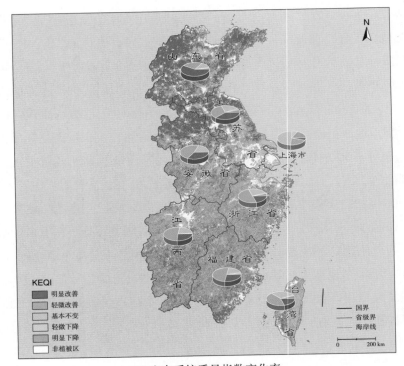

(b) 生态系统质量指数变化率

图 15　2001~2022 年华东地区生态系统质量指数及变化率空间分布

　　结合2022年华东地区各省份典型植被类型生态系统质量及2001~2022年变化率统计结果（见表5），上海市、江苏省、安徽省和浙江省生态系统质量均为中等，而山东省、江西省、福建省和台湾省生态系统质量均为良好，且二十余年间呈改善趋势，平均生态系统质量指数变化率最高为1.19/yr，二十余年间最高上升45.22%。由于封山育林等生态保护工程的实施，山东省、江苏省和安徽省的森林生态系统质量改善显著，平均生态系统质量指数变化率最高为1.19/yr，二十余年间最高上升53.41%。除上海市草地生态系统外，华东地区其他省份的草地和农田生态系统质量均呈现改善趋势，相对变化幅度范围为9.46%~45.12%。

3.2.4　华中地区生态系统质量变化

　　华中地区包含河南省、湖北省和湖南省。华中地区以农田生态系统和森林生态系统为主，两者面积占区域总面积的95%以上，其中农田生态系统比例达区域面积的66%，是农田生态系统占比最高的区域。华中地区地形以平原、丘陵、盆地为主，气候环境为温带季风气候和亚热带季风气候。华中暖温带地区是全国小麦、玉米等粮食作物重要的生产基地之一，主要分布在河南省中部及北部农业区，如淮北、豫中平原

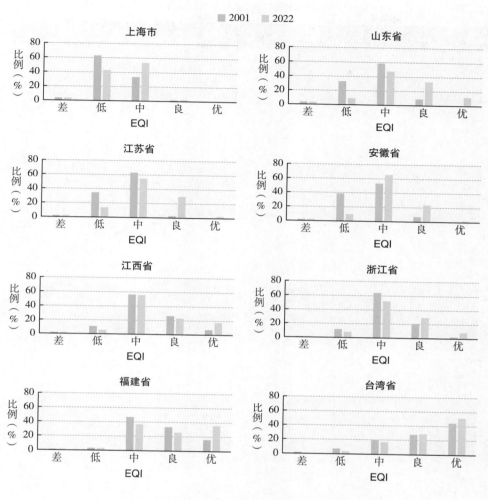

图 16　2001 年和 2022 年华东地区生态系统质量指数差异对比

农业区、南阳盆地农业区、豫东北平原农林间作区、太行山及山前平原农林区等。华中亚热带湿润地区的农作物以水稻和油菜为主，主要分布在湖北江汉平原、湖南洞庭湖平原等。华中地区森林主要分布在华中西部地区的山区，以常绿阔叶林为主。

2022年华中地区生态系统质量整体为中等（EQI=49.65），生态系统质量优良比例占27.82%、中等占64.81%、低差占7.37%，全区各省份生态系统质量呈中等及以上（见图17a和附表1）。2001~2022年华中地区的生态系统质量总体呈现改善趋势，增加占79.37%、基本不变占19.51%、下降占1.12%，明显改善的区域主要分布在河南省西部、湖北省西部和湖南省南部地区，明显下降的区域主要分布在河南省东部和湖北省中部地区（见图17b和附表2）。2001年和2022年华中地区生态系统质量指数差异对比图显

表5 2001~2022年华东地区生态系统质量指数及变化率分省份统计

省份	指标	植被总体	森林	草地	农田
上海市	EQI	39.99	34.49	—	40.03
	KEQI	0.18	0.74	—	0.18
	PEQI (%)	9.63	44.94	—	9.46
山东省	EQI	55.42	46.91	43.52	55.66
	KEQI	1.19	1.19	0.89	1.20
	PEQI (%)	45.22	53.41	43.09	45.12
江苏省	EQI	50.73	48.14	42.05	50.78
	KEQI	0.89	0.90	0.80	0.89
	PEQI (%)	36.78	39.31	40.16	36.74
安徽省	EQI	48.56	52.26	45.59	47.02
	KEQI	0.89	0.79	0.51	0.93
	PEQI (%)	38.41	31.78	23.52	41.48
江西省	EQI	55.73	58.36	49.18	49.55
	KEQI	0.80	0.82	0.52	0.76
	PEQI (%)	30.13	29.35	22.22	32.38
浙江省	EQI	54.61	56.43	61.94	46.81
	KEQI	0.71	0.77	0.85	0.48
	PEQI (%)	27.41	28.62	28.69	21.55
福建省	EQI	63.85	64.22	61.95	58.90
	KEQI	0.85	0.86	0.92	0.62
	PEQI (%)	27.86	28.28	31.27	22.10
台湾省	EQI	71.83	75.36	60.86	52.13
	KEQI	0.60	0.66	0.77	0.32
	PEQI (%)	17.55	18.38	26.51	12.76

示，近二十年间华中地区各省份生态系统质量良好比例增加显著，尤其是河南省增加24%以上（见图18）。

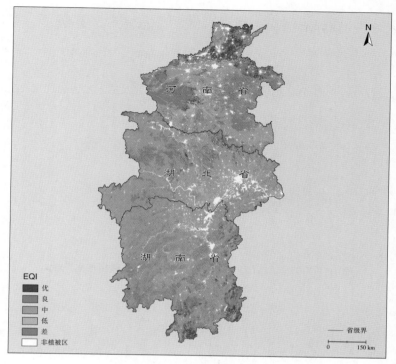

(a) 生态系统质量指数

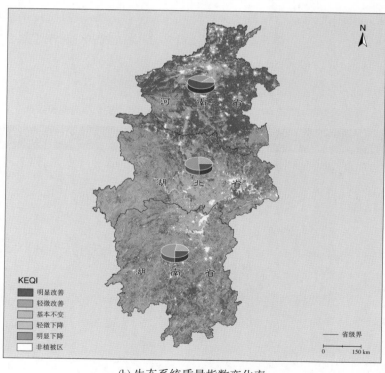

(b) 生态系统质量指数变化率

图 17 2001~2022 年华中地区生态系统质量指数及变化率空间分布

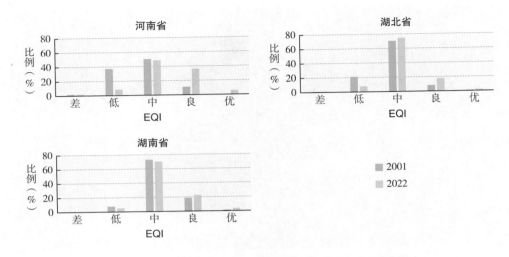

图 18　2001 年和 2022 年华中地区生态系统质量指数差异对比

结合 2022 年华中地区各省份典型植被类型生态系统质量及 2001~2022 年变化率统计结果（见表 6），华中地区所有省份生态系统质量均为中等，且二十余年间呈改善趋势，平均生态系统质量指数变化率最高为 1.13/yr，二十余年间最高上升 44.93%。由于植树造林、封山育林等生态保护工程的实施，华中地区森林、草地和农田生态系统质量均改善显著，其中河南省所有植被类型平均生态系统质量指数变化率最高，分别为1.05/yr、1.37/yr 和 1.14/yr，二十余年间最高上升 39.25%、56.24% 和 46.18%；其后为湖北省和湖南省。

表 6　2001~2022 年华中地区生态系统质量指数及变化率分省份统计

省份	指标	植被总体	森林	草地	农田
河南省	*EQI*	52.66	56.38	50.99	51.89
	KEQI	1.13	1.05	1.37	1.14
	PEQI (%)	44.93	39.25	56.24	46.18
湖北省	*EQI*	47.42	48.65	56.14	45.85
	KEQI	0.75	0.75	0.90	0.75
	PEQI (%)	33.26	32.56	33.62	34.19
湖南省	*EQI*	50.18	50.45	55.15	49.63
	KEQI	0.78	0.78	0.59	0.78
	PEQI (%)	32.50	32.30	22.56	32.97

3.2.5 华南地区生态系统质量变化

华南地区包含广东省、广西壮族自治区、海南省、香港特别行政区和澳门特别行政区。华南地区以森林生态系统和农田生态系统为主，两者面积占区域总面积的90%以上，其中森林生态系统比例达48%，是森林生态系统占比最高的区域。华南地区从南到北横跨热带、南亚热带和中亚热带三个气候带，与之相适应，植被类型的分布也存在地带分异，华南地区北部为亚热带典型常绿阔叶林，中部为亚热带季风常绿阔叶林，南部为热带季雨林和热带雨林。华南地区的农作物以一年三熟制为主，除大范围生产水稻外，也盛产甘蔗等糖料作物，主要分布在海南省、广东省、广西壮族自治区的北纬24°以南地区。此外，海南省降水丰沛，雨热同期，也是我国重要的热带经济作物产区，天然橡胶产量占全国的六成左右。

2022年华南地区生态系统质量整体为良好（EQI=61.20），生态系统质量优良比例占59.87%、中等占37.39%、低差占2.74%，全区各省份生态系统质量呈优良状态（见图19a和附表1）。2001~2022年华南地区的生态系统质量总体呈现改善趋势，增加占84.19%、基本不变占15.06%、下降占0.76%，显著改善的区域主要分布在广西壮族自治区南部、广东省西南部和海南省北部（见图19b和附表2）。2001年和2022年华南地区生态系统质量指数差异对比图显示，近二十年间广西壮族自治区和海南省生态系统质量良好以上增加显著，最大增加20%；广东省（含香港和澳门）生态系统质量优的比例增加超过19%（见图20）。

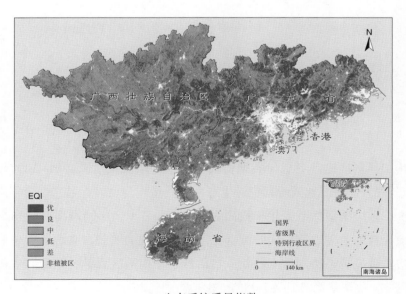

(a) 生态系统质量指数

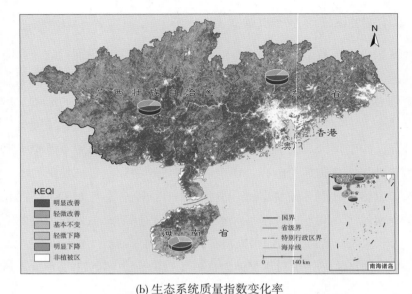

(b) 生态系统质量指数变化率

图19　2001~2022年华南地区生态系统质量指数及变化率空间分布

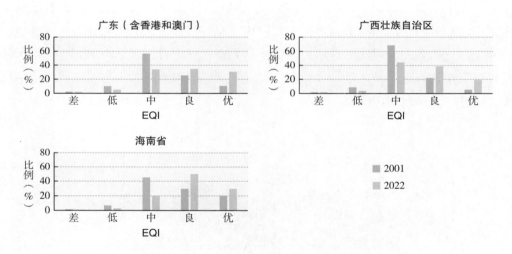

图20　2001年和2022年华南地区生态系统质量指数差异对比

结合2022年华南地区各省份典型植被类型生态系统质量及2001~2022年变化率统计结果（见表7），华南地区所有省份生态系统质量均为良好，且二十余年间呈改善趋势，平均生态系统质量指数变化率最高为1.07/yr，二十余年间最高上升36.70%。华南地区光温水等自然条件适宜，同时配合生态恢复工程的实施，森林、草地和农田生态系统质量均改善显著，特别是广西壮族自治区，华南地区森林、草地和农田平均生态系统质量指数变化率最高分别为1.08/yr、0.96/yr和1.20/yr，二十余年间最高上升分别为35.34%、32.60%和40.77%。

表 7　2001~2022 年华南地区生态系统质量指数及变化率分省份统计

省份	指标	植被总体	森林	草地	农田
广东省、香港和澳门	EQI	63.43	64.03	62.05	61.79
	KEQI	1.07	1.08	0.96	1.05
	PEQI (%)	35.42	35.34	32.59	35.69
广西壮族自治区	EQI	59.73	58.99	60.68	61.95
	KEQI	1.04	0.99	0.94	1.20
	PEQI (%)	36.70	35.31	32.60	40.77
海南省	EQI	66.39	69.06	53.82	61.22
	KEQI	0.87	0.83	0.57	0.99
	PEQI (%)	27.62	25.22	22.14	33.91

3.2.6　西南地区生态系统质量变化

西南地区包含四川省、贵州省、云南省、西藏自治区和重庆市。西南地区地形结构复杂、沟壑纵横，以高原、山地为主，区域内的农田生态系统、森林生态系统、草地生态系统和荒漠生态系统占区域的96%以上。西南地区森林、草地资源十分丰富，森林主要分布在巴蜀盆地及其周边山地、云贵高原中高山山地丘陵区、青藏高原高山山地及藏南地区，以亚热带常绿阔叶林、热带雨林为主；草地主要分布在青藏高原东部半湿润、湿润高寒草甸区以及青藏高原西部半干旱、干旱高寒草原区，其中西藏自治区分布有我国面积最大的天然草场。西南地区农田生态系统主要分布在云南省、四川省和贵州省，三省面积占区域总面积的85%以上；同时西南地区也是我国橡胶、甘蔗、茶叶等热带经济作物主产区。

2022年西南地区生态系统质量整体为中等（EQI=39.94），生态系统质量优良比例占22.21%、中等占41.35%、低差占36.44%，其中生态质量优良的区域主要分布在西藏自治区喜马拉雅山东麓、横断山脉和云南省西南部，生态系统质量低差的区域主要分布在西藏自治区西北部的藏北高原（见图21a和附表1）。2001~2022年西南地区的生态系统质量总体呈现稳定和改善趋势，增加占44.43%、基本不变占53.10%、下降占2.47%，明显改善的区域主要分布在重庆市、四川省东部、云南省东部和贵州省西部地区（见图21b和附表2）。2001年和2022年西南地区生态系统质量指数差异对比图显示，近二十年间除西藏自治区变化不明显外，其余省份生态系统质量中等以上增加显著，最高增加23%（见图22）。

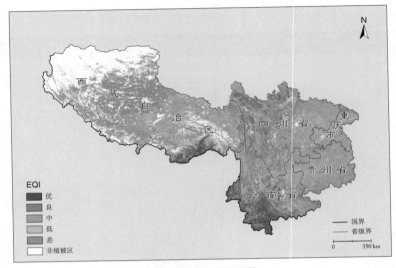

(a) 生态系统质量指数

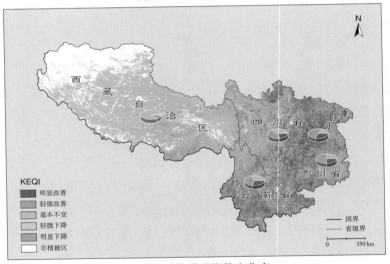

(b) 生态系统质量指数变化率

图 21 2001~2022 年西南地区生态系统质量指数及变化率空间分布

结合2022年西南地区各省份典型植被类型生态系统质量及2001~2022年变化率统计结果（见表8），西南地区所有省份生态系统质量均为中等，且二十余年间呈改善趋势，平均生态系统质量指数变化率最高为0.84/yr，二十余年间最高上升40.71%。由于退耕还林还草、荒漠化治理等生态保护工程的实施，重庆市、贵州省和云南省森林、草地和农田生态系统质量均明显改善，平均生态系统质量指数变化率最高为1.06/yr，二十余年间最高上升44.58%；四川省农田生态系统质量改善显著，平均生态系统质量指数变化率最高为0.89/yr，二十余年间最高上升39.96%；西藏自治区所有植被类型平均生态系统质量二十余年间最高上升24.91%。

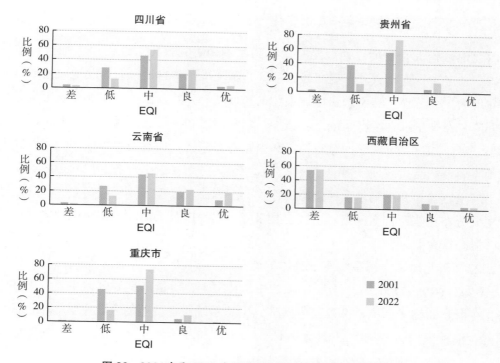

图 22　2001 年和 2022 年西南地区生态系统质量指数差异对比

表 8　2001~2022 年西南地区生态系统质量指数及变化率分省份统计

省份	指标	植被总体	森林	草地	农田
四川省	*EQI*	49.38	47.14	54.26	46.62
	KEQI	0.62	0.63	0.49	0.89
	PEQI (%)	26.38	27.95	18.95	39.96
贵州省	*EQI*	45.67	44.56	50.34	50.37
	KEQI	0.77	0.72	1.06	0.90
	PEQI (%)	35.40	34.10	44.20	37.67
云南省	*EQI*	54.77	56.37	47.53	50.43
	KEQI	0.77	0.79	0.68	0.73
	PEQI (%)	29.51	29.39	30.10	30.35
西藏自治区	*EQI*	41.52	49.82	38.15	34.37
	KEQI	0.29	0.28	0.30	0.41
	PEQI (%)	14.80	11.72	16.39	24.91
重庆市	*EQI*	43.51	42.86	54.02	46.18
	KEQI	0.84	0.81	0.83	0.98
	PEQI (%)	40.71	39.75	32.21	44.58

3.2.7 西北地区生态系统质量变化

西北地区指大兴安岭以西，昆仑山—阿尔泰山、祁连山以北的广大地区，包括陕西省、甘肃省、青海省、宁夏回族自治区和新疆维吾尔自治区。西北地区地形以高原、盆地为主，荒漠生态系统占区域面积的57%以上，其余依次为草地和农田生态系统，同时分布少量森林生态系统。新疆维吾尔自治区和青海省的天然草地分布面积居全国第三和第四位，仅次于西藏自治区和内蒙古自治区，而且新疆牧区和青海牧区也是我国主要畜产品供应地。西北地区绿洲农业主要分布在天山山麓、河西走廊、宁夏平原、塔里木盆地和准噶尔盆地边缘，作物类型以小麦、玉米、棉花为主。西北地区森林主要分布在陕西省南部秦巴山区、甘肃陇南山地以及天山、阿尔泰山地区，以落叶阔叶混交林为主。

2022年西北地区生态系统质量整体较低（EQI=33.98），生态系统质量优良比例占17.10%、中等占28.67%、低差占54.22%，其中生态质量优良的区域主要分布在新疆天山山脉、青海省东南部和陕西省南部，生态系统质量低差的区域主要分布在区域中西部荒漠戈壁周边（见图23a和附表1）。2001~2022年西北地区的生态系统质量总体呈现稳定和改善趋势，增加占45.26%、基本不变占53.84%、下降占0.90%，明显改善的区域主要分布在陕西省、宁夏回族自治区南部、甘肃省东南部以及天山山脉周边区域（见图23b和附表2）。2001年和2022年西北地区生态系统质量指数差异对比图显示，近二十年间西北地区各省份生态系统质量中等以上增加显著，最高增加20%，其中宁夏回族自治区约30%的生态系统质量较差区域向生态系统质量较低（17%）、中等（7%）、良好（5%）转变（见图24）。

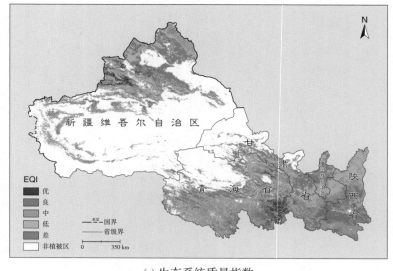

(a) 生态系统质量指数

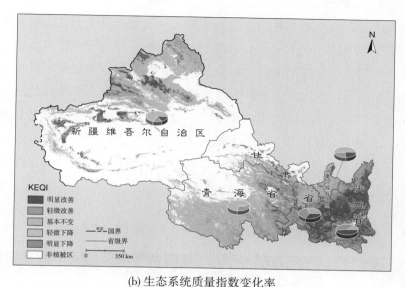

(b) 生态系统质量指数变化率

图23　2001~2022年西北地区生态系统质量指数及变化率空间分布

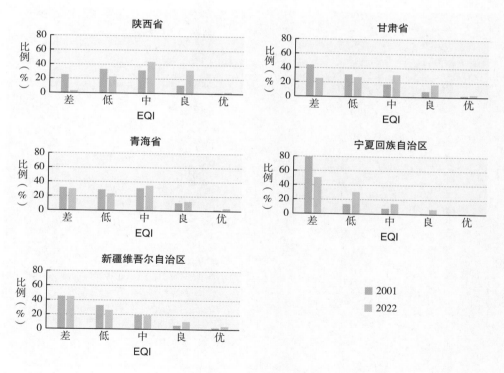

图24　2001年和2022年西北地区生态系统质量指数差异对比

　　结合2022年西北地区各省份典型植被类型生态系统质量及2001~2022年变化率统计结果（见表9），西北地区除宁夏回族自治区生态系统质量为较低外，其余省份生态系统质量均为中等，且二十余年间呈改善趋势，平均生态系统质量指数变化率最高为1.03/yr，二十余年间最高上升57.53%。由于退耕还林、封山育林等生态保护工程的实施，陕西省、甘肃省和宁夏回族自治区森林生态系统质量改善显著，平均生态系统质量指数变化率最高为1.00/yr，二十余年间最高上升41.23%。由于荒漠化治理、退耕还草等生态保护工程的实施，陕西省、宁夏回族自治区和甘肃省草地生态系统质量改善显著，平均生态系统质量指数变化率最高为1.05/yr，二十余年间最高上升67.20%。除青海省外，其余省份特别是新疆维吾尔自治区农田生态系统的质量明显改善，平均生态系统质量指数变化率最高为1.32/yr，二十余年间最高上升56.44%。

表9　2001~2022年西北地区生态系统质量指数及变化率分省份统计

省份	指标	植被总体	森林	草地	农田
陕西省	*EQI*	47.64	55.45	32.85	48.87
	KEQI	1.03	1.00	1.05	1.09
	PEQI (%)	45.58	38.04	67.20	46.64
甘肃省	*EQI*	41.34	52.21	37.04	40.69
	KEQI	0.92	0.95	0.81	1.09
	PEQI (%)	46.60	38.37	46.03	56.44
青海省	*EQI*	42.72	34.74	42.97	37.02
	KEQI	0.46	0.50	0.46	0.69
	PEQI (%)	22.68	30.28	22.26	39.12
宁夏回族自治区	*EQI*	33.95	46.19	27.53	44.38
	KEQI	0.93	0.91	0.85	1.08
	PEQI (%)	57.53	41.23	64.72	51.00
新疆维吾尔自治区	*EQI*	39.73	25.76	35.63	50.31
	KEQI	0.67	0.23	0.39	1.32
	PEQI (%)	35.24	18.55	22.73	55.31

附表1 分省份生态系统质量指数分级占比统计

单位：%

	差	低	中	良	优
东北地区	1.48	5.40	66.89	24.86	1.38
黑龙江省	1.09	4.37	69.90	23.71	0.94
吉林省	3.01	7.01	63.67	25.90	0.42
辽宁省	0.66	6.52	61.53	27.16	4.13
华北地区	18.79	32.04	33.59	13.57	2.01
北京市	0.86	8.92	46.44	39.52	4.26
天津市	4.90	18.63	53.81	20.45	2.20
河北省	1.57	17.31	44.17	26.87	10.09
山西省	2.86	33.50	46.78	16.15	0.71
内蒙古自治区	25.41	35.20	28.81	10.01	0.58
华东地区	0.76	7.46	50.39	26.74	14.64
上海市	2.42	42.83	53.24	1.52	0.00
山东省	1.59	8.58	46.70	31.93	11.19
江苏省	1.09	13.28	54.26	29.11	2.26
安徽省	0.70	9.66	64.84	23.75	1.05
江西省	0.41	5.22	54.80	22.86	16.71
浙江省	0.74	7.99	52.64	29.79	8.84
福建省	0.24	2.80	36.59	25.54	34.83
台湾省	0.18	3.51	16.73	28.42	51.16
华中地区	0.54	6.83	64.81	24.69	3.13
河南省	1.11	8.96	48.32	35.79	5.82
湖北省	0.40	7.44	73.84	17.51	0.80
湖南省	0.22	4.70	69.55	22.44	3.08
华南地区	0.25	2.49	37.39	36.93	22.94
广东省、香港和澳门	0.45	3.75	32.76	33.46	29.58
广西壮族自治区	0.13	1.72	42.80	37.63	17.72
海南省	0.09	1.85	20.00	49.34	28.73
西南地区	22.39	14.05	41.35	15.94	6.27
四川省	2.56	12.63	53.65	26.61	4.56
贵州省	0.25	11.60	73.53	14.10	0.50
云南省	0.93	12.47	44.47	22.63	19.49
西藏自治区	53.72	16.13	20.78	6.81	2.56
重庆市	0.46	16.00	72.92	10.21	0.42
西北地区	29.94	24.28	28.67	14.82	2.28
陕西省	2.52	21.92	42.70	31.86	1.00
甘肃省	24.82	26.29	30.21	16.74	1.94
青海省	29.20	22.86	33.67	12.17	2.10
宁夏回族自治区	49.61	29.72	14.31	6.17	0.19
新疆维吾尔自治区	43.37	25.08	18.21	9.89	3.44

附表2 分省份生态系统质量指数变化率占比统计

单位：%

	明显下降	轻微下降	基本不变	轻微改善	明显改善
东北地区	0.29	0.34	22.79	47.10	29.47
黑龙江省	0.15	0.38	27.39	46.38	25.70
吉林省	0.20	0.24	19.93	50.25	29.38
辽宁省	0.91	0.36	11.83	45.12	41.79
华北地区	0.25	0.32	31.32	37.64	30.48
北京市	2.63	0.67	7.36	26.16	63.17
天津市	3.51	2.14	21.37	40.74	32.24
河北省	0.91	0.35	8.10	31.04	59.61
山西省	0.15	0.15	4.42	34.49	60.79
内蒙古自治区	0.06	0.32	41.16	39.66	18.80
华东地区	1.93	1.50	19.86	42.58	34.13
上海市	15.53	9.03	48.49	22.92	4.03
山东省	1.57	1.04	11.66	28.31	57.43
江苏省	3.92	2.71	24.62	28.97	39.77
安徽省	0.87	0.71	17.69	45.34	35.39
江西省	0.70	1.21	20.68	50.88	26.53
浙江省	3.39	1.91	25.90	49.47	19.33
福建省	1.50	1.83	18.20	50.04	28.44
台湾省	4.44	1.50	32.62	42.21	19.23
华中地区	0.53	0.59	19.51	46.28	33.09
河南省	0.80	0.59	10.78	32.60	55.23
湖北省	0.52	0.62	24.81	50.50	23.54
湖南省	0.34	0.56	21.53	52.97	24.61
华南地区	0.16	0.60	15.06	37.99	46.20
广东省、香港和澳门	0.19	0.73	13.90	36.93	48.25
广西壮族自治区	0.40	0.49	14.11	39.74	45.25
海南省	0.42	1.09	28.97	28.80	40.72
西南地区	1.14	1.33	53.10	28.88	15.55
四川省	2.41	1.22	34.21	40.59	21.56
贵州省	0.16	0.54	25.70	48.38	25.23
云南省	0.87	1.46	30.59	37.67	29.41
西藏自治区	0.74	1.60	85.75	10.61	1.31
重庆市	0.80	0.51	15.76	51.95	30.97
西北地区	0.31	0.59	53.84	26.28	18.98
陕西省	0.17	0.20	10.88	40.88	47.87
甘肃省	0.67	0.30	30.96	34.78	33.28
青海省	0.17	0.52	71.72	24.60	2.98
宁夏回族自治区	0.12	0.40	50.66	25.70	23.12
新疆维吾尔自治区	0.35	0.99	66.69	17.29	14.67

参考文献

[1] 生态环境部：《全国生态状况调查评估技术规范——生态系统质量评估HJ 1172—2021》中华人民共和国国家生态环境标准，2021。

[2] 顾行发、李闽榕、徐东华：《中国可持续发展遥感监测报告(2016)》，社会科学文献出版社，2017。

[3] 顾行发、李闽榕、徐东华：《中国可持续发展遥感监测报告(2017)》，社会科学文献出版社，2018。

[4] 顾行发、李闽榕、徐东华：《中国可持续发展遥感监测报告(2019)》，社会科学文献出版社，2020。

[5] 顾行发、李闽榕、徐东华：《中国可持续发展遥感监测报告(2021)》，社会科学文献出版社，2021。

[6] 顾行发、李闽榕、徐东华：《中国可持续发展遥感监测报告(2022)》，社会科学文献出版社，2022。

G.4
中国水资源要素遥感监测

摘　要： 本报告采用卫星遥感数据产品，监测分析了2022年我国降水、蒸散、水分盈亏、陆地水储量变化等水资源要素特征，并评估了2022年长江流域极端干旱事件对水资源要素的影响。监测结果显示：2022年全国平均降水量为598.4毫米，较常年偏少6.9%，除东北、华北及东南沿海等部分地区降水量较常年平均偏多外，我国大部分地区降水量较常年平均偏少。受干旱高温气候影响，2022年全国平均蒸散量为501.4毫米，较常年偏多13.4%，除东南诸河偏少外，其余水资源一级区蒸散量都较常年偏多。受降水偏少、蒸散偏多影响，2022年全国水分盈余量为97.0毫米，比常年偏少103.6毫米，除东北以及东南沿海的部分区域，全国大部分区域水分盈余较常年偏少，所有水资源一级区都较常年偏少。2022年全国平均陆地水储量为负异常，处于亏缺状态，处于亏缺状态的区域主要分布于青藏高原南部地区、西北天山地区、黄土高原以及华北地区，受干旱影响，长江中下游地区、淮河区中南部等地水储量出现亏缺。

关键词： 降水　蒸散　水分盈亏　陆地水储量变化

水是生命之源，是经济社会和人类发展所必需的基础与战略性资源，对人类的健康和福祉至关重要。人多水少、水资源时空分布不均是我国的基本国情和水情。随着人口增长、经济扩张以及全球气候变化加剧，我国水资源短缺形势依然严峻，水资源供需矛盾依然突出。全面掌握水资源要素的时空分布特征，对提升水资源管理与保护水平、促进水资源合理开发利用、深化水循环和水平衡以及极端气候研究具有重要意义。

降水是水资源的根本性源泉，蒸散发是地表水分的主要支出，降水量扣除蒸散量后形成的地表水及与地表水不重复的地下水，即通常所定义的水资源总量。降水量与蒸散量的差值反映了不同气候背景下大气降水的水分盈余、亏缺特征，正值表示水分盈余，负值表示水分亏缺，水分盈亏可表征水资源量的多寡。陆地水储量是指储存在陆地地表以及地下的全部水量，是区域降水、径流、蒸散发、地下水和人类开发利用等相关活动的综合反映，已成为全球水循环与水资源的重要组成部分。

卫星遥感可提供长期、动态和连续的大范围观测，为深入了解水资源的时空分布提供了科学依据及有力的数据保证。本部分利用遥感卫星数据监测我国2022年降水、蒸散发、水分盈亏、陆地水储量变化等水资源要素特征，以及干旱等极端气候事件对水资源要素的影响，以水资源一级区以及省级行政区为主要统计单元。水资源一级区按北方6区，包括松花江区、辽河区、海河区、黄河区、淮河区、西北诸河区，以及南方4区，包括长江区（含太湖流域）、东南诸河区、珠江区、西南诸河区等分别进行统计。行政分区按东部13个省级行政区北京、天津、河北、上海、江苏、浙江、福建、山东、广东、海南、香港、澳门、台湾，中部6个省级行政区山西、安徽、江西、河南、湖北、湖南，西部12个省级行政区内蒙古、广西、重庆、四川、贵州、云南、西藏、陕西、甘肃、青海、宁夏、新疆，东北3个省级行政区辽宁、吉林、黑龙江等分别进行统计。

降水数据来自多源卫星遥感数据与气象站点观测数据融合的CHIRPS降水产品（50°S~50°N）和GPM全球降水产品，空间分辨率分别为5千米和10千米，时间分辨率为月，最终降水在我国50°N以南地区为CHIRPS数据，50°N以北地区为GPM数据。蒸散发数据是以多源卫星遥感数据及欧洲中期天气预报中心（ECMWF）大气再分析数据ERA5作为驱动，利用地表蒸散遥感模型ETMonitor生产的全球蒸散产品，空间分辨率为1千米，时间分辨率为1天。陆地水储量变化数据采用美国得克萨斯大学空间研究中心（CSR）发布的GRACE月尺度全球Mascons产品，数据空间分辨率为0.25度；GRACE不能直接反演水储量绝对量，是相对于某一基准的异常，通过减去2002~2022年月陆地水储量异常的平均值，获得相对于2002~2022年平均的陆地水储量异常数据。

4.1　2022年中国水资源要素特征

4.1.1　降水

遥感监测我国2022年降水量为598.4毫米（降水总量为56878.3亿立方米），较2001~2022年常年平均（642.6毫米）偏少6.9%。空间上，降水从东南沿海向西北内陆递减（见图1），总体上南方多、北方少，东部多、西部少。东南部地区包括长江区东部、东南诸河区、珠江区中东部、藏东南地区等降水量在1600毫米以上，部分地区达到2000毫米以上；秦岭淮河一带、长江区中部、西南诸河区东南部以及辽东半岛东部等降水量在800~1600毫米；松花江区、辽河区中部、海河区、淮河区西部、黄河区南部、长江区西北部、西南诸河区西部等降水量为400~800毫米；西北诸河区南部以及东部、辽河区西部、海河区北部、黄河区中北部、长江区源头、西南诸河区的中部等降

水量为200~400毫米；西北内陆干旱区降水量通常小于200毫米，而新疆西北部受大西洋、北冰洋湿润气流影响，降水量达到400毫米，甚至600毫米。

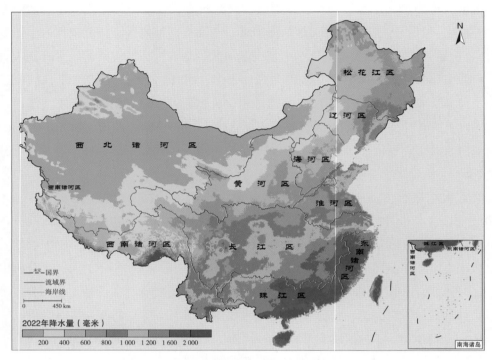

图1　2022年全国降水量空间分布

从降水距平空间分布看，2022年，东北松花江区南部、辽河区北部、黄土高原、华北平原以及东南沿海的广东等地，降水量较常年平均偏多，我国其余大部分地区降水量较常年平均偏少，特别是在青藏高原南部地区，2022年降水量较常年平均偏少达40%以上。2022年夏秋，长江中下游地区遭遇严重干旱，降水量在长江区东部较常年平均偏少20%~40%（见图2）。

从水资源分区统计看，2022年东南诸河区降水量最大，为1800.4毫米；其次为珠江区，降水量为1685.7毫米；长江区、淮河区、西南诸河区、辽河区降水量在600~1000毫米；松花江区、海河区、黄河区降水量在400~600毫米；西北诸河区降水量最少，为155.4毫米。2022年除辽河区、松花江区降水量较常年平均偏多超5%外，其余水资源区降水量与常年相当或偏少；东南诸河区、长江区、西南诸河区、西北诸河区偏少超5%以上，西北诸河区偏少最多，达17.7%。2022年，北方6区平均降水量为357.9毫米，南方4区为1083.7毫米，都较常年平均偏少，且南方偏少显著大于北方（见图3）。

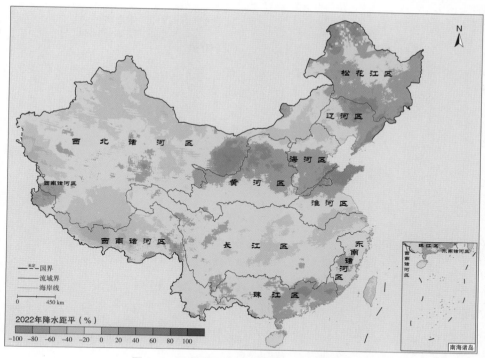

图2 2022年全国降水距平百分率空间分布

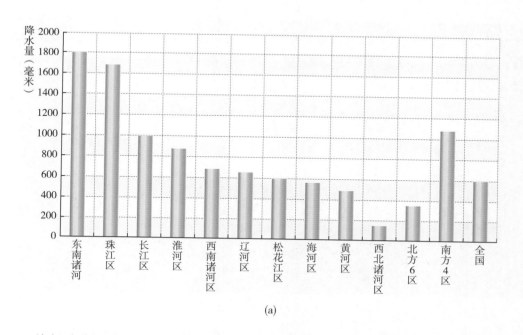

(a)

从行政分区统计看，2022年，广东降水量最大，为2077.5毫米，新疆降水量最少，为113.7毫米。15个省级行政区降水量超1000毫米，分别为：广东、香港、福建、台湾、江西、浙江、广西、海南、澳门、湖南、重庆、贵州、云南、安徽、湖北。13

163

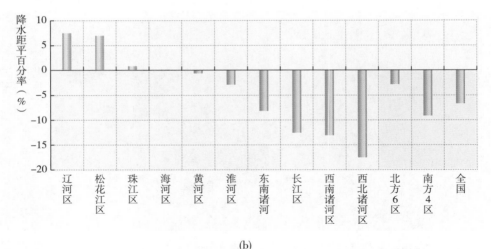

(b)

图3　2022年中国水资源一级区（a）降水量及（b）降水距平百分率

个省级行政区降水量在500~1000毫米，分别为：上海、山东、四川、江苏、辽宁、吉林、河南、陕西、黑龙江、天津、山西、北京、河北。西部6个省级行政区西藏、青海、内蒙古、宁夏、甘肃、新疆降水量不足500毫米。2022年全国共有9个省级行政区降水量较常年平均偏多，分别为：山东、吉林、辽宁、广东、山西、黑龙江、天津、内蒙古、宁夏，山东偏多最大，达22.4%；其余25个省级行政区2022年降水都偏少，安徽、新疆、上海、台湾、澳门偏少20%以上。总体上，2022年，东部、中部、西部以及东北地区降水量分别为1263.6毫米、1073.4毫米、429.0毫米、689.4毫米，除东北地区降水量较常年平均偏多7.3%外，东、中、西部地区都较常年平均偏少，中部地区偏少最多，达12.5%（见图4）。

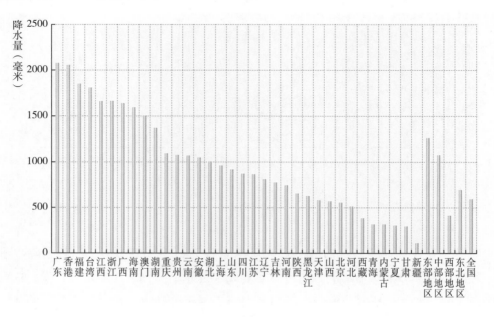

(a)

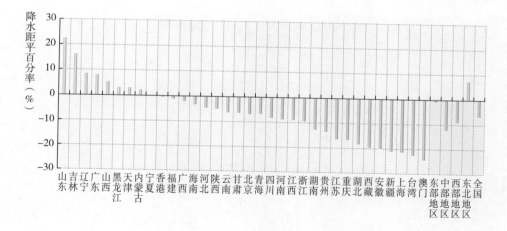

(b)

图4　2022年中国各省级行政区（a）降水量及（b）降水距平百分率

季节上，受到雨热同期气候特征影响，总体上我国是夏季降水多，冬季降水少。2022年，我国总体上6月降水最多，为114.2毫米，12月降水最少，不足10毫米。东、中、西部地区也都是6月降水最多，东部地区最多，6月降水为268.9毫米，其次为中部地区，为187.3毫米，西部地区最少，为80.0毫米；东北地区7月降水最多，为158.1毫米。北方地区也是7月降水最多，为90.7毫米，南方地区6月降水最多，为223.2毫米。降水季节性，东部地区大于中部地区，其后为东北地区、西部地区，南方地区大于北方地区。从降水月距平看，2022年，全国及大部分地区都是1~3月、6月、11月降水较常年同期偏多，大部分偏多10%以上，4~5月、7~10月、12月较同期偏少，9月偏少最为严重，超20%。东北地区1~2月降水较同期偏少达40%，3月、11月则偏多超40%，北方地区1~2月较常年同期偏少达20%以上（见图5）。

4.1.2　陆面蒸散发

2022年遥感监测全国平均蒸散量为501.4毫米（蒸散总量为47652.1亿立方米），比2001~2022年平均值（442.0毫米）偏多13.4%。地表蒸散空间分布由下垫面地表、区域热量条件（太阳辐射、气温）和水分条件（降水、土壤水）共同决定。2022年我国南方大部分地区蒸散量在800毫米以上，部分地区如海南岛、珠江中下游，蒸散量超过1000毫米。从东南沿海向西北内陆，从低纬向高纬蒸散量逐渐递减（见图6）。西北内陆区受水分条件限制，大部分地区蒸散量小于200毫米，但在山麓及山前平原地带，依靠河流及地下水的灌溉而发育有较大面积的耕地类型，土壤肥沃，灌溉条件便利，形成温带荒漠背景下的灌溉绿洲景观，年蒸散量达到400毫米以上。

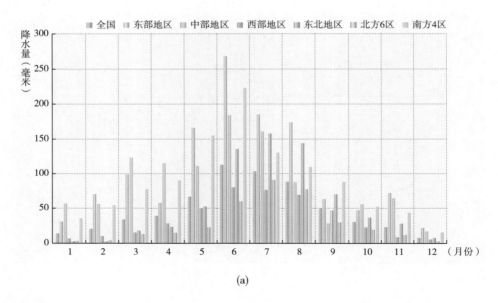

(a)

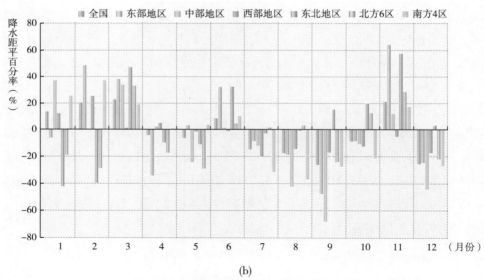

(b)

图5　2022年全国及各地区各月（a）降水量及（b）降水距平百分率

　　2022年全国蒸散距平百分率空间分布如图7所示，我国长江中下游地区受干旱影响，降水减少，蒸散量较常年偏少，在20%以内；西北内陆地区也受降水偏少影响，蒸散量较小，因此蒸散距平偏少80%以上。东北地区西部、黄河区中部2022年受降水偏多影响，蒸散量较常年偏多。我国西南地区、青藏高原地区以及西北山前平原地区，受降水偏少、干旱高温影响，造成积雪冰川融化，蒸散量较常年偏多，甚至达1倍以上。

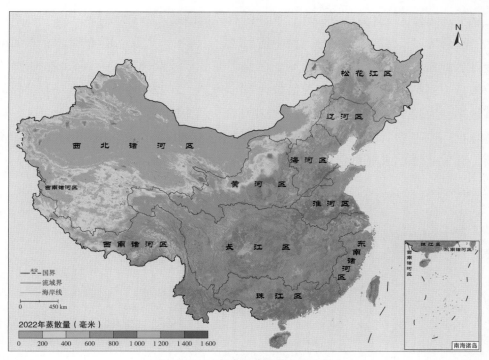

图 6　2022 年全国蒸散量空间分布

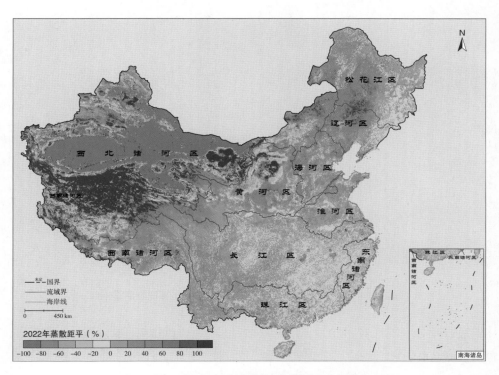

图 7　2022 年全国蒸散距平百分率空间分布

从水资源分区统计看，2022年，珠江区蒸散量最大，为924.6毫米；其后为东南诸河区、淮河区、长江区、海河区、西南诸河区、辽河区，蒸散量超600毫米；黄河区、松花江区2022年蒸散量也超500毫米。西北诸河区蒸散量最小，为186.4毫米。北方6区蒸散量为368.6毫米，南方4区蒸散量为770.4毫米。2022年西北诸河区蒸散量较常年偏多最多，为28.7%，其后为辽河区、松花江区、西南诸河区、海河区、黄河区，偏多15%以上，淮河区、长江区、珠江区也较常年偏多10%以内，仅东南诸河区较常年偏少6.5%。北方6区2022年蒸散量偏多20.7%，南方4区偏多7.0%（见图8）。

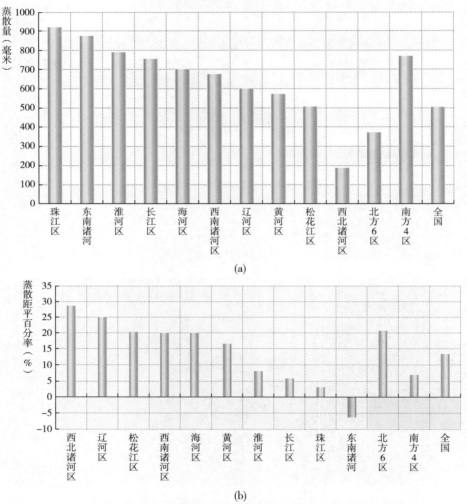

(a)

(b)

图8　2022年中国水资源一级区（a）蒸散量及（b）蒸散距平百分率

从省级行政分区统计看，2022年广西蒸散量最大，为932.7毫米，其后为广东、海南、台湾，超900毫米；福建、云南、安徽、香港、浙江、江西、贵州、湖北、湖南2022年蒸散量超800毫米，河南、江苏、重庆、上海、澳门、四川、山东、山西、陕西、河北、北京、天津、辽宁蒸散量在600~800毫米；西部地区的内蒙古、甘肃、宁夏、新疆不足400毫米，新疆蒸散量最小，为157.0毫米。2022年，各省级行政区中，大部分省区蒸散量较常年平均偏多，其中澳门、青海、内蒙古、西藏、河北、新疆、山西、黑龙江、陕西、吉林、辽宁、山东、云南、北京、贵州、香港16省区较常年平均偏多10%以上；湖北、广东、湖南、台湾、浙江、宁夏、江西、福建、海南9省区的蒸散量较常年平均偏少，大部分偏少在10%以内，海南偏少最多，为16.5%。东部地区与中部地区蒸散量相当，2022年为800毫米，西部地区为413.7毫米，东北地区为537毫米，分别较常年偏多3.0%、1.9%、19.7%、15.7%（见图9）。

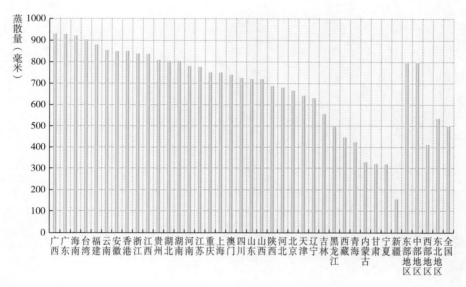

(a)

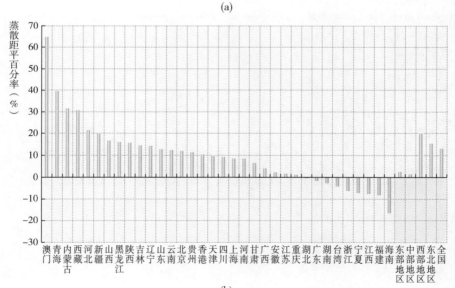

(b)

图9 2022年中国各省级行政区（a）蒸散量及（b）蒸散距平百分率

季节上，2022年，全国蒸散量7月最多，为84.3毫米，1月最少，不足10毫米，总体夏季蒸散量大，冬季蒸散量小。东部地区、中部地区、东北地区以及南方4区7月、8月蒸散量超过100毫米，西部地区、东北地区以及北方6区1月、12月蒸散量不足10毫米。从蒸散月距平看，总体上，2022年各月都较常年平均偏多，夏季（6~8月）蒸散量轻微偏多，而其他季节，2~3月、10~12月，大部分地区月蒸散量偏多超20%，特别是东北地区2~4月、10~11月，各月蒸散量偏多超40%。东部地区、中部地区以及南方4区5~6月蒸散量较常年同期偏少，但偏少不足10%（见图10）。

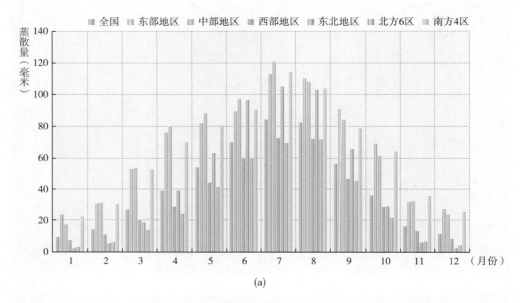

(a)

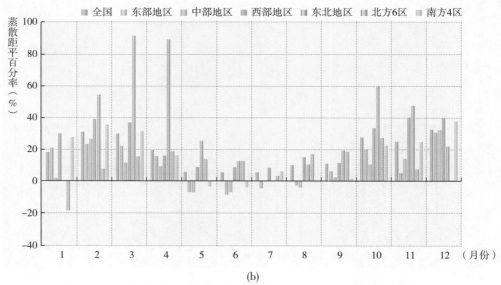

(b)

图10 2022年全国及各地区各月（a）蒸散量及（b）蒸散距平百分率

4.1.3　水分盈亏

受降水偏少、蒸散偏多影响，2022年全国水分盈余量为97.0毫米（水分盈余总量为9819.5亿立方米），比2001~2022年平均（200.6毫米）偏少103.6毫米。空间上，南方长江区、珠江区、东南诸河区的大部分地区2022年水分处于盈余状态，特别是东南诸河区、珠江区东部，水分盈余超1000毫米，而我国北方大部分地区水分处于亏缺状态或者盈余不足50毫米，仅东部地区水分盈余较多，部分地区超过500毫米。水分亏缺最严重的地区为青藏高原中部地区，水分亏缺超500毫米，其后为黄河区中部、华北平原，由于降水偏少，大量的农业灌溉导致蒸散偏多，水分亏缺严重，大部分亏缺在50~250毫米，部分地区超过500毫米。西北山前平原以及绿洲地区，由于灌溉用水增加蒸散，水分亏缺也超过500毫米（见图11）。

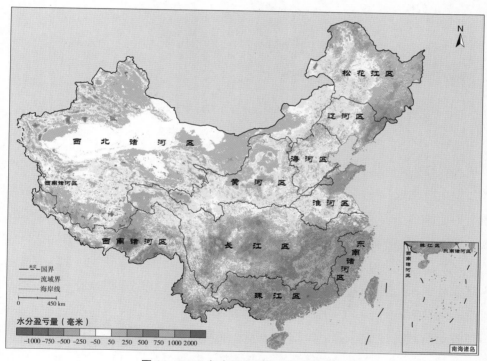

图 11　2022 年全国水分盈亏量空间分布

2022年全国水分盈亏距平空间分布总体上与降水距平空间分布相似。受降水偏多影响，我国东南沿海珠江区东部、东南诸河区、东北地区东部、黄河区中部、山东半岛，水分盈余较常年平均偏多，大部分偏多在100毫米以内，仅东南沿海部分地区偏多超400毫米。长江区、青藏高原区、黄河区南部、华北北部、东北西部等大部分地区，水分盈余较常年平均偏少200毫米以上，水资源量偏少，与降水偏少发生干旱、干旱高温增加蒸发相关。台湾地区近年来降水减少，2022年水分盈余偏少超400毫米（见图12）。

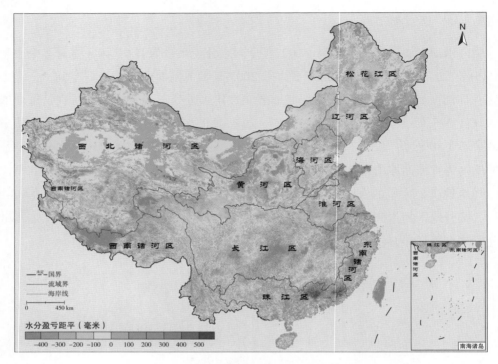

图 12　2022 年全国水分盈亏距平空间分布

从水资源分区统计看，2022年，东南诸河区水分盈余最多，为922.6毫米，其次为珠江区，为761.1毫米，长江区盈余238.2毫米，松花江区、淮河区、辽河区、西南诸河区水分盈余不足100毫米，西北诸河区、黄河区、海河区水分亏缺，其中海河区亏缺超过100毫米。总体上，南方4区水分盈余，北方6区水分亏缺。从水分盈余距平看，所有一级水资源区，2022年水分盈余都较常年平均偏少，西南诸河区偏少最多，偏少217.7毫米，珠江区偏少最少，仅偏少14.4毫米。2022年水分盈余偏少，说明水资源量不足，是一个偏干年份（见图13）。

从省级行政分区统计看，2022年，水分盈余最多的是香港，为1202.5毫米，其次为广东，超1000毫米，福建、台湾、江西、浙江、澳门、广西、海南、湖南水分盈余都超500毫米，湖北、安徽、辽宁、四川、黑龙江、江苏水分盈余不足200毫米，内蒙古、宁夏、河南、甘肃、陕西、新疆、天津、西藏、青海、北京、山西、河北12省区

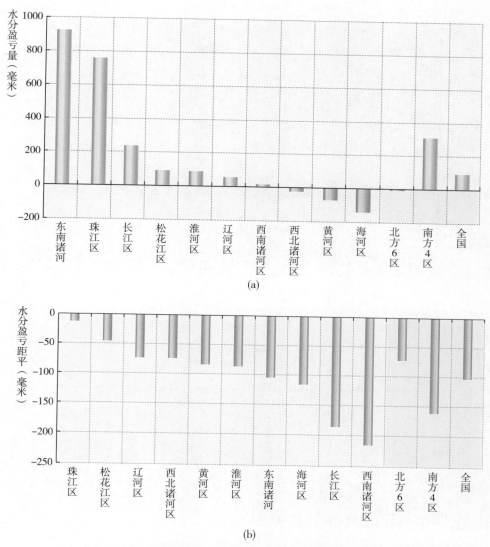

图 13 2022 年中国水资源一级区（a）水分盈亏量及（b）水分盈亏距平

水分亏缺，其中北京、山西、河北亏缺超100毫米。总体上东部、中部、西部以及东北地区水分盈余。从水分盈余距平看，除广东、海南、山东、福建、吉林、宁夏6省区水分盈余较常年平均偏多且不足200毫米外，其余省区水分盈余都较常年平均偏少，西藏、湖北、重庆、贵州、安徽、上海、台湾、澳门8省区水分盈余较常年平均偏少超200毫米。东部、中部、西部以及东北地区水分盈余都较常年平均偏少（见图14）。

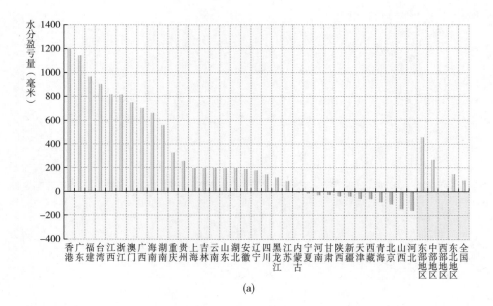

(a)

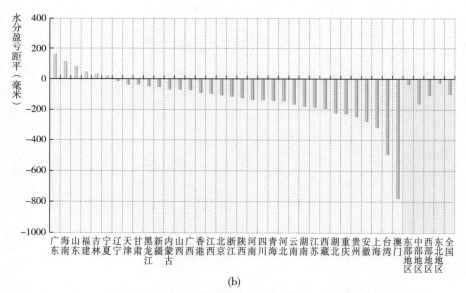

(b)

图 14 2022 年中国各省级行政区（a）水分盈亏量及（b）水分盈亏距平

　　季节上，2022年全国6月水分盈余最多，为44.0毫米，其次是7月，盈余19.6毫米，
5月盈余13.3毫米，其余月份盈余及亏缺不足10毫米，总体上9~10月、12月处于亏缺
状态。东部地区6月水分盈余最多，超150毫米，南方地区6月水分盈余也超100毫米，
中部地区6月水分盈余最多，为89.7毫米，但9月水分亏缺最多，超50毫米。东北地区
7月水分盈余最多，为53.0毫米，但在2~5月水分亏缺。总体上北方地区1月、7~8月、
11~12月水分盈余，但大部分不超过10毫米，其余月份水分亏缺；而南方地区仅10月、

12月水分亏缺，其余月份水分为盈余状态。从水分盈余各月距平看，2022年全国除6月水分盈余较常年偏多5.3毫米外，其余月份都较常年偏少或偏多不足1毫米；7~9月，水分盈余较常年偏少最多，超20毫米。各大区4月、7~10月、12月水分盈余都较常年平均偏少，其余月份与常年相当，部分区域轻微偏多（见图15）。

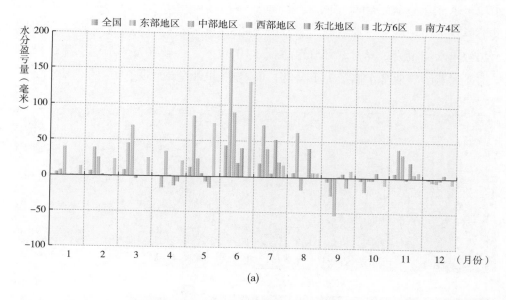

(a)

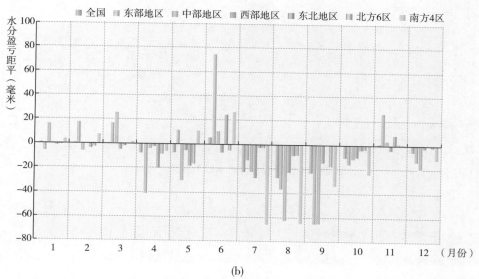

(b)

图15　2022年全国及各地区各月（a）水分盈亏量及（b）水分盈亏距平

4.1.4　陆地水储量变化

2022年全国平均陆地水储量为负异常，处于亏缺状态。处于亏缺状态的区域主要分布在青藏高原南部地区、西北天山地区、黄土高原以及华北地区、长江中下游地区、淮河区中南部等地（见图16）。随着气候变暖、冰川消融，青藏高原南部地区、西北天山地区水储量亏缺最为严重，超300毫米。黄土高原以及华北地区，由于大量农业灌溉用水，水储量处于亏缺状态，2021年华北地区大量降水补充了水储量亏缺，使得2022年水储量亏缺较2021年明显减少。我国东部特别是长江中下游地区2022年由于严重干旱，水储量也呈亏缺状态，但亏缺不超过100毫米。东北地区、青藏高原北部地区，2022年水储量为正异常，部分区域偏多100毫米，但较2021年出现下降，长江区中部、珠江区上游等地区水储量为正异常，但不超过100毫米（见图16）。

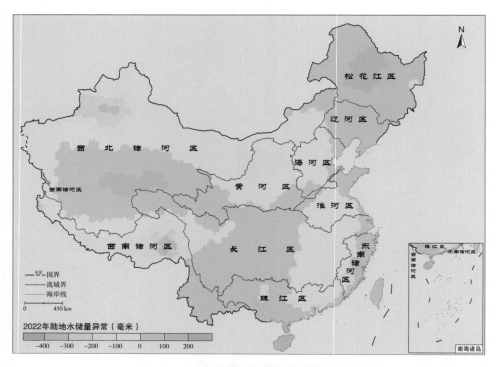

图16　2022年中国陆地水储量异常空间分布

从水资源分区统计看，2022年松花江区、辽河区、珠江区、东南诸河区、长江区水储量为正异常；其余地区水储量为负异常，西南诸河区水储量亏缺最为严重，达82毫米，其次为黄河区，亏缺39.3毫米。尽管海河区水储量仍为亏缺状态，但随着近年来华北地区降水增加，以及南水北调工程输入补给、减少地下水开采量，海河区2022年水储量亏缺状态得以改善，亏缺为21.6毫米。全国以及北方6区、南方4区水储量都为负异常，平均在10毫米左右（见图17）。

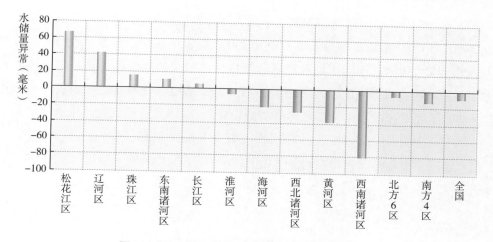

图 17　2022 年中国水资源一级区陆地水储量异常

　　从省级行政分区统计看，有19个省区2022年水储量为正异常，15个省区水储量处于亏缺状态。海南2022年水储量偏多最大，偏多113.4毫米，其后为黑龙江、辽宁，偏多超50毫米。2022年水储量亏缺最多的是宁夏，亏缺88.9毫米，新疆、西藏水储量亏缺超50毫米。总体上，中部、西部地区水储量亏缺，尽管东部地区水储量为正异常，但不明显，仅为3.4毫米。东北地区由于近年降水偏多，水储量为正异常，偏多达60.4毫米（见图18）。

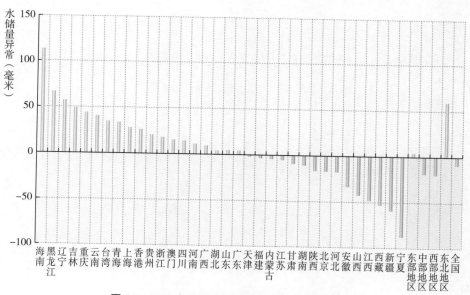

图 18　2022 年中国省级行政区陆地水储量异常

　　季节上，受降水补给影响，2022年全国大部分地区4~6月陆地水储量为正异常，高于2002~2022年多年平均水储量基准，而其他月大部分地区为负异常，表明水资源储量不足，用水压力加剧。不同区域水储量达到负异常最大的月份存在差异，东部地区负异常最大为10月，中部地区、北方地区为11月，西部地区、南方地区为12月。受降水偏多影响，东北地区2022年全年水储量都为正异常，且8月达到最大。从水储量月距平看，总体上，全国及大部分地区1~7月水储量较常年同期偏多，而8~12月较常年同期偏少，东北地区全年各月都较同期偏多（见图19）。

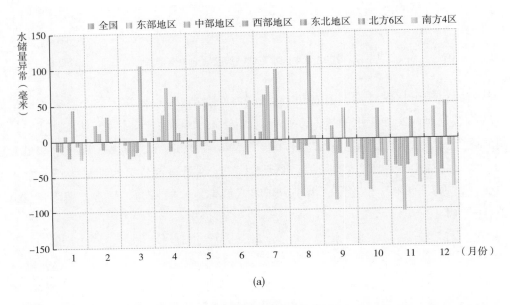

(a)

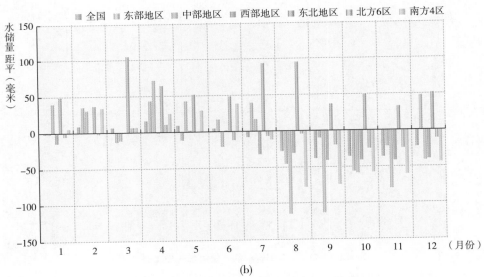

(b)

图19　2022年全国以及各地区各月陆地水储量（a）异常及（b）距平

4.2 2022年长江流域极端干旱事件对水资源的影响

2022年7~11月,长江中下游及川渝等地持续高温少雨,遭遇夏秋连旱。长江流域中旱及以上干旱日数为1961年来历史同期最多,干旱过程影响面积、重旱及特旱站数比例等多项指数均为历史之最,8月下旬干旱面积达到峰值。8月底,长江流域西部及北部地区出现明显降雨过程,气象干旱缓解;但长江中下游及以南大部分地区持续少雨,气象干旱持续发展,特旱区域扩大;9月下旬,鄱阳湖主体及附近水域面积减少八成,为历史新低。11月,区域阶段性降水过程使气象干旱得到缓解。持续的高温干旱对长江流域及其以南地区农业生产、水资源供给、能源供应及人体健康产生较大影响,对当地生态系统也造成了一定负面影响。

降水是判断气象干旱的主要指标,长江区2022年7月降水开始较常年同期偏少近三成,8月气象干旱最为严重,降水偏少近五成,9~10月,随降水增加,干旱缓解,降水负距平减少(见图20a)。遥感监测降水过程,与气象公报描述的气象干旱阶段一致。从蒸散距平看(见图20b),2022年长江区5~9月蒸散较常年同期偏多或基本相当(变化不超过5%),1~4月与10~12月较常年同期偏多10%以上,与长江区2022年气温偏高、蒸发增强相关。在干旱发生初期的7月,地表仍有部分水分,蒸散增强,因此蒸散距平为正,8~9月,随着干旱发展,地表可供蒸发的水分减少,蒸散距平为负。10~12月,随着干旱缓解,降水增加,地表供水增加,蒸散增加,较常年同期为正。水分盈余在1~6月,较常年同期变化不明显,在10毫米左右;但在干旱发生发展的过程中,7~12月,由于降水偏少,蒸散偏大,水分盈余较常年同期显著偏少,8月偏少最多,接近70毫米(见图20c)。水储量各月距平变化与水分盈余存在相似特征,1~7月,水储量较常年同期为正异常,在60毫米左右,用水压力在上半年不显著,随着干旱发生,农业、生产、生活用水增加,水储量减少,8~10月,水储量较常年同期偏少40毫米以上,9月偏少最多,近70毫米(见图20d)。遥感监测水循环要素降水、蒸散、水分盈亏、陆地水储量异常情况,很好地反映了2022年长江区的干旱发生发展过程。

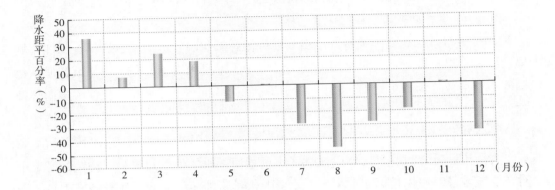

(a)

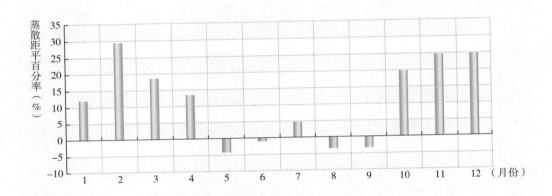

(b)

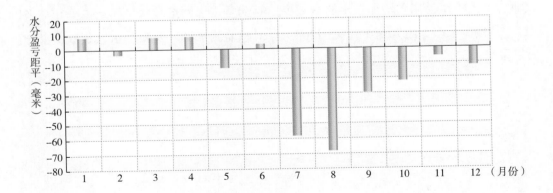

(c)

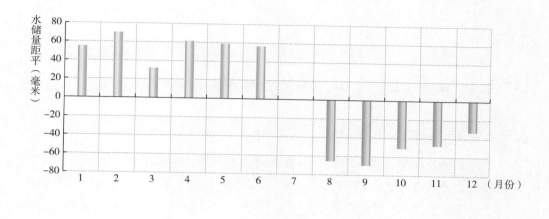

(d)

图20 2022年长江流域各月（a）降水量距平、（b）蒸散量距平、（c）水分盈亏距平、（d）陆地水储量距平

参考文献

[1] http://www.stats.gov.cn/ztjc/zthd/sjtjr/dejtjkfr/tjkp/201106/t20110613_71947.htm.

[2] https://data.chc.ucsb.edu/products/CHIRPS-2.0/.

[3] https://disc.gsfc.nasa.gov/datasets/GPM_3IMERGM_06/summary.

[4] https://data.casearth.cn/sdo/detail/6253cddc819aec49731a4bc2.

[5] https://www2.csr.utexas.edu/grace/RL06_mascons.html.

[6] http://www.cma.gov.cn/zfxxgk/gknr/qxbg/202203/t20220308_4568477.html.

G.5
中国主要粮食作物遥感监测

摘　要： 本报告融合国内外GF系列、Landsat系列、Sentinel 系列等卫星遥感数据、气象数据、区划数据、地面调查数据等多源数据，实现了2023年全国小麦、水稻、玉米的种植分布提取、生长状况监测、主要病虫害生境适宜性分析和作物产量估算。研究结果表明： ①2023年全国小麦、水稻、玉米整体生长状况良好， 与2022年相比总体长势持平；②2023年全国适宜小麦条锈病、赤霉病和蚜虫传播扩散的面积约1.6亿亩， 适宜水稻稻飞虱、稻纵卷叶螟、稻瘟病传播扩散的面积约1.9亿亩， 适宜玉米粘虫、 大斑病传播扩散的面积约2324万亩； ③2023年全国小麦总产量约1.3亿吨，水稻总产量约1.9亿吨，玉米总产量约2.4亿吨。

关键词： 粮食安全　种植面积　长势　病虫害生境适宜性　产量

粮食安全是我国的重大战略需求，也是国家稳定的基石。二十大报告指出，要加快建设农业强国，全方位夯实粮食安全根基，牢牢守住十八亿亩耕地红线，强化农业科技支撑，确保中国人的饭碗牢牢端在自己手中，提高防范化解重大风险能力，严密防范系统性安全风险，筑牢国家粮食安全防线。粮食作物种植面积提取、长势状况监测、主要病虫害生境适宜性分析、产量估算是保障我国粮食安全生产的重要工作内容，对于国家粮食生产宏观调控具有重要意义。本报告融合国内外GF系列、Landsat系列、Sentinel 系列等卫星遥感数据、气象数据、区划数据、地面调查数据等多源数据，综合考虑作物形态及营养状况信息、病虫害发生发展特点、地面菌源/虫源信息及历年发生情况统计资料等，建立作物长势监测模型、主要病虫害生境适宜性遥感分析模型和估产模型，完成了中国小麦、水稻、玉米的作物种植面积提取，长势状况监测，小麦条锈病、赤霉病、蚜虫，水稻稻飞虱、稻纵卷叶螟、稻瘟病，玉米粘虫、大斑病等主要病虫害生境适宜性遥感分析，以及作物产量估算，相关结果能够为农业生产与管理提供科学依据及数据支撑。

5.1　中国主要粮食作物种植区遥感监测

综合卫星遥感影像和气象信息等多源数据，利用作物在不同物候期的波段反射率和植被指数差异，结合其时序光谱、纹理和景观特征建立了区分小麦、水稻、玉米与其他作物的特征指标集合，将指标因子作为深度学习框架输入，同时结合土地利用产品中的耕地分布信息，构建了作物种植面积遥感监测模型，对2023年我国粮食作物种植面积进行提取和分析。根据结果分析，2023年全国小麦种植面积约32812万亩，主要集中在河北南部、山西南部、陕西中南部、甘肃南部、河南、山东西部、安徽北部、湖北中部、江苏、四川东部和新疆西北部等地区；2023年全国水稻种植面积约42974万亩，主要集中在湖南、湖北、江苏、安徽、江西的大部分地区以及黑龙江、浙江、福建、广东、广西、重庆和四川的部分地区；2023年全国玉米种植面积约59767万亩，主要集中在我国东北、华北和西南地区，包括黑龙江、辽宁、吉林、河北南部、河南东部、山东西部的大部分地区以及内蒙古、山西、陕西、甘肃、四川、安徽、湖南、湖北、贵州和云南的部分地区（见图1、图2、图3）。

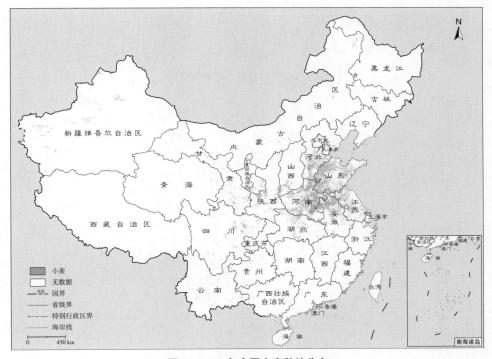

图1　2023年全国小麦种植分布

5.2　中国主要粮食作物长势遥感监测与变化分析

基于时序遥感数据、气象数据和作物长势状况地面调查数据等多个信息源，利用多时相多传感器卫星影像融合方法，计算并择优筛选作物不同生育期与作物叶面积指

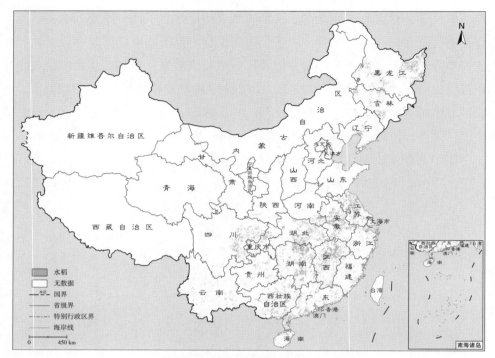

图 2   2023 年全国水稻种植分布

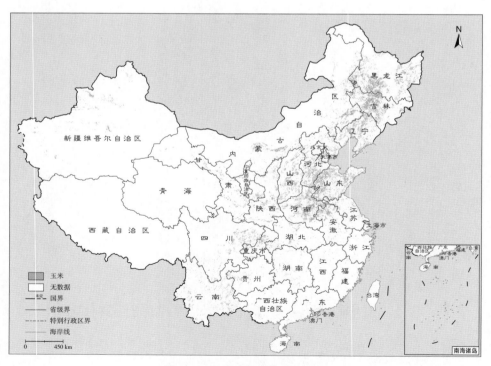

图 3   2023 年全国玉米种植分布

数、冠层叶绿素密度和红边指数等密切相关的遥感指标，结合作物生长模型进行作物长势状况监测。结果显示，2023年华北、华东、华中及西南麦区小麦生长状况呈现良好态势，西北麦区生长状况略差，与2022年相比总体长势状况持平；2023年全国范围内水稻整体生长状况呈现良好态势，与2022年相比总体长势状况持平；2023年全国范围内玉米生长状况呈现良好态势，与2022年相比总体长势状况持平。

5.2.1 小麦长势监测与变化分析

2023年各产区大部时段日照、温度和湿度条件适中，总体利于小麦生长发育。2022年12月至2023年2月华北麦区温湿度适宜，2月后春季东部主产麦区地表温度偏高，华北、黄淮麦区土壤湿度偏高，温湿度条件对小麦的返青起身及拔节生长有利。小麦长势监测结果显示，2023年全国小麦种植面积约32812万亩，华北、华东及华中小麦主产区总体生长状况呈现良好态势，西北地区小麦生长状况略差（见图4），其中山东大部、河南东部、江苏北部、安徽北部、陕西中部等地小麦长势优于上年同期（见图5）。

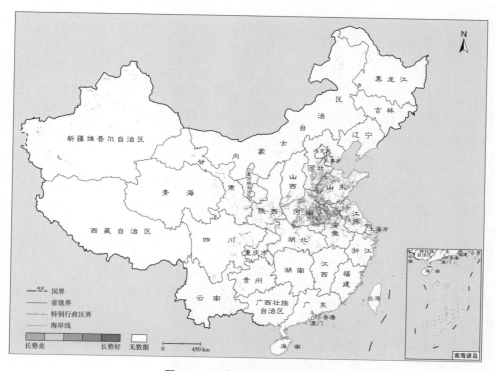

图4 2023年全国小麦生长状况

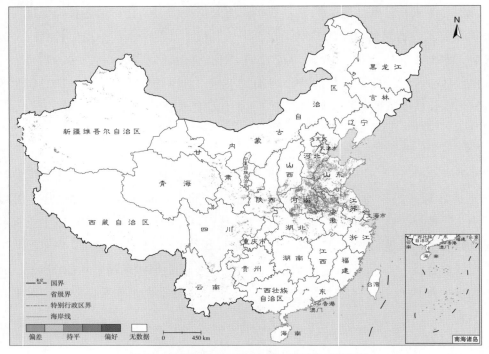

图5　2023年与2022年全国小麦长势对比分析

5.2.2　水稻长势监测与变化分析

2023年水稻播种以来，全国水稻主产区水热匹配良好，气象条件总体有利于水稻生长发育。播种育秧期地表温度较常年同期偏高，秧苗出苗较快，长势良好。返青分蘖期部分稻区出现阶段性低温或阴雨天气，移栽水稻返青推迟。孕穗抽穗期大部产区光温条件接近常年同期，天气条件利于水稻幼穗分化及抽穗开花。6月下旬受台风影响，局部地区水稻遭遇"雨洗禾花"，但影响总体偏轻。水稻长势监测结果显示，2023年全国水稻种植面积约42974万亩，总体生长状况呈现良好态势（见图6），其中江苏大部、安徽中部、湖北大部、湖南北部、江西北部等地水稻长势优于上年同期（见图7）。

5.2.3　玉米长势监测与变化分析

2023年玉米自播种以来，北方产区大部光温水条件匹配较好，对玉米的生长起积极促进作用。6~7月东北地区出现明显的"旱涝急转"，不利于玉米的生长。华北东部和黄淮北部等地高温多雨天气偏多，但对玉米的生长影响较小。8月东北玉米产区大部气温接近常年，降水偏多，西北地区东部、华北、黄淮大部地区光热充足，西南玉米产区大部光温接近常年，有利于玉米生长。河北、河南等地部分农田遭受轻至中度渍涝灾害，但对玉米生长的影响有限。玉米长势监测结果显示，2023

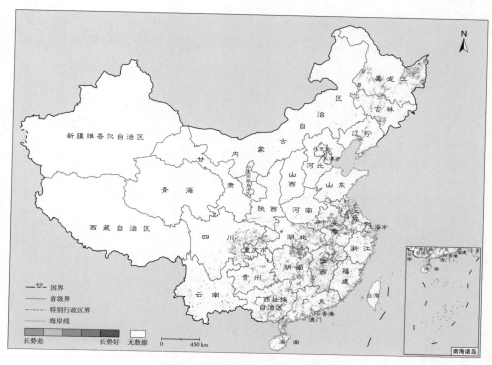

图 6 2023 年全国水稻生长状况

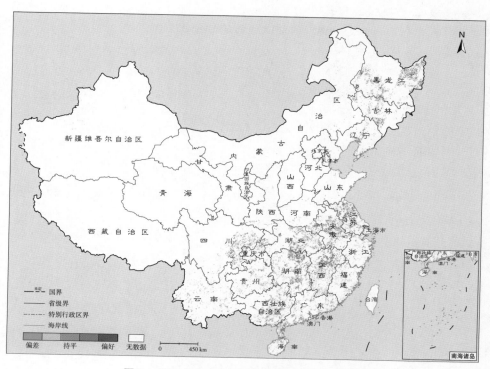

图 7 2023 年与 2022 年全国水稻长势对比分析

年全国玉米种植面积约59767万亩，总体生长状况呈现良好态势（见图8），其中山西北部、陕西北部、河南大部、河北西南部、安徽北部等地玉米长势偏好（见图9）。

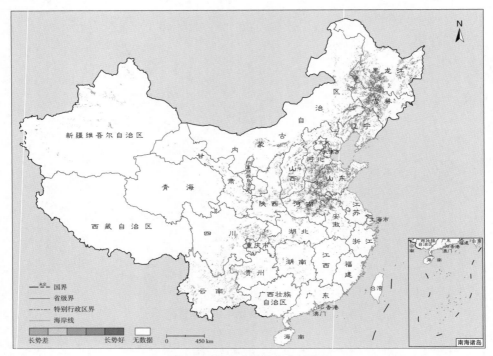

图8 2023年全国玉米生长状况

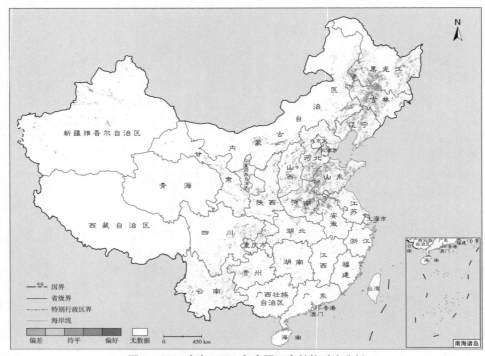

图9 2023年与2022年全国玉米长势对比分析

5.3 粮食作物重大病虫害生境适宜性分析

以中国高分GF系列、美国Landsat系列、欧盟Sentinel系列等卫星遥感数据为主要数据源，结合中国气象局的全国气象数据、地面调查的菌源/虫源基数等植保数据、病虫害传播扩散过程模型以及作物病虫害历年发生情况统计资料等，开展2023年全国小麦、水稻和玉米的主要病虫害生境适宜性遥感分析，针对病虫害的传播扩散特点，定量提取了小麦、水稻以及玉米病虫害的生境适宜性空间变化信息。

5.3.1 小麦病虫害生境适宜性分析

2023年春季我国大部麦区气温偏高，降水偏多，促进了蚜虫繁殖以及病害发生。西南东北部、西北大部等地降水较常年同期偏多，将利于条锈病的发生流行；长江中下游、江淮和黄淮大部出现持续降雨现象，利于赤霉病、纹枯病等病害的流行；华北大部麦区降水偏少，促进了蚜虫的发生发展。预计2023年全国小麦主产区生境较为适宜病虫害的发生发展。经生境适宜性分析可知，全国适宜小麦条锈病、赤霉病和蚜虫传播扩散的面积约1.6亿亩，其中，适宜小麦条锈病蔓延扩散的面积约1636万亩，主要分布在华东、华中、西南和西北地区，包括河南大部分麦区和湖北中部、安徽北部、四川东部等的零星麦区（见图10、表1）；适宜小麦赤霉病蔓延扩散的面积约2383亩，主要分布在华中、华东地区，包括安徽中南部、河南中部、江苏西部、湖北中部等的零星麦区（见图11、表2）；适宜小麦蚜虫传播扩散的面积约1.2亿亩，主要分布在华北、华东、华中和西北地区，包括河北中南部、山东大部、河南中部、江苏南部大部分麦区和山西南部、陕西中部、安徽中南部等的零星麦区（见图12、表3）。

5.3.2 水稻病虫害生境适宜性分析

2023年中国大部分地区气温较常年同期持平或偏高，华东、华中、华南、西南等地稻区降水偏少，田间病虫基数较往年偏低，降低了害虫的扩散流行风险，但东部沿海地区一直受到持续降雨和局地强降雨以及大风灾害现象的影响，仍可能促使水稻"两迁"害虫的繁殖以及水稻病害蔓延，预计2023年全国水稻主产区生境较为适宜病虫害的发生发展。经生境适宜性分析可知，全国适宜水稻稻飞虱、稻纵卷叶螟、稻瘟病传播扩散的面积约1.9亿亩，其中，适宜水稻稻飞虱传播扩散的面积约5845万亩，主要分布在南方稻区以及江南中部稻区，包括湖南大部、江西大部、安徽北部、湖北西部、江苏西部、广西北部、广东北部大部分稻区和四川南部、云南、贵州东部、浙江中部、福建中部等的零星稻区（见图13、表4）；适宜水稻稻纵卷叶螟传播扩散的面积约1.1亿亩，主要分布在西南东部、华南、江南、长江中下游和江淮稻区，包括湖南北部、江苏中部、湖北东部、江西北部、安徽东部大部分稻区和浙江、广西、云南、四川中部等的零星稻区（见图14、表5）；适宜水稻稻瘟病蔓延扩散的面积约2000万亩，主要分布在西南和江南丘陵山区、东北稻区，包括黑龙江东部、吉林中部、湖北西部、湖南南部、江西南部、安徽北部大部分稻区和云南、贵州、广西、广东、福建、浙江北部等的零星稻区（见图15、表6）。

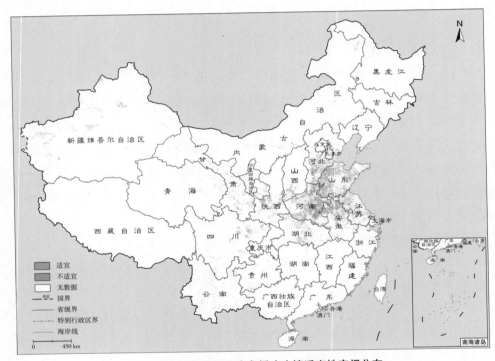

图10 2023年全国小麦条锈病生境适宜性空间分布

表1 2023年全国小麦条锈病适宜生境情况统计

单位：%

地理分区	适宜	不适宜
东北区	0.0	100
华北区	0.1	99.9
华东区	2.2	97.8
华南区	0.0	100
华中区	9.3	90.7
西北区	7.2	92.8
西南区	13.5	86.5

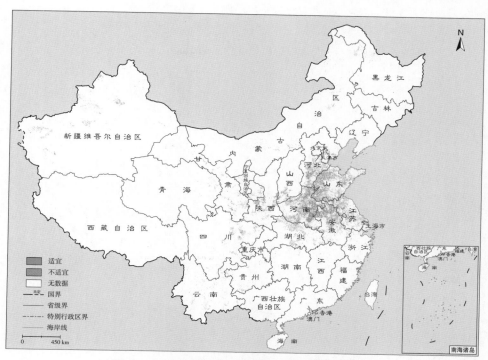

图 11　2023 年全国小麦赤霉病生境适宜性空间分布

表 2　2023 年全国小麦赤霉病适宜生境情况统计

单位：%

地理分区	适宜	不适宜
东北区	0.0	100
华北区	1.8	98.2
华东区	10.0	90.0
华南区	0.0	100
华中区	9.0	91.0
西北区	1.6	98.4
西南区	1.3	98.7

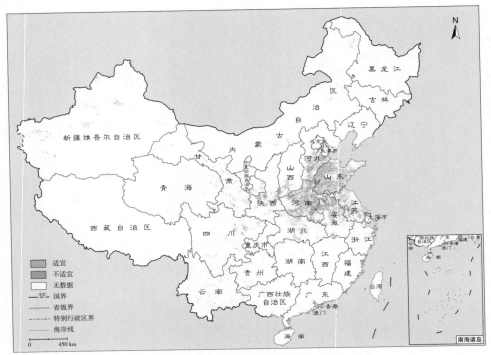

图 12　2023 年全国小麦蚜虫生境适宜性空间分布

表 3　2023 年全国小麦蚜虫适宜生境情况统计

单位：%

地理分区	适宜	不适宜
东北区	0.0	100
华北区	47.3	52.7
华东区	44.0	56.0
华南区	0.0	100
华中区	33.0	67.0
西北区	21.7	78.3
西南区	4.5	95.5

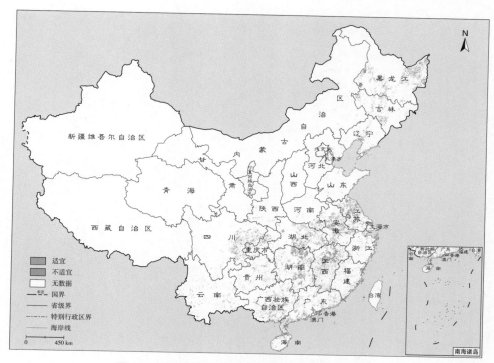

图 13　2023 年全国水稻稻飞虱生境适宜性空间分布

表 4　2023 年全国水稻稻飞虱适宜生境情况统计

单位：%

地理分区	适宜	不适宜
东北区	0	100
华北区	0	100
华东区	11.1	88.9
华南区	22.7	77.3
华中区	19.7	80.3
西北区	0	100
西南区	14.3	85.7

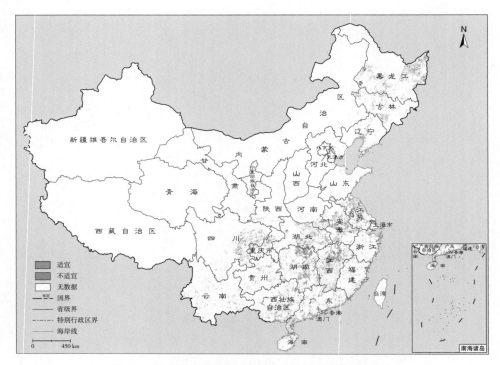

图 14 2023 年全国水稻稻纵卷叶螟生境适宜性空间分布

表 5 2023 年全国水稻稻纵卷叶螟适宜生境情况统计

单位：%

地理分区	适宜	不适宜
东北区	0	100
华北区	0	100
华东区	29.4	70.6
华南区	32.5	67.5
华中区	34.2	65.8
西北区	0	100
西南区	37.0	63.0

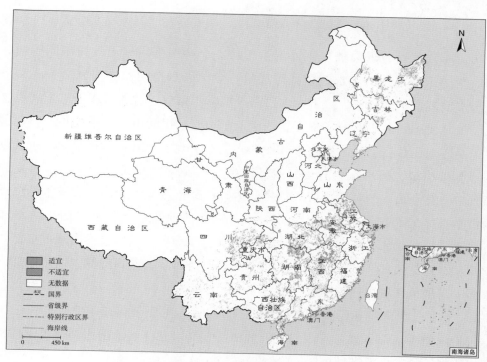

图 15 2023 年全国水稻稻瘟病生境适宜性空间分布

表 6 2023 年全国水稻稻瘟病适宜生境情况统计

单位：%

地理分区	适宜	不适宜
东北区	4.9	95.1
华北区	0	100
华东区	3.2	96.8
华南区	3.9	96.1
华中区	5.3	94.7
西北区	0	100
西南区	5.9	94.1

5.3.3 玉米病虫害生境适宜性分析

2023年夏我国气候总体呈现高温少雨特点，全国平均气温较往年同期偏高，华东、华中玉米主产区出现持续高温现象。全国降水空间差异明显，东北和华北等地降水偏多，华东、华中、华南、西南等地降水偏少，总体有利于玉米病虫害的发生。虽然我国西北、江淮、华南和西南玉米主产区田间虫量低于往年，但我国东北、华北等地仍存在大量降雨现象，加之盛夏发生北上台风、显著影响华东及以北地区玉米种植区，病虫害仍有进一步扩散蔓延风险。预计2023年全国玉米主产区生境较为适宜病虫害的发生发展。经生境适宜性分析可知，全国适宜玉米粘虫、大斑病传播扩散的面积约2324万亩，其中，适宜玉米粘虫传播扩散的面积约2139万亩，主要分布在东北、华北、华东北部及华中北部玉米产区，包括内蒙古东部、黑龙江西部、吉林大部、辽宁东部、河北南部、河南西部、贵州南部、四川东部、云南东部玉米种植区和山西、山东北部、安徽北部等的零星玉米种植区（见图16、表7）；适宜玉米大斑病蔓延扩散的面积约185万亩，主要分布在东北及西南玉米产区，包括内蒙古东部、黑龙江西部、吉林西部、辽宁北部、云南大部分玉米种植区和四川北部等的零星玉米种植区（见图17、表8）。

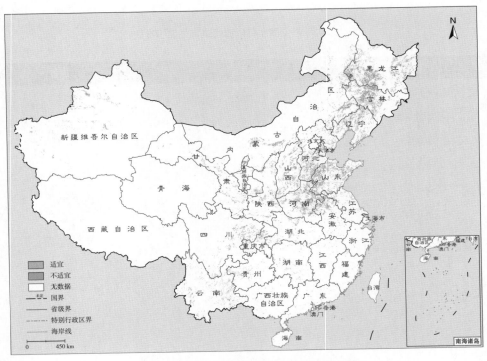

图16　2023年玉米粘虫生境适宜性空间分布

表7　2023年全国玉米粘虫适宜生境情况统计

单位：%

地理分区	适宜	不适宜
东北区	3.6	96.4
华北区	4.5	95.5
华东区	0.1	99.9
华南区	0	100
华中区	4.4	95.6
西北区	2.1	97.9
西南区	4.0	96.0

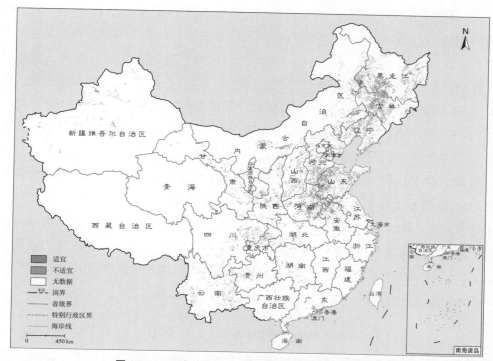

图17　2023年全国玉米大斑病生境适宜性空间分布

表8　2023年全国玉米大斑病适宜生境情况统计

单位：%

地理分区	适宜	不适宜
东北区	0.6	99.4
华北区	0.2	99.8
华东区	0.0	100.0

续表

地理分区	适宜	不适宜
华南区	0.0	100.0
华中区	0.0	100.0
西北区	0.1	99.9
西南区	0.8	99.2

5.4 中国主要粮食作物产量遥感估测

综合作物长势状况、病虫害发生发展状况数据以及历年作物产量数据，结合作物生长模型进行估产建模。研究结果表明，2023年全国小麦总产量约1.3亿吨，较上年减少123万吨，降幅0.9%，其中河南、山东、安徽、河北、江苏5个小麦主产省小麦产量合计占全国小麦总产量的82.5%；此外，河南、安徽、江苏和内蒙古等省区小麦产量相比上年有所增加，山东、河北、新疆、陕西、湖北、四川等省小麦产量略低于上年（见表9）；2023年全国水稻总产量约1.9亿吨，较上年增加187万吨，增幅0.9%，其中黑龙江、湖南、江苏、江西、湖北、安徽、四川7个水稻主产省水稻产量合计占全国水稻总产量的70.8%；此外，黑龙江、江苏、广东、广西、吉林、云南、河南、辽宁、贵州等省区水稻产量相比上年有所增加，且黑龙江相比上年增加7.5%，吉林相比上年增加8.8%（见表10）；2023年全国玉米总产量约2.4亿吨，较上年增加627万吨，增幅2.6%，黑龙江、吉林、内蒙古、山东、河南、河北、辽宁7个玉米主产省区玉米产量合计占全国玉米总量的76.9%；此外，内蒙古、新疆、陕西、甘肃等省区玉米产量低于上年，黑龙江、吉林、山东、河南、河北、辽宁、山西、四川、云南、安徽等省玉米产量高于上年（见表11）。

表9 2023年全国小麦主产省区产量统计

单位：万吨，%

省/自治区	产量	增幅
河南	3825	0.2
山东	2464	−1.4
安徽	1675	6.3
河北	1403	−8.5
江苏	1270	2.7
新疆	572	−6.4

省/自治区	产量	增幅
陕西	388	−6.1
湖北	390	−4.2
甘肃	262	0
四川	231	−7.2
山西	247	0
内蒙古	169	1.2

表 10　2023 年全国水稻主产省区产量统计

单位：万吨，%

省/自治区	产量	增幅
黑龙江	3143	7.5
湖南	2349	−3.5
江苏	2012	1.9
江西	1779	−5.9
湖北	1744	−2
安徽	1577	−2.8
四川	1409	0
广东	1096	1.1
广西	1032	3.3
吉林	730	8.8
云南	589	4.2
河南	526	2.7
辽宁	492	9.8
浙江	429	−2.7
重庆	407	−3.3
贵州	465	11

表11 2023年全国玉米主产省区产量统计

单位：万吨，%

省/自治区	产量	增幅
黑龙江	4161	4.6
吉林	3089	1.7
内蒙古	2689	−1.5
山东	2705	4.4
河南	2377	7.6
河北	2070	2.1
辽宁	1851	1.0
山西	1135	7.8
四川	1010	0.2
云南	1070	6.6
新疆	780	−3.6
安徽	666	7.4
陕西	546	−6.7
甘肃	493	−6.8

2022年我国重大自然灾害监测

摘　要： 本报告针对2022年我国自然灾害发生特点，在简要介绍全年整体灾情特点的基础上，充分利用高分系列、哨兵系列等国内外多源卫星遥感资源系统开展了重大典型洪涝、地震、地质等自然灾害的监测和评估工作。研究结果表明：①2022年，中国自然灾害与近5年均值相比，因灾死亡失踪人数、倒塌房屋数量和直接经济损失分别下降30.8%、63.3%和25.3%，灾害管理取得一定成效，但防灾减灾形势依然复杂；②2022年5月8日贵州省毕节市织金县山体垮塌灾害、2022年6月广东省清远市北江特大洪水灾害、2022年7月云南省昭通市盐津县柿子镇山体垮塌灾害、2022年8月辽宁省盘锦市绕阳河洪水灾害、2022年8月青海省西宁市大通县山洪灾害、2022年9月四川省甘孜州泸定县地震灾害等重大灾害造成了较大的社会经济损失，也给当地的区域可持续发展带来一定挑战。

关键词： 自然灾害　灾情　灾害监测

　　自然灾害一直以来都是人类社会面临的严重挑战之一。地震灾害、洪涝灾害、地质灾害等不仅对人们的生命和财产造成威胁，还对环境和社会稳定产生深远影响。如今，随着气候变化不断加剧，自然灾害的复杂性和严峻性也在不断增加，这对全球各地的居民和政府都带来了巨大挑战。近年来，随着科学技术的发展与进步，卫星遥感资源发展迅猛，航天事业的发展同样进入"快车道"，充分利用卫星遥感高空间分辨率、高时间分辨率、高光谱分辨率等特点，可以实现对我国多灾种的动态化监测，为防灾减灾和区域可持续发展提供有益的信息服务。

6.1　中国自然灾害2022年发生总体情况

　　经应急管理部会同工业和信息化部、自然资源部、住房城乡建设部、交通运输部、水利部、农业农村部、卫生健康委、统计局、气象局、银保监会、粮食和储备局、林草局、中国红十字会总会、国铁集团等部门和单位会商核定，2022年，我国自

然灾害以洪涝、干旱、风雹、地震和地质灾害为主，台风、低温冷冻和雪灾、沙尘暴、森林草原火灾和海洋灾害等也有不同程度发生。全年各种自然灾害共造成1.12亿人次受灾，因灾死亡失踪554人，紧急转移安置242.8万人次；倒塌房屋4.7万间，不同程度损坏79.6万间；农作物受灾面积12071.6千公顷；直接经济损失2386.5亿元。与近5年均值相比，因灾死亡失踪人数、倒塌房屋数量和直接经济损失分别下降30.8%、63.3%和25.3%。

6.2　2022年度遥感监测重大自然灾害典型案例

针对2022年我国自然灾害发生特点，充分利用高分系列、哨兵系列等国内外多源卫星遥感资源系统开展了贵州省毕节市织金县山体垮塌、广东省清远市北江特大洪水、云南省昭通市盐津县柿子镇山体垮塌、辽宁省盘锦市绕阳河洪水、青海省西宁市大通县山洪、四川省甘孜州泸定县地震等重大自然灾害的监测和评估工作，取得了系列成果。

6.2.1　2022年5月8日贵州省毕节市织金县山体垮塌应急遥感监测

2022年5月8日中午12点左右，贵州省毕节市织金县城关镇白岩村发生一起山体垮塌事故，有3人被埋。

灾害发生后，利用高分六号、高分二号遥感影像，迅速开展遥感数据获取、灾情应急监测与评估（见图1、图2）。

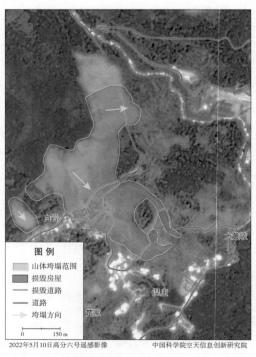

2022年5月10日高分六号遥感影像　　　中国科学院空天信息创新研究院

图 1　贵州省毕节市织金县山体垮塌遥感监测（灾后 2022 年 5 月 10 日高分六号遥感影像）

2020年8月26日高分二号遥感影像　　　中国科学院空天信息创新研究院

图 2　贵州省毕节市织金县山体垮塌遥感监测（灾前 2020 年 8 月 26 日高分二号遥感影像）

监测结果显示：本次山体垮塌掩埋房屋70余间，面积约5700平方米；损毁道路约1020米。

6.2.2　2022年6月广东省清远市北江特大洪水灾害应急遥感监测

2022年6月，北江流域发生了1915年以来的最大洪水，北江上游新韶站、下游石角站均出现超100年一遇的洪峰流量。6月22日12时北江石角站流量达18500立方米每秒，超过历史实测最大值。6月22日12时34分珠江委水文局发布洪水红色预警。

灾害发生后，利用高分一号、哨兵2号，迅速开展遥感数据获取、灾情应急监测与评估（见图3、图4、图5）。

监测结果显示：北江沿岸众多居民点和大片耕地被洪水淹没。其中洪水灾情较为严重的地区包括：①北江干流沿岸的曲江区白土镇、乌石镇、樟市镇、大坑口镇，英德市沙口镇、云岭社区、横石塘镇、望埠镇、白沙镇、连江口镇；②浈江沿岸的清城区、源潭镇、龙塘镇、石角镇；③连江沿岸的阳山县、青莲镇，英德市大湾镇、浛洸镇、西牛镇、水边镇。为分担北江中下游防洪体系的行洪压力，以飞来峡为核心的上游水库群联合调度，辅之以浈江蓄滞洪区分洪，有效保证了北江干流下游的防洪安全。

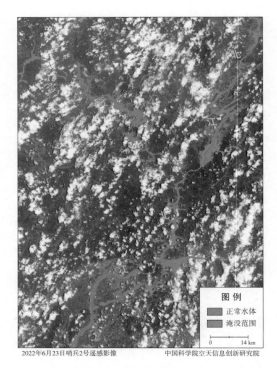

2022年6月23日哨兵2号遥感影像　　　中国科学院空天信息创新研究院

图 3　广东省清远市北江特大洪水遥感监测
（灾后 2022 年 6 月 23 日哨兵 2 号遥感影像）

2022年6月29日高分一号遥感影像　　　中国科学院空天信息创新研究院

图 4　广东省清远市北江特大洪水遥感监测（飞来峡水利枢纽、潖江蓄滞洪区）
（灾后 2022 年 6 月 29 日高分一号遥感影像）

2022年6月29日高分一号遥感影像

中国科学院空天信息创新研究院

图 5　广东省清远市北江特大洪水遥感监测（潖江蓄滞洪区）
（灾后 2022 年 6 月 29 日高分一号遥感影像）

6.2.3　2022年7月11日云南省昭通市盐津县柿子镇山体垮塌应急遥感监测

2022年7月11日18时46分，云南省昭通市盐津县柿子镇柿凤二级公路白水社区新区干沟子发生山体垮塌。经初步核实，造成1人被困、4人轻微受伤。山体滑坡致使道路双向中断。

灾害发生后，利用高分一号遥感影像，迅速开展遥感数据获取、灾情应急监测与评估（见图6、图7）。

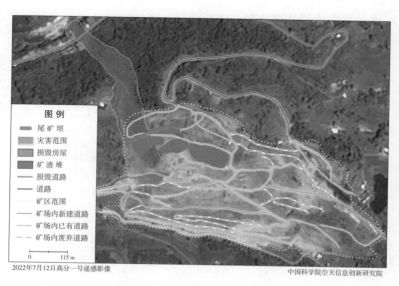

2022年7月12日高分一号遥感影像

中国科学院空天信息创新研究院

图 6　云南省昭通市盐津县柿子镇柿凤二级公路白水社区新区干沟子山体垮塌（灾后 2022 年 7 月 12 日高分一号遥感影像）

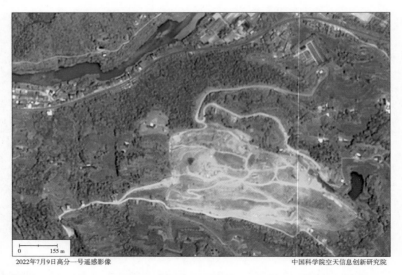

2022年7月9日高分一号遥感影像   中国科学院空天信息创新研究院

图7   云南省昭通市盐津县柿子镇柿凤二级公路白水社区新区干沟子山体垮塌（灾前2022年7月9日高分一号遥感影像）

监测结果显示：受灾建筑物南侧山坡约300米处有露天矿场施工，疑似尾矿坑矿渣回填作业。从多期遥感影像判断，场内施工作业主要包括：采矿生产、以废矿渣填筑施工道路、矿渣回填矿坑作业。

依据2022年4月10日高分二号（灾前3个月）、2022年7月9日（灾前两天）高分一号两期遥感影像解译，表明此露天矿场生产、施工繁忙，场内施工道路变化较大，已新建多条施工道路。其间场内矿坑回填进展也很迅速，灾害发生前3个月，矿场内最大矿坑中形成两处较大回填矿渣堆。

山体垮塌下方是一个尾矿库。紧靠山体垮塌后缘是一条新建矿渣填筑的场内施工道路。据初步判断，新建道路主要目的是用于矿渣回填。

经初步分析，此次山体垮塌可能与矿渣回填作业有关。矿渣堆重力使下层山体荷载增大，并产生地基沉降，破坏山体稳定，造成山体垮塌。堆积物冲向下方尾矿库，巨大的冲击力造成尾矿坝溃坝，山体垮塌岩土体和尾矿库堆积物合并从而形成碎屑流冲向下方的公路和居住地。

根据遥感影像解译，此次灾害共造成5间房屋被损毁，占地面积约550平方米；损毁道路约45米。

6.2.4   2022年8月1日辽宁省盘锦市绕阳河洪水应急遥感监测

受2022年7月27日、7月28日两轮强降雨影响，绕阳河发生有水文记录以来的最大洪水。8月1日6时，绕阳河左岸曙四联段一处堤坝出现严重透水。8月1日10时30分出现溃口。灾害发生后，利用高分六号遥感影像，迅速开展遥感数据获取、灾害应急监测

（见图8、图9）。

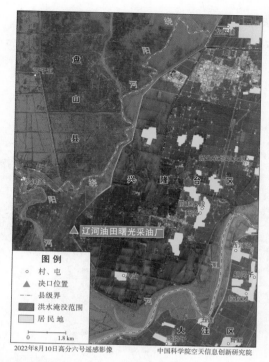

图 8　辽宁省绕阳河盘锦曙四联段溃堤遥感监测（灾后 2022 年 8 月 10 日高分六号遥感影像）

图 9　辽宁省绕阳河盘锦曙四联段溃口遥感监测（灾后 2022 年 8 月 10 日高分六号遥感影像）

监测结果显示：堤坝溃口宽度有50米左右。洪水从堤坝左岸不断涌出，淹没了村庄、农田和油田设施。

6.2.5　2022年8月17日青海省西宁市大通县山洪灾害应急遥感监测

2022年8月17日晚10时，青海省西宁市大通县瞬间强降雨，引发山洪，造成泥石流，2个乡镇6个村1517户6245人受灾。

灾害发生后，利用高分一号、高分六号、哨兵2号遥感影像，迅速开展遥感数据获取、灾情应急监测与评估（见图10~13）。

图 10　青海省西宁市大通县山洪遥感监测（灾后 2022 年 8 月 20 日哨兵 2 号遥感影像）

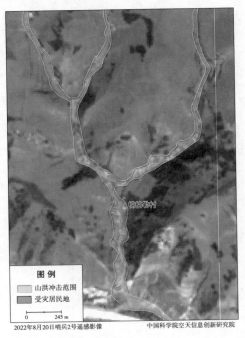

图 11　青海省西宁市大通县山洪遥感监测（棉格勒村）（灾后 2022 年 8 月 20 日哨兵 2 号遥感影像）

图 12　青海省西宁市大通县山洪遥感监测（沙岱村、贺家庄村、青山村）（灾后 2022 年 8 月 20 日哨兵 2 号遥感影像）

图 13　青海省西宁市大通县山洪遥感监测（卧龙村）（灾后 2022 年 8 月 20 日哨兵 2 号遥感影像）

监测结果显示：8 月 17 日山洪导致青山乡、青林乡约 23.7 万平方米建筑物受灾。其中青林乡棉格勒村、青山乡卧龙村、贺家庄村、青山村、沙岱村灾情最为严重。

6.2.6　2022 年 9 月 5 日四川省甘孜州泸定县地震灾害应急遥感监测

2022 年 9 月 5 日 12 时 52 分，四川甘孜州泸定县（北纬 29.59 度，东经 102.08 度）发生 6.8 级地震，震源深度 16 千米。

灾害发生后，利用高分六号遥感影像，迅速开展遥感数据获取、灾害应急监测（见图14）。

2022年9月10日高分六号遥感影像　　　　中国科学院空天信息创新研究院

图 14　四川省甘孜州泸定县地震灾害遥感监测（灾后 2022 年 9 月 10 日高分六号遥感影像）

监测结果显示：地震导致泸定县与石棉县交界地区发生大规模滑坡、塌方、碎屑流。监测范围内新增地质灾害1160余处。

参考文献

《应急管理部发布2022年全国自然灾害基本情况》， https://www.mem.gov.cn/xw/yjglbgzdt/202301/t20230113_440478.shtml。

G.7
中国细颗粒物浓度卫星遥感监测

摘　要： 本报告基于卫星遥感数据、气象数据和地面PM2.5浓度数据，研制了2022年和2021年的PM2.5卫星遥感数据集，并分析了全国区域、重点城市群和主要经济圈的PM2.5浓度变化趋势。研究表明：①2022年中国区域PM2.5年平均浓度为25.38μg/m³，整体值偏低，其中南方、西藏和内蒙古的大部分地区PM2.5浓度明显小于其他地区；②相比2021年，2022年全国PM2.5下降了3.31%，全国70.0%的国土面积上空的PM2.5浓度有所下降；③2021年中国有78%的区域PM2.5浓度达到了WHO中期目标，2022年有81%的区域达到了WHO中期指标，说明中国的空气质量进一步提高。

关键词： PM2.5　浓度　卫星遥感　变化趋势

7.1　2022年中国细颗粒物浓度卫星遥感监测

7.1.1　2022年全国陆地上空细颗粒物浓度分布

本报告结论基于生态环境部地面PM2.5浓度观测站点与MODIS气溶胶光学厚度产品，同时结合相对湿度、大气边界层高度等气象因素，通过计算这些因素与PM2.5浓度的相关关系，估算了2022年中国区域PM2.5年平均浓度，并定量化分析了全国PM2.5浓度的空间分布特性。

研究结果显示，2022年中国区域PM2.5平均浓度为25.38μg/m³，相对2021年同比下降了3.31%。如图1所示，2022年中国PM2.5浓度整体偏低，其中南方、西藏和内蒙古的大部分地区PM2.5浓度明显小于其他地区，说明这些地区的空气质量相对较好。空气质量相对较差的区域主要分布在华北平原地区和新疆塔克拉玛干沙漠地区。华北平原地区地形特殊，大气扩散能力受地理条件限制，外部污染物容易向内堆积，本地污染物又不易向外扩散，使华北平原的空气污染程度高于周边区域。新疆地区由于塔克拉玛干沙漠粉尘污染较为严重，其PM2.5年平均浓度也相对较高。

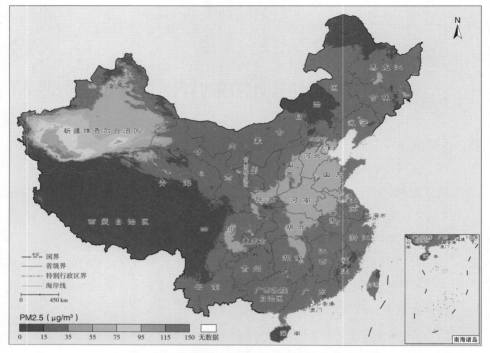

图 1　2022 年遥感监测中国 PM2.5 年平均浓度分布

7.1.2　2022年重点城市群细颗粒物浓度分布

7.1.2.1　中原城市群

1.中原城市群地区概况

中原城市群位于我国的中东部地区，指河南省以郑州市为中心，以洛阳市为副中心的经济带，其主要范围包括中原一带地区，此城市群的核心区域包括河南省的郑州、洛阳、平顶山、新乡、开封、济源等多个城市。中原城市群是长三角、珠三角、京津冀之间城市群规模最大、一体化程度最高、人口最密集的城市群，承接东部产业、西部资源，是我国重要的经济发展带动区域，极大促进了我国中东部城市圈的经济增长。

2.2022年中原城市群PM2.5浓度空间分析

2022年中原城市群PM2.5平均浓度为44.92 μ g/m^3，相对2021年同比上升了6.7%。由图2可见，中原城市群的空气污染程度主要由北向南递减，并且从城市群中心区域开始，向东西两侧辐射递减。该区域污染主要受以下因素影响：高密集人口压力带来的燃煤排放、机动车尾气、工业排放和扬尘等。

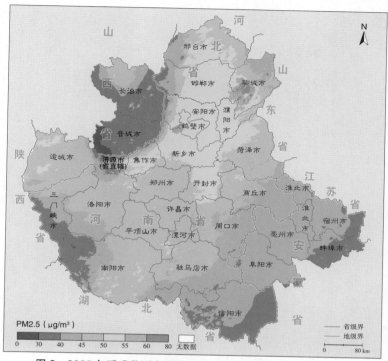

图 2   2022 年遥感监测中原城市群 PM2.5 年平均浓度分布

7.1.2.2   长江中游城市群

1. 长江中游城市群地区概况

长江中游城市群是以长沙、武汉、合肥、南昌四大城市为子集的超特大城市群组合，是世界上面积最大的城市群。此城市群涵盖武汉城市群、环长株潭城市群、环鄱阳湖城市群、江淮城市群，武汉、长沙、南昌三省会遥相呼应，逐渐形成了三大都市圈。三大都市圈在各省的经济总量中所占比重均在60%以上，极大地拉动了各省经济快速发展，以三大核心形式推动中部崛起，保证各区域协调、有效发展，并不断带动周边区域的资源利用、加快经济增长。

2. 2022年长江中游城市群PM2.5浓度空间分析

2022年长江中游城市群PM2.5平均浓度为30.64μg/m³，相对2021年同比下降了0.2%。如图3所示，长江中游城市群的北部和西部空气污染程度相对较高，并向南部以及东部逐级递减，PM2.5浓度呈现"西北高、东南低"的分布特点。

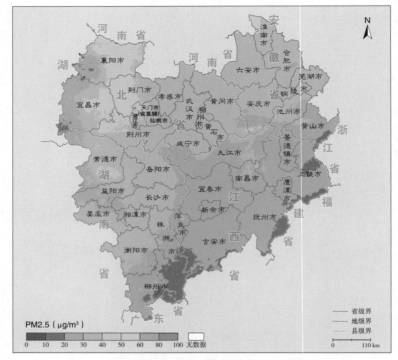

图3　2022年遥感监测长江中游城市群PM2.5年平均浓度分布

7.1.2.3　哈长城市群

1. 哈长城市群地区概况

哈长城市群是指我国东北地区以哈尔滨市、长春市为核心，辐射两翼大庆、吉林、齐齐哈尔等地的经济带，其主要范围涵盖东北中北部。哈长城市群包括哈尔滨、长春、大庆、吉林、齐齐哈尔、牡丹江、四平、延边朝鲜族自治州等多个地市。

2. 2022年哈长城市群PM2.5浓度空间分析

2022年哈长城市群PM2.5平均浓度为25.68μg/m³，相对2021年同比下降了2.57%。由图4可见，哈长城市群的PM2.5浓度呈现"南北低、中心高"的分布特点，空气污染呈现由中心向南北递减的趋势，其污染主要受以下因素影响：冬季采暖燃煤燃烧、生物质燃烧以及石油开采产生的废气等。

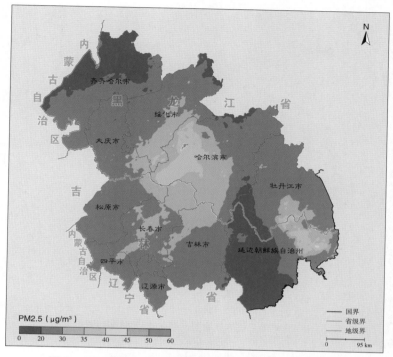

图 4　2022 年遥感监测哈长城市群 PM2.5 年平均浓度分布

7.1.2.4　成渝城市群

1. 成渝城市群地区概述

成渝城市群是以成都市、重庆市为核心，包括四川的成都、遂宁、内江、资阳和重庆主城、万州等不同规模等级的城市集合体，城市群远期展望到2030年。成渝城市群是全国重要的城镇化区域，具有连接东西、贯通南北的地理优势。成渝城市群的自然条件优良，综合承载力较强，交通体系较为健全。各城市间交通、农业、商贸、教育、科技、劳务等领域合作不断加强、不断深化，城市一体化发展的趋势日益明显。

2. 2022年成渝城市群PM2.5浓度空间分析

2022年成渝城市群PM2.5平均浓度为30.27μg/m³，相对2021年同比下降了0.03%。如图5所示，成渝城市群的空气污染由中心向周围辐射递减，PM2.5浓度呈现"中心高、四周低"的分布特点。成渝城市群的空气污染主要来自移动源，并且由于成渝城市群处于降水充沛、相对湿度较高的四川盆地区域，细颗粒物吸湿膨胀使污染物富集；另外，盆地地形阻碍了污染物的向外扩散，使当地PM2.5浓度升高。

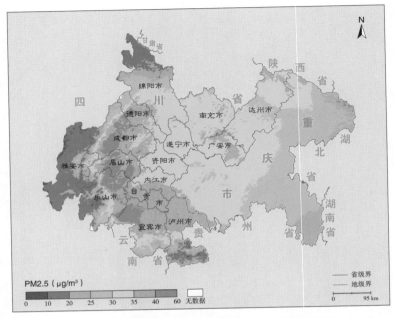

图5　2022年遥感监测成渝城市群PM2.5年平均浓度分布

7.1.2.5　关中城市群

1.关中城市群地区概况

关中城市群是以陕西省西安市为中心，囊括咸阳市、渭南市、商洛市、宝鸡市、铜川市等多个城市形成的城市群。关中城市群是陕西人口最密集地区，经济发达，文化繁荣，是全省的政治经济文化中心。经过多年建设，关中城市群已成为我国西部重要的高新技术产业、科学技术产业地带，是陕西省乃至我国西北地区的重要生产基地、科研基地。

2.2022年关中城市群PM2.5浓度空间分析

2022年关中城市群PM2.5平均浓度为35.37μg/m³，相对2021年同比上升了14.6%。由图6可知，关中城市群的PM2.5浓度呈现"中东高、西南低"的分布特点，其中心及东部地区的空气污染程度明显高于其他区域。化石燃料燃烧、汽车尾气、工地和马路扬尘以及其他工业企业的排放，是关中城市群空气污染的主要来源。

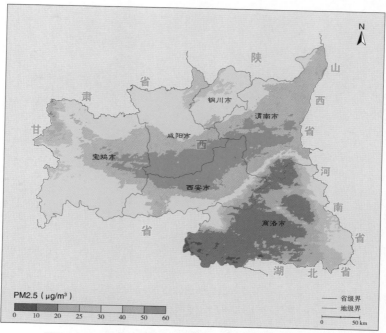

图 6　2022 年遥感监测关中城市群 PM2.5 年平均浓度分布

7.1.2.6　山东半岛城市群

1. 山东半岛城市群地区概述

山东半岛城市群是以济南市、青岛市为核心，包括潍坊市、东营市、日照市、淄博市、烟台市、威海市等城市形成的城市群，是山东省的重点发展区域。它地处我国环渤海区域，是重要的港口城市群，山东半岛经济发达，产业体系完善，城镇体系建设良好，交通体系网络便利，在我国经济发展中占据重要战略地位。山东半岛城市群的战略目标是组成全球城市体系和全球产品生产服务供应链的重要一环，同时加强与日本九州、韩国西南海岸的交流与合作，推动建成"鲁日韩成长三角"。山东半岛城市群作为我国黄河流域经济中心和带动区域，以增长极的地位，带动北方地区的经济增长与产业合作。

2. 2022年山东半岛城市群PM2.5浓度空间分析

2022年山东半岛城市群PM2.5平均浓度为$32.69\mu g/m^3$，相对2021年同比下降了16.47%。如图7所示，山东半岛城市群的空气污染由西部向东部递减，PM2.5浓度呈现"西高东低"的分布特点。

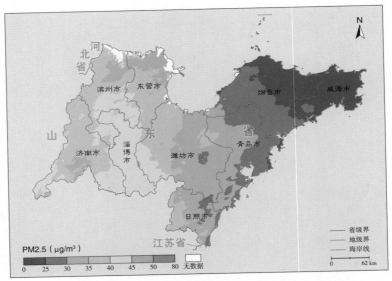

图 7　2022 年遥感监测山东半岛城市群 PM2.5 年平均浓度分布

7.1.3　2022年主要经济圈细颗粒物浓度分布

中国主要经济圈包括京津冀经济圈、长三角经济圈、粤港澳大湾区经济圈（珠三角经济圈与香港、澳门）。

2022年京津冀地区的PM2.5平均浓度为32.11μg/m³，长三角地区的PM2.5平均浓度为29.18μg/m³，粤港澳大湾区的PM2.5平均浓度为19.98μg/m³。如图8、图9、图10所示，京津冀地区的PM2.5浓度呈现"南高北低"的分布特点，空气污染由北部向南部逐渐加重；长三角地区的PM2.5浓度也具有"南高北低"的分布特征；粤港澳大湾区的PM2.5浓度呈现"西部高、东部低"的分布特点，空气污染由西部向东部递减。

7.2　2021~2022年全国陆地上空细颗粒物浓度变化分析

7.2.1　2021~2022年全国区域细颗粒物浓度变化分析

总体而言，2022年全国细颗粒物浓度相比2021年下降了2.68μg/m³，同比下降幅度达3.31%。相较于2021年，2022年全国70.0%的国土面积上空的PM2.5浓度有所下降，由图11可知，新疆北部部分地区、内蒙古部分地区以及华北平原北部大部分地区的PM2.5浓度显著下降，西藏、两广及其他南方部分地区的PM2.5浓度也有所降低。

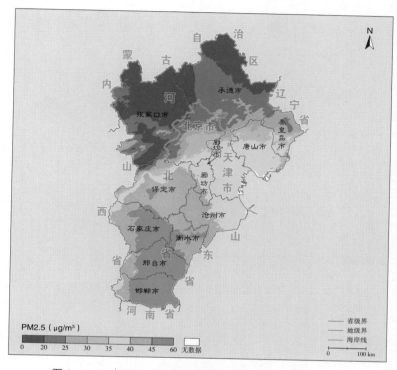

图 8　2022 年遥感监测京津冀地区 PM2.5 年平均浓度分布

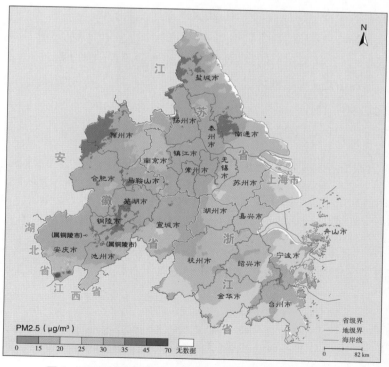

图 9　2022 年遥感监测长三角地区 PM2.5 年平均浓度分布

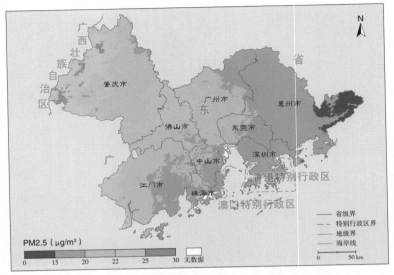

图 10　2022 年遥感监测粤港澳大湾区 PM2.5 年平均浓度分布

2021年世界卫生组织发布了《全球空气质量指导方针》（*WHO global air quality guidelines*），该方针设置了"空气质量指导水平"（AQG levels）这一指标；为实现"空气质量指导水平"指标，该方针还为6种主要空气污染物浓度设置了中期渐进目标。WHO建议PM2.5年均浓度应维持在5 $\mu g/m^3$以下，同时给出了4项PM2.5浓度中期目标（Interim Targets，IT）。如图12所示，2021年中国有78%的区域PM2.5浓度达到了WHO中期目标，2022年有81%的区域PM2.5浓度达到了WHO中期目标，相比2021年，2022年全国满足WHO AQG标准的区域面积占比有所上升，达到IT-4、IT-2中期目标的区域面积占比均有所上升，而达到IT-3、IT-1中期目标的区域面积占比有所下降，我国整体空气质量状况稍有改善。

7.2.2　2021~2022年重点城市群细颗粒物浓度变化分析

相比2021年，2022年关中城市群、中原城市群的PM2.5年均浓度有所升高；山东半岛城市群PM2.5年均浓度下降明显；长江中游城市群、成渝城市群及哈长城市群区域的PM2.5年均浓度无明显变化。如图13所示，山东半岛城市群的PM2.5浓度下降幅度最大，同比下降了16.47%，关中城市群的PM2.5浓度上升幅度最大，同比上升了14.6%。

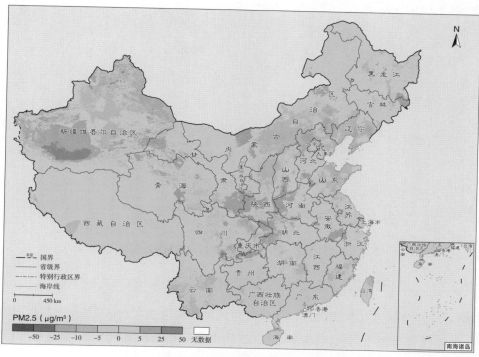

图 11 2021~2022 年中国 PM2.5 年均浓度变化

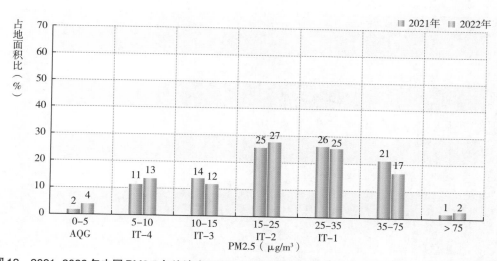

图 12 2021~2022 年中国 PM2.5 年均浓度 WHO AQG 指标达成情况（IT-1、IT-2、IT-3、IT-4 为中期目标）

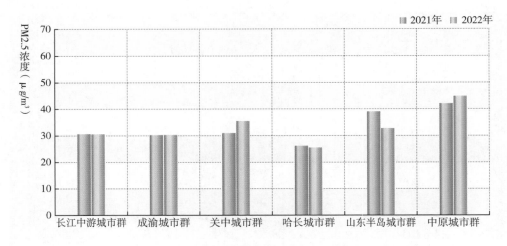

图13　2021~2022年中国各城市群细颗粒物年均浓度变化

7.2.3　2021~2022年主要经济圈细颗粒物浓度变化分析

图14~16分别展示了京津冀地区、长三角地区、粤港澳大湾区2021~2022年PM2.5浓度变化的空间分布特征。相比2021年，2022年中国主要经济圈的PM2.5浓度有所下降，由图17可知，京津冀的PM2.5浓度下降最多，同比下降了10.0%，长三角和粤港澳大湾区的下降幅度分别为0.12%和8.07%。

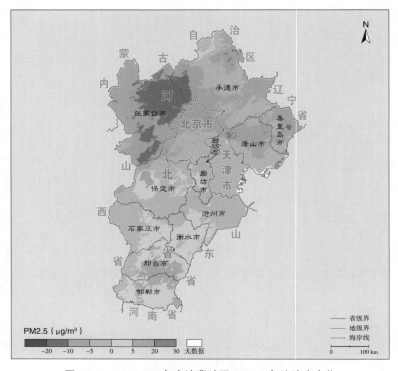

图14　2021~2022年京津冀地区PM2.5年均浓度变化

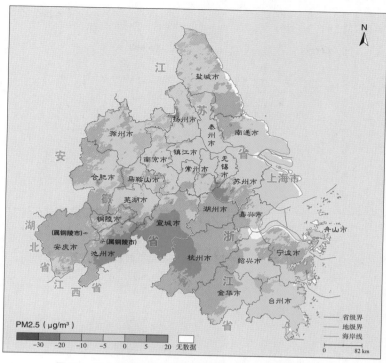

图15 2021~2022年长三角地区PM2.5年均浓度变化

图16 2021~2022年粤港澳大湾区PM2.5年均浓度变化

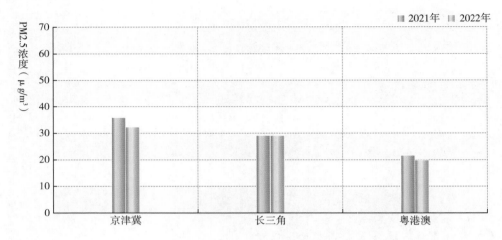

图 17　2021~2022 年中国主要经济圈细颗粒物年均浓度变化

中国主要污染气体和秸秆焚烧遥感监测

摘　要： 本报告基于卫星遥感数据，研制了2022年NO_2、SO_2柱浓度以及秸秆焚烧卫星遥感数据集，并分析了中国地区及重点城市区不同时间尺度的NO_2、SO_2变化趋势，总结秸秆焚烧时空分布规律。研究结果表明：①中国地区2022年全年NO_2柱浓度均值为$1.97×10^{15}$ molec./cm^2，相比2021年污染值下降，全年NO_2污染具有显著的季节性差异，冬季污染程度高（12月NO_2月均值为$3.32×10^{15}$molec./cm^2），春季次之，夏秋季节良好；②中国地区2022年全年SO_2柱浓度均值为0.052DU，全年1~7月SO_2污染逐渐降低，8~12月SO_2排放逐渐增多，12月出现SO_2高污染天气，约为0.182DU；③中国地区2022年秸秆焚烧东三省地区火点数量占比为44.18%，该地区秸秆焚烧高发时段为3~5月。

关键词： 遥感　NO_2　SO_2　秸秆焚烧　重点城市群

8.1　大气NO_2遥感监测

NO_2是一种有毒大气污染物，严重影响大气环境和人体健康。NO_2与空气中的其他有机化合物会发生复杂化学反应，造成大气的二次污染；NO_2是臭氧的重要前体物，在足够的光照条件下与挥发性有机物VOCs发生反应会产生臭氧和光化学烟雾，引发二次颗粒物污染，加剧空气PM2.5污染。人为产生的二氧化氮主要来自高温燃烧过程释放，如机动车尾气、锅炉废气的排放等。二氧化氮还是酸雨的成因之一，所带来的环境效应多种多样，包括：对湿地和陆生植物物种竞争与组成变化的影响，大气能见度的降低，地表水的酸化、富营养化（由于水中富含氮、磷等营养物藻类大量繁殖而导致缺氧）以及增加水体中有害鱼类和其他水生生物的毒素含量。随着国家一系列污染治理政策颁布，通过NO_2来源分析，从生产环节进行根本整治。利用卫星遥感技术，通过大尺度空间范围的NO_2有效监测，可以为污染治理过程中的NO_2源解析、蔓延、预警提供科学的依据。

8.1.1 2022年中国NO₂柱浓度监测

8.1.1.1 2022 年中国 NO₂ 柱浓度年均值监测

基于AURA/OMI卫星数据，在晴空大气条件下，使用差分光学吸收光谱反演算法（DOAS）反演NO₂对流层柱浓度，由于OMI传感器较高的光谱分辨率、空间分辨率、时间分辨率和信噪比等优点，可以获得中国地区OMI长时间序列的NO₂污染监测结果，该数据可应用于污染气体的监测和空气预报。中国地区2022年大气NO₂对流层柱浓度遥感监测结果见图1。

中国大气NO₂柱浓度的高值区主要集中在京津冀地区、长江三角洲地区和珠江三角洲地区，河南北部、山东西部、陕西西安、上海等地也存在不同程度的NO₂柱浓度高值区（见图1）。NO₂柱浓度的高低与研究区域的机动车数量、煤炭消耗、气象条件、地理环境等因素密切相关，在一定程度上可以反映当地的工业排放量。2022年全国NO₂柱浓度年均值为1.97×10^{15} molec./cm²。

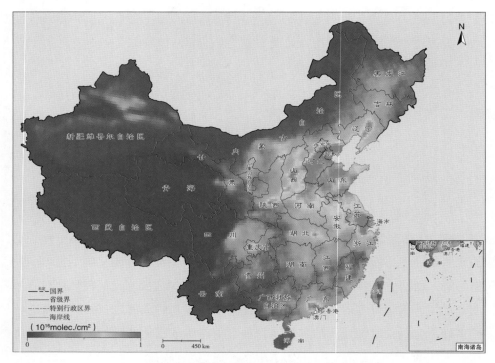

图 1　2022 年卫星遥感监测中国大气 NO₂ 柱浓度分布

8.1.1.2 2022 年中国 NO₂ 柱浓度月均值监测

2022年中国地区NO₂柱浓度月均值卫星监测结果见图2。中国地区NO₂柱浓度高值分布区域与人口分布、城市群、城市工业水平密切相关，NO₂柱浓度的高低，与当地机动车数量、工业活动强度、气象条件、地形等因素紧密联系。1~12月的NO$_2$柱浓度高值区域基本分布在京津冀及周边地区、汾渭平原及周边地区、长三角及周边地区、四川及周边地区、珠三角及周边地区。受气候和人为活动的影响，NO$_2$污染存在季节性差异，春季（3~5月）、冬季（12~2月）污染严重，秋季（9~11月）污染水平次之，夏季（6~8月）污染水平最低。珠三角等南方地区受夏季高温高湿气候的影响，NO$_2$柱浓度存在夏季急剧降低的现象，该现象也存在于其他重点城市群，但下降幅度较小。冬季NO$_2$污染最严重，这是由于冬季取暖，化石燃料需求大，煤炭燃烧导致大量的NO$_2$排放到大气中。

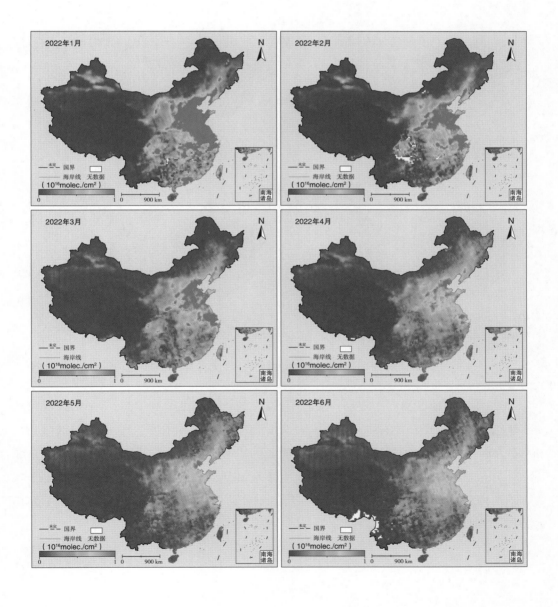

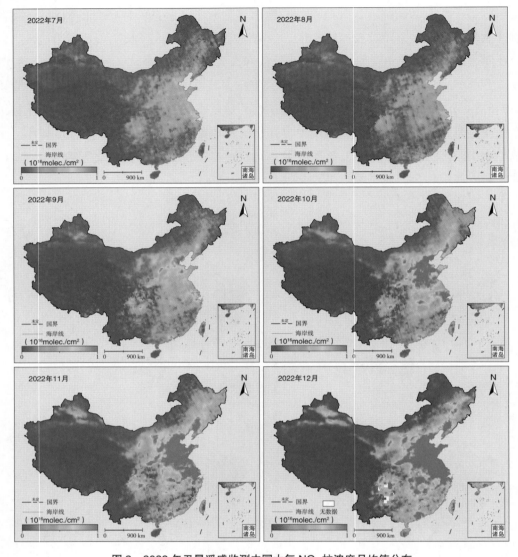

图2 2022年卫星遥感监测中国大气 NO$_2$ 柱浓度月均值分布

2022年中国地区NO$_2$柱浓度月均值卫星监测统计结果见图3。2022年中国区域12月份NO$_2$柱浓度达到最高值3.32×10^{15} molec./cm^2，8月份NO$_2$柱浓度达到最低值1.37×10^{15} molec./cm^2。从时间趋势上看，NO$_2$具有明显的季节性差异，冬季NO$_2$污染严重，3月份NO$_2$柱浓度开始降低，8月份NO$_2$柱浓度降至最低值，然后随着化石燃料消耗增多等，NO$_2$柱浓度开始升高，中国全年NO$_2$污染严重月份分别为1月（3.111×10^{15} molec./cm^2）、11月（2.74×10^{15} molec./cm^2）、12月。

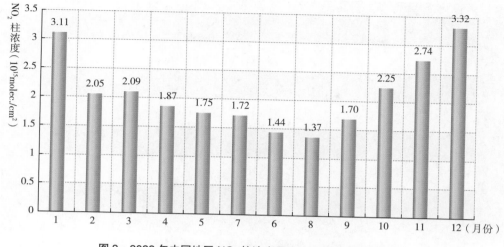

图3 2022年中国地区 NO_2 柱浓度月均值卫星监测统计结果

8.1.2 2022年重点地区 NO_2 柱浓度监测

8.1.2.1 2022年重点地区 NO_2 柱浓度年均值监测

人为源 NO_2 主要来自高温燃烧过程的释放，如机动车尾气、锅炉废气的排放等。因此，中国不同人口密度、工业产能等级的城市群 NO_2 排放量在数值上存在明显差异。中国典型城市群分别为"2+26城市"、长三角、珠三角、汾渭和成渝地区，通过对以上5个城市群进行 NO_2 柱浓度卫星遥感监测，可以反映节能减排、绿色生产的污染治理效果。图4~8分别为"2+26城市"、长三角、珠三角、汾渭和成渝地区2022年大气 NO_2 柱浓度分布图， NO_2 柱浓度分别为 $9.06 \times 10^{15} molec./cm^2$ 、 $6.04 \times 10^{15} molec./cm^2$ 、 $5.9 \times 10^{15} molec./cm^2$ 、 $5.3 \times 10^{15} molec./cm^2$ 、 $1.97 \times 10^{15} molec./cm^2$ 。"2+26城市" NO_2 柱浓度值最高，高值区域为天津市、石家庄市、邯郸市；成渝地区 NO_2 柱浓度值最低。上海市西北部及江苏省东南部、珠三角中部、吕梁市晋中市交接处、佛山市、东莞市、重庆市等地存在 NO_2 柱浓度高值区。

8.1.2.2 2022年重点地区 NO_2 柱浓度月均值监测

2022年重点地区 NO_2 柱浓度月均值卫星监测统计结果见图9。重点区域 NO_2 柱浓度值时间变化趋势与中国区域 NO_2 柱浓度月均值时间变化趋势一致，即冬季 NO_2 柱浓度高、夏季 NO_2 柱浓度月均值低。"2+26城市" NO_2 柱浓度全年月均值均高于其他城市群，长三角地区 NO_2 柱浓度月均值次之。成渝地区 NO_2 柱浓度月均值最低。

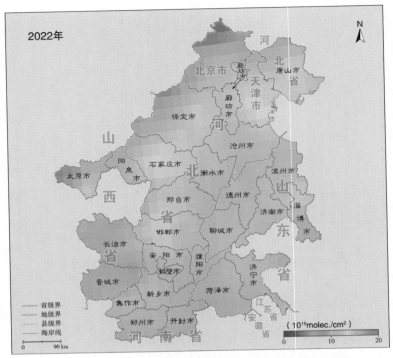

图4　2022年"2+26城市"地区大气NO₂柱浓度年均值分布

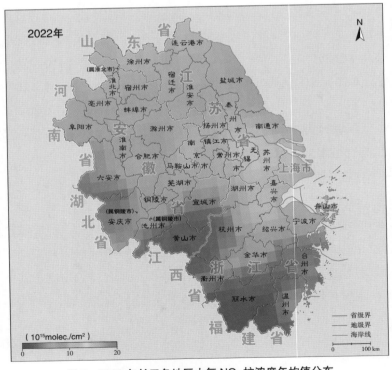

图5　2022年长三角地区大气NO₂柱浓度年均值分布

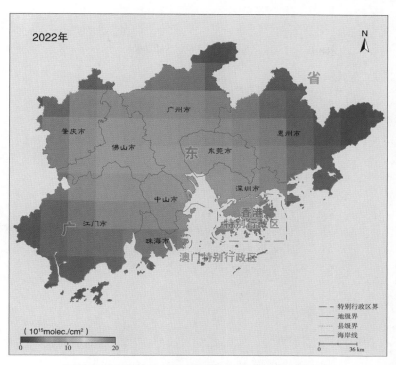

图 6　2022 年珠三角地区大气 NO₂ 柱浓度年均值分布

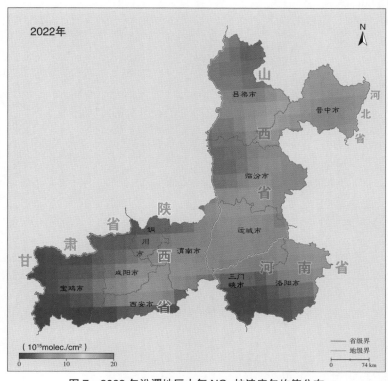

图 7　2022 年汾渭地区大气 NO₂ 柱浓度年均值分布

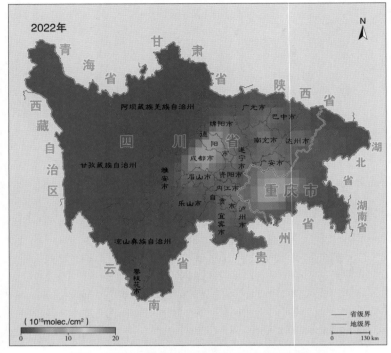

图 8　2022 年成渝地区大气 NO$_2$ 柱浓度年均值分布

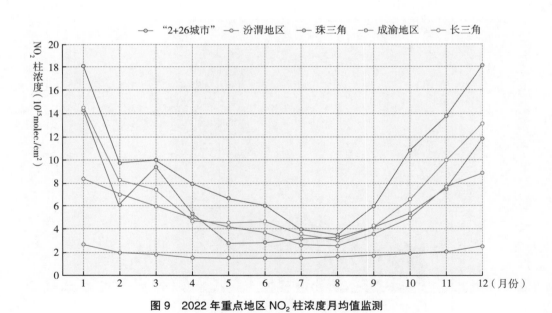

图 9　2022 年重点地区 NO$_2$ 柱浓度月均值监测

2022年重点地区NO₂柱浓度月均值卫星监测结果分别见图10~14。"2+26城市"1月
（18.41×10^{15}molec./cm^2）、11月（13.71×10^{15}molec./cm^2）、12月（18.17×10^{15}molec./cm^2）NO₂柱浓度较高，区域整体NO₂污染严重。天津市、邯郸市、石家庄市在2~4月存在污染高值。

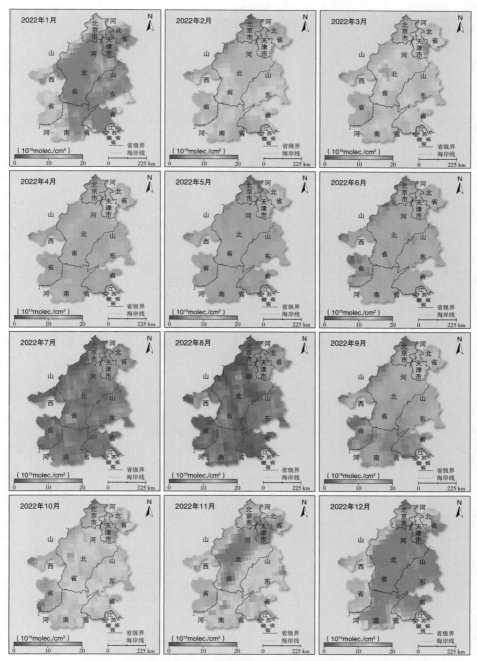

图 10　2022 年"2+26 城市"地区大气 NO₂ 柱浓度月均值分布

长三角地区2022年NO₂柱浓度月均值卫星监测结果显示，NO₂污染高值区主要集中在上海市和江苏省、浙江省、安徽省的交界处，尤其是江苏省东南部和上海市西北部区域，该区域常年NO₂柱浓度高于周边区域。

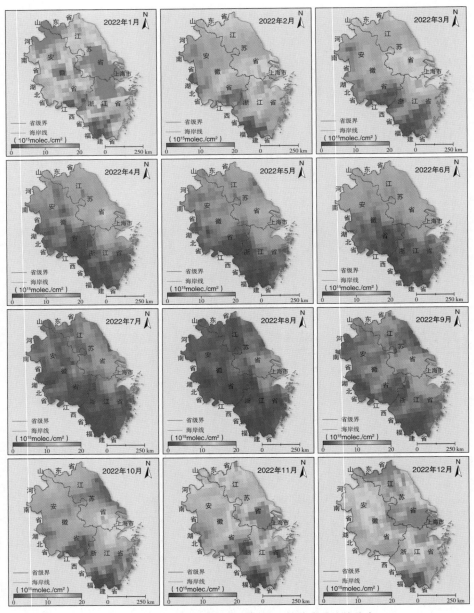

图11　2022年长三角地区大气NO₂柱浓度月均值分布

珠三角地区2022年NO₂柱浓度月均值卫星监测结果显示，1月（14.45×10¹⁵molec./cm²）、12月（12.01×10¹⁵molec./cm²）NO₂污染较为严重，NO₂柱浓度远高于其他月份。

234

NO$_2$柱浓度高值区主要集中于珠三角中部区域（肇庆市、广州市、东莞市、佛山市、中山市）。

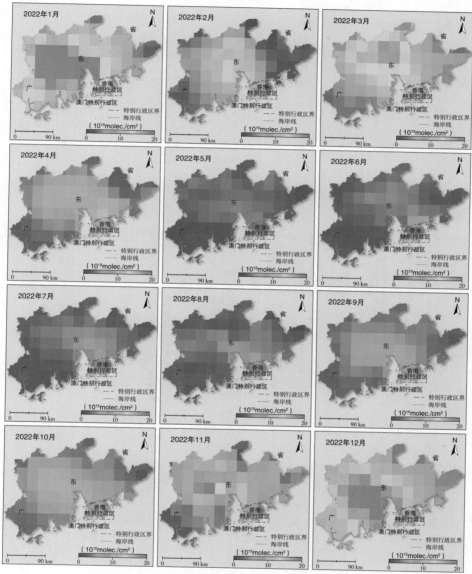

图 12　2022 年珠三角地区大气 NO$_2$ 柱浓度月均值分布

汾渭地区2022年NO$_2$柱浓度月均值相比以上3个区域较低。1月、9~12月NO$_2$柱浓度值低于同时间段"2+26城市"、珠三角、长三角。高值区集中于晋中市、洛阳市、西安市、临汾市。

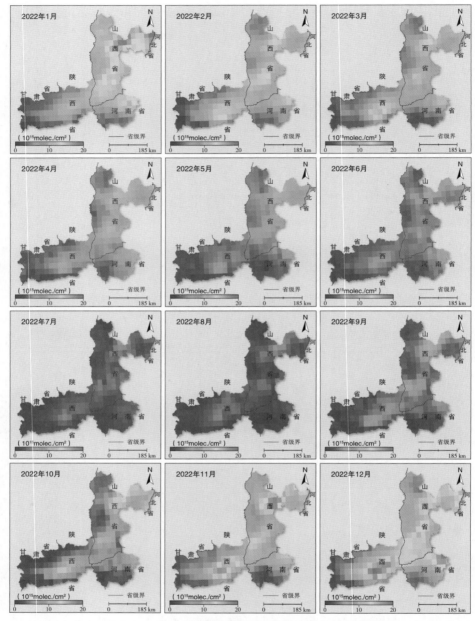

图 13　2022 年汾渭地区大气 NO$_2$ 柱浓度月均值分布

　　成渝地区 2022 年 NO$_2$ 柱浓度月均值相比以上 4 个城市群最低。成渝地区受地形和高温高湿气候影响，该地区 NO$_2$ 柱浓度整体较低，主要集中于重庆市和成都市人口密集区域，以上两个城市 NO$_2$ 柱浓度季节性差异仍十分明显。

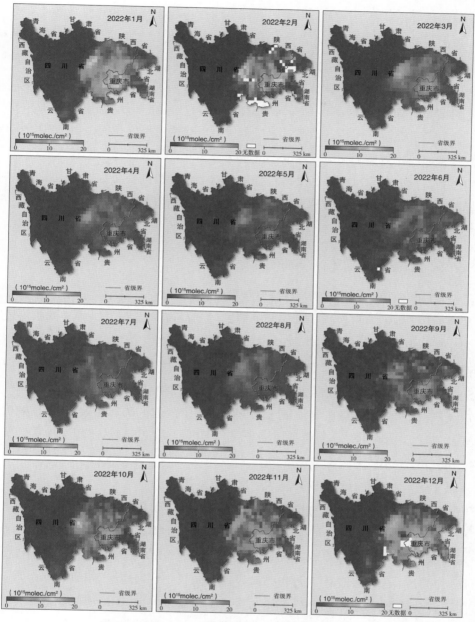

图 14　2022 年成渝地区大气 NO$_2$ 柱浓度月均值分布

8.2　大气SO$_2$遥感监测

　　我国是以煤炭为主要能源的国家，煤炭产量居世界第一位，而高硫煤的储量占煤炭总产量的20%~25%，尽管我国对含硫化石燃料进行脱硫加工，但在人们日常生活中仍会排放大量的硫化物，其中以二氧化硫为主。SO$_2$是一种简单、无色、有刺激性的硫氧化物污染气体，是大气环境中主要的污染物之一，大气中 SO_2 排放源主要有自然源（含硫矿石的分解、浮游植物产生的硫酸二甲酯、火山喷发以及非喷发期岩浆挥发等）和人为源（含硫矿石的冶炼，煤、油、天然气的燃烧，工业废气和机动车辆的排气等）。SO_2 溶于水进一步与PM2.5发生氧化反应，生成硫酸雾或硫酸盐气溶胶，是环境酸化的重要前驱物。SO_2 不仅对大气环境具有污染性，而且对人体健康具有严重的危害性。根据卫星遥感技术特点，通过卫星影像可以获得大尺度空间范围的 SO_2 污染分布情况，弥补地面站点监测在空间尺度上的不足；除此之外，卫星遥感技术能够实现 SO_2 长时间序列持续监测，可以为污染预报提供具有参考价值的历史数据。卫星遥感 SO_2 监测结果可以被广泛应用于城市群与区域尺度污染气体的监测，为 SO_2 污染治理提供准确的数据支撑。

8.2.1 2022年中国SO_2柱浓度监测

8.2.1.1 2022 年中国 SO_2 柱浓度年均值监测

基于AURA/OMI卫星数据，利用紫外312 – 327nm窗口或以其为中心的扩展窗口，使用差分光学吸收光谱反演算法（DOAS）反演 SO_2 对流层柱浓度，凭借OMI传感器较高的光谱分辨率、空间分辨率、时间分辨率和信噪比等优点，可获得中国地区长时间序列的 SO_2 污染监测结果。该数据应用于污染气体的监测和空气预报等方面。2022年，中国地区大气 SO_2 柱浓度遥感监测详细情况见图15。中国地区2022年大气 SO_2 柱浓度高值区主要位于"2+26城市"、汾渭地区、长三角地区、珠三角地区、川渝地区。2022年 SO_2 柱浓度为0.052 DU。

8.2.1.2 2022 年中国 SO_2 柱浓度月均值监测

大气中人为源排放的 SO_2 总量，与人类工业生产密切相关。SO_2 主要来源于含硫矿石的冶炼，煤、油、天然气的燃烧，工业废气和机动车辆的排气等。因此，不同季节、不同地区，SO_2 排放量存在差异。2022年中国地区 SO_2 柱浓度月均值卫星监测结果见图16。2022中国地区 SO_2 不同月份污染程度差距较小，1月份贵州省、湖南省、江西省、浙江省及其南方地区出现 SO_2 严重污染天气，其余月份 SO_2 高值区零散分布在各省市城市群，不存在大范围区域 SO_2 污染严重现象。相比其他季节，冬季 SO_2 较高高值区数量增多，这与冬季取暖化石燃料需求增多有关；其他季节存在较低高值区，较高高值区数量远少于冬季。2022年中国地区 SO_2 柱浓度月均值卫星监测统计结果见图17。中国地区 SO_2 柱浓度月均值存在季节性差异。其中，1~7月 SO_2 柱浓度值呈现下降趋势，8~12月 SO_2 柱浓度值呈现上升趋势。2022年1、12月出现 SO_2 柱浓度月均值较高值，SO_2 柱浓度月均值为0.178、0.182DU，2月（0.15DU）、11月（0.163DU）次之。5~9月份 SO_2 柱浓度月均值处于较低水平，8月份 SO_2 柱浓度月均值最低，0.097DU。

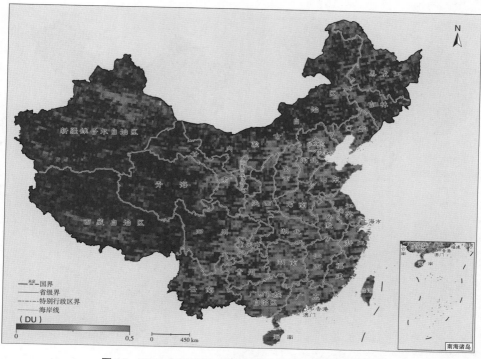

图 15 2022 年卫星遥感监测中国大气 SO₂ 柱浓度分布

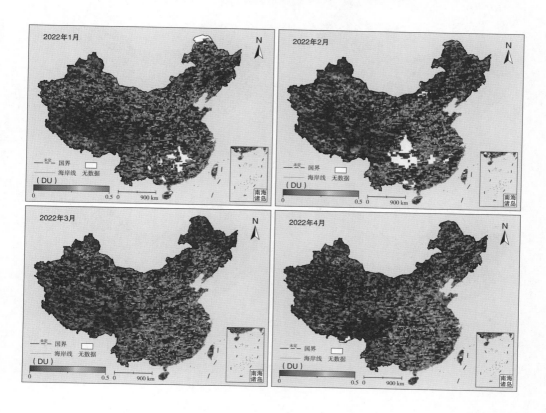

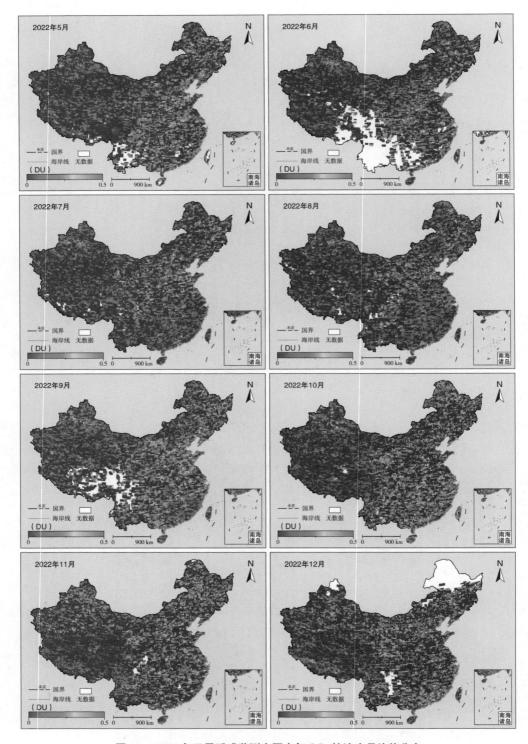

图 16　2022 年卫星遥感监测中国大气 SO₂ 柱浓度月均值分布

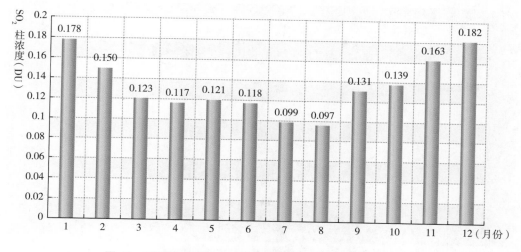

图 17　2022 年中国地区 SO_2 柱浓度月均值卫星监测统计结果

8.2.2　2022年重点地区SO_2柱浓度监测

8.2.2.1　2022 年重点地区 SO_2 柱浓度年均值监测

2022年"2+26城市"、长三角、珠三角、汾渭和成渝地区SO_2柱浓度年均值分别为0.08、0.069、0.077、0.069和0.056DU（见图18~22）。随着我国污染防控措施的完善，煤炭脱硫等绿色生产技术普及，新型清洁能源逐渐替代化石燃料，我国大部分地区SO_2污染得到很好治理，2022年我国大部分地区大气SO_2柱浓度水平普遍偏低。相比其他城市群，珠三角城市群存在明显的SO_2柱浓度高值区，主要分布区域为广州市、佛山市、肇庆市。"2+26城市"、长三角、成渝地区、汾渭地区大部分区域SO_2柱浓度处于较低水平，其中太原市、阳泉市、滨州市存在SO_2柱浓度高值区。原来煤炭能源消耗占比较高、SO_2污染问题突出的汾渭地区SO_2柱浓度也降低了。珠三角地区5月份出现SO_2严重污染天气，分布区域也主要集中于广州市、佛山市、肇庆市及周边区域。

8.2.2.2　2022 年重点地区 SO_2 柱浓度月均值监测

2022年重点地区SO_2柱浓度月均值卫星监测统计结果见图23。重点区域SO_2柱浓度值时间变化趋势不大，5月份珠三角城市群出现SO_2严重污染天气，SO_2柱浓度值远高于其他月份浓度值。其他月份，重点城市群SO_2柱浓度相差不大，存在轻微季节差异，春季、冬季SO_2柱浓度略高于夏季、秋季。

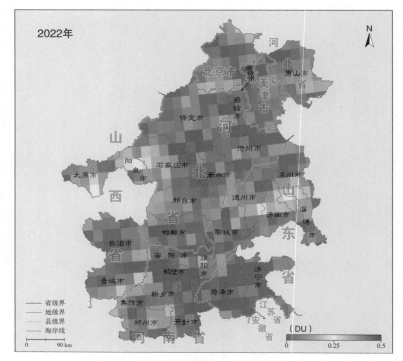

图 18　2022 年"2+26 城市"地区大气 SO$_2$ 柱浓度年均值分布

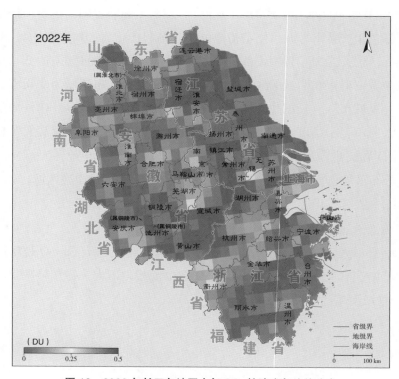

图 19　2022 年长三角地区大气 SO$_2$ 柱浓度年均值分布

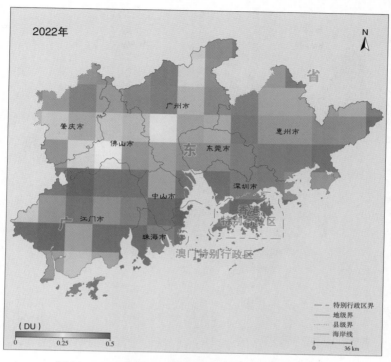

图 20　2022 年珠三角地区大气 SO$_2$ 柱浓度年均值分布

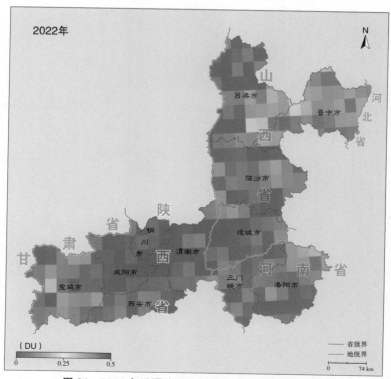

图 21　2022 年汾渭地区大气 SO$_2$ 柱浓度年均值分布

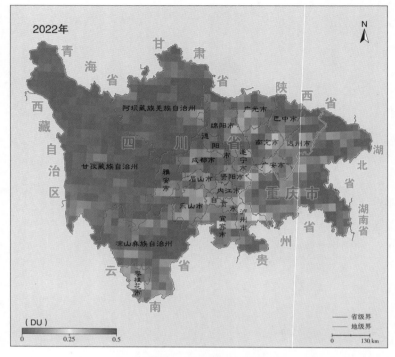

图 22　2022 年成渝地区大气 SO$_2$ 柱浓度年均值分布

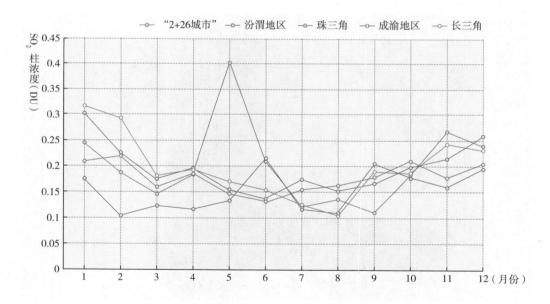

图 23　2022 年重点地区 SO$_2$ 柱浓度月均值监测

2022年重点地区SO₂柱浓度月均值卫星监测结果见图24~28。"2+26城市"1月（0.30DU）、12月（0.26DU）SO₂柱浓度较高，5~9月区域整体SO₂污染较轻。各市县SO₂柱浓度高值区分布随机性较大，无规律性排放，可能与当地气候有关，导致污染的扩散及二次污染情况不同。

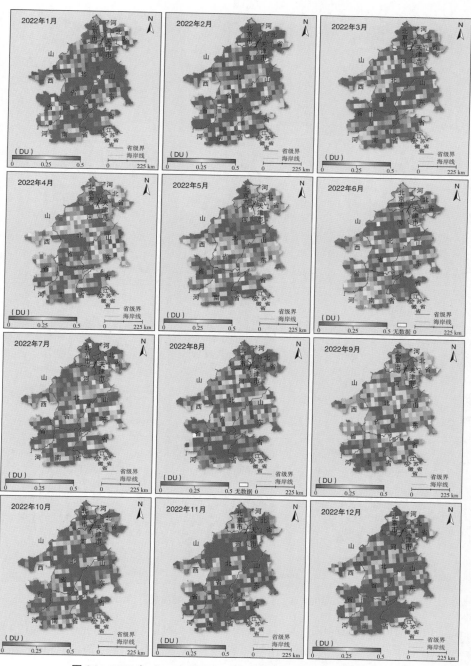

图24　2022年"2+26城市"地区大气SO₂柱浓度月均值分布

长三角城市群1~3月SO_2柱浓度较高，1、2月区域整体多地出现SO_2污染，SO_2柱浓度为0.32、0.29DU，3~8月上海及浙江省、安徽省、江苏省SO_2污染较轻。安徽省、浙江省SO_2柱浓度高值区出现频率较高。

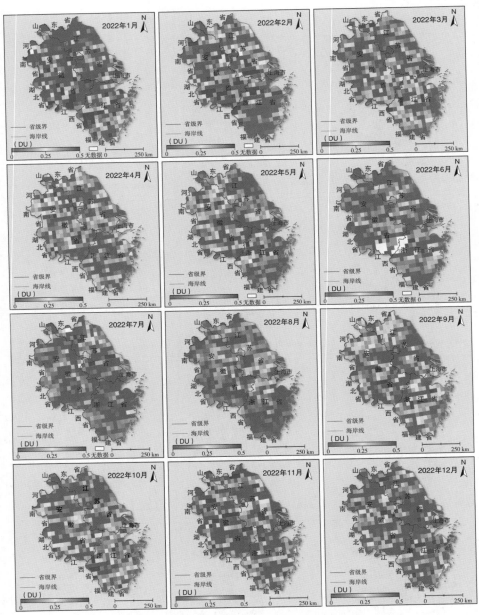

图25　2022年长三角地区大气SO_2柱浓度月均值分布

珠三角城市群5月（0.40DU）、11月（0.28DU）SO_2柱浓度较高，SO_2柱浓度高值区主要分布在广州市、肇庆市、佛山市、东莞市。其余月份，珠三角地区SO_2柱浓度普遍较低。

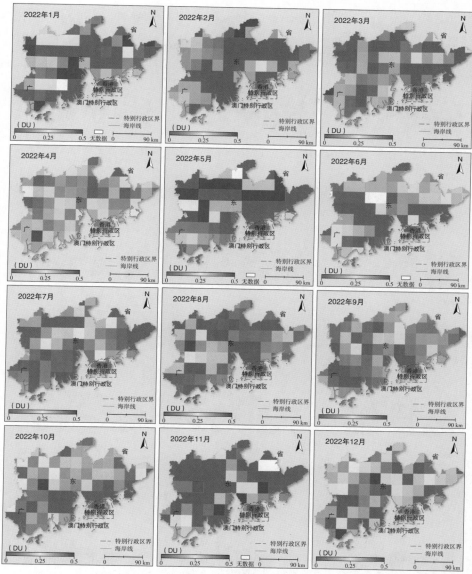

图26　2022年珠三角地区大气SO$_2$柱浓度月均值分布

　　汾渭城市群2~4月SO$_2$柱浓度较高，3月出现了大面积SO$_2$柱浓度高值区，SO$_2$柱浓度为0.48DU，SO$_2$污染高值区主要分布在晋中市、运城市、临汾市、咸阳市、宝鸡市。其余月份，汾渭地区SO$_2$柱浓度普遍较低。

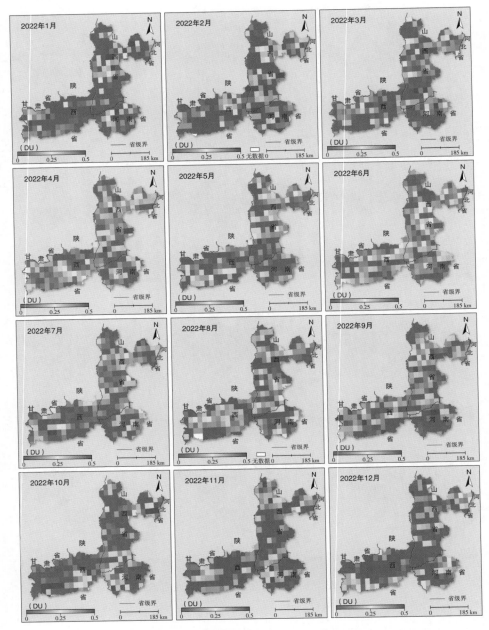

图 27　2022 年汾渭地区大气 SO$_2$ 柱浓度月均值分布

　　成渝地区全年SO$_2$柱浓度较高区域分布在重庆市和四川省交界处，高值区域出现在人口密集地。

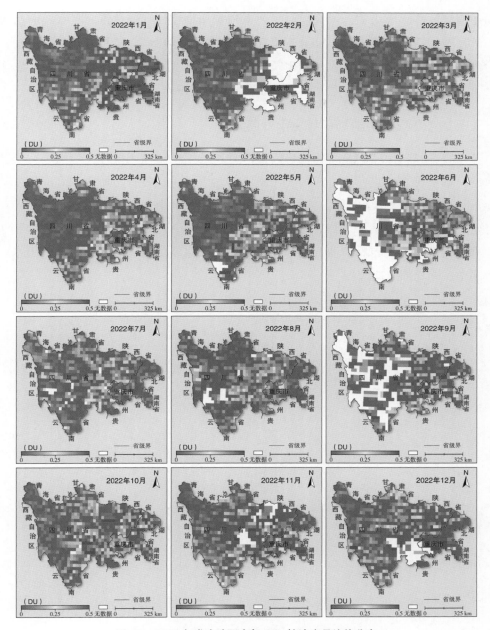

图 28　2022 年成渝地区大气 SO$_2$ 柱浓度月均值分布

8.3　秸秆焚烧遥感监测

　　秸秆通常指小麦、玉米、水稻、油菜、棉花等成熟粗粮、农作物茎叶部分。秸秆就地焚烧会造成大气污染，秸秆不充分燃烧过程中会产生氮氧化合物、碳氢化合物、可吸入颗粒物，以及光化合反应的二次臭氧污染等，危害人体健康；不规范秸秆焚烧

活动还会导致林火等火灾。国家出台了一系列农作物秸秆禁烧政策，各级政府也对当地的秸秆焚烧活动进行限制。部分省市存在极端的气候环境，秸秆自然分解缓慢，以及为预防病虫害对下一季度农作物生长的影响，秸秆就地焚烧情况仍然存在。农作物收获季节发生的集中秸秆焚烧活动，是局部地区大气污染严重的主要原因。

8.3.1 2022年中国秸秆焚烧年度监测

基于Terra/MODIS和Aqua/MODIS数据，对2022年中国地区秸秆焚烧点进行监测，获取的全国秸秆焚烧点密度分布情况（见图29、图30），各省份所监测到的秸秆焚烧点总量见表1。2022年中国地区秸秆焚烧点总量为23860个，上午、下午时间段均存在秸秆焚烧活动。重点秸秆焚烧区域空间分布相对固定，主要位于东北地区的黑龙江省西南部和三江平原、吉林省西北部、辽宁省中部，以及山西、河南、河北、山东、广西、湖南、湖北部分地区。

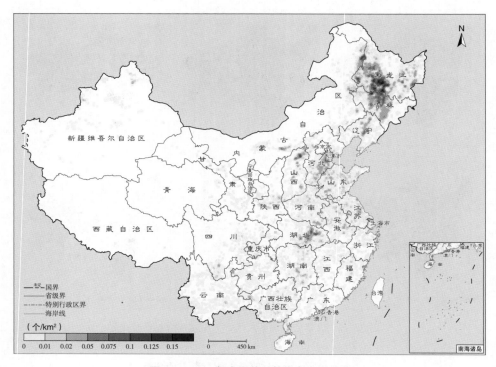

图 29 2022 年中国秸秆焚烧点密度分布

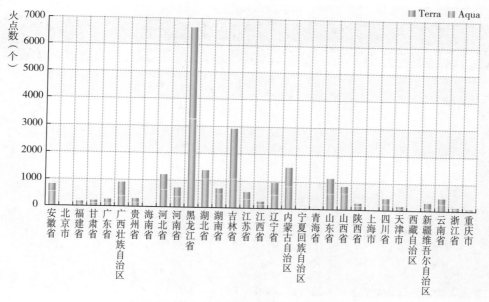

图 30　2022 年各省份秸秆焚烧点统计

表 1　2022 年各省份秸秆焚烧点总量

单位：个

2022 年			
省份	Aqua	Terra	总计
安徽省	554	262	816
北京市	10	9	19
福建省	83	102	185
甘肃省	115	91	206
广东省	137	142	279
广西壮族自治区	421	491	912
贵州省	171	137	308
海南省	14	12	26
河北省	658	561	1219
河南省	393	348	741
黑龙江省	3260	3398	6658
湖北省	1060	336	1396
湖南省	512	217	729
吉林省	1103	1819	2922

	2022 年		
省份	Aqua	Terra	总计
江苏省	320	296	616
江西省	175	77	252
辽宁省	501	461	962
内蒙古自治区	822	718	1540
宁夏回族自治区	13	12	25
青海省	10	16	26
山东省	583	586	1169
山西省	614	254	868
陕西省	145	137	282
上海市	12	10	22
四川省	220	236	456
天津市	99	73	172
西藏自治区	5	10	15
新疆维吾尔自治区	105	210	315
云南省	267	229	496
浙江省	76	60	136
重庆市	41	51	92
总计	12499	11361	23860

8.3.2 2022年东北地区秸秆焚烧年度监测

东北地势平坦，拥有肥沃的黑土地，适合耕种的土地面积占比高，优越的地理环境适合机械大面积耕种，是我国重要的农作物生产地。该地区的耕作制度为一年一熟，主要农作物为春小麦、玉米、稻谷，年均产量占该地区粮食总产量的90%以上。东北地区在提供大量粮食的同时，也存在如何处理大量农作物秸秆的问题。作为秸秆焚烧重点区，2022年东北地区的秸秆焚烧总量占全国的44.18%。

黑龙江省2022年秸秆焚烧情况较为严重，秸秆焚烧总量为6658个，其中，黑河市、伊春市、牡丹江市、大兴安岭地区秸秆禁烧控制效果最为显著（见图31）。绥化市东南部、哈尔滨市西部地区以及七台河市、大庆市、哈尔滨市交界处，秸秆焚烧活动最为密集。

　　吉林省2022年秸秆焚烧点数低于黑龙江省，秸秆焚烧总量为2922个。吉林省焚烧火点集中在吉林市、辽源市交界的西北地区，尤其是长春市、四平市和白城市三个地区最为严重（见图32）。

　　辽宁省2022年的秸秆焚烧总量均大幅低于黑龙江省和吉林省，秸秆焚烧点总量为962个，秸秆焚烧区主要集中在辽宁省中部地区"盘锦—辽阳—沈阳—铁岭"一带（见图33）。

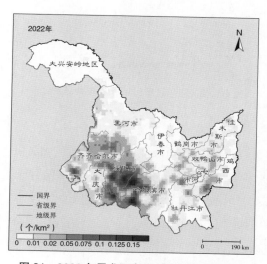

图31　2022年黑龙江省秸秆焚烧点密度分布

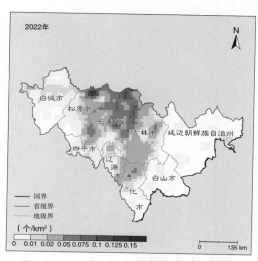

图32　2022年吉林省秸秆焚烧点密度分布

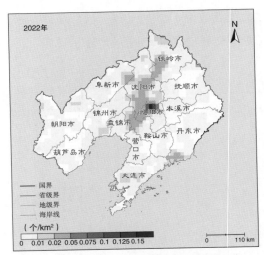

图33　2022年辽宁省秸秆焚烧点密度分布

　　分析东北三省的秸秆焚烧月变化情况发现，秸秆焚烧峰期主要集中在4~5月和10~11月，这四个月的焚烧点数量达到该地区全年总量的91%以上（见图34）。秸秆焚烧峰期与东北地区的农事活动以及气候条件有关，10月份为东北农作物秋收时间，因国家秸秆焚烧管理政策的约束，该时间段秸秆焚烧火点数较少。由于东北三省位于我国高寒地带，积雪覆盖时间久，导致农作物秸秆分解缓慢，3~5月为东北小麦、玉米播种期，农田中残留的秋收农作物秸秆仍需焚烧清理，导致4、5月出现秸秆焚烧高峰，火点量大、焚烧面积广。相比辽宁省、吉林省，黑龙江省冰期更长，所以，3月份火点数量低于吉林省。4月份，黑龙江省秸秆焚烧火点数为3669个，吉林省为2638个，分别占各省份全年秸秆焚烧点个数的55%、90%。

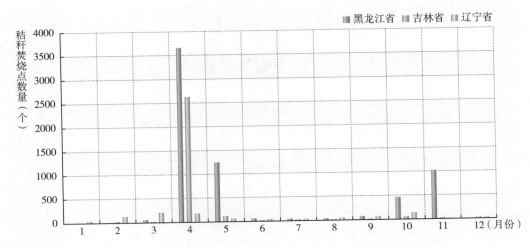

图34　2022年黑龙江省、吉林省和辽宁省秸秆焚烧点数量月变化情况

G.9
温室气体遥感监测

摘　要： 本报告基于国内外温室气体遥感数据，研制了2022年CO_2和CH_4柱浓度的卫星遥感数据集，并分析了中国地区及重点城市区季节变化趋势。分析2022年CO_2和CH_4柱浓度的时空变化发现，我国CO_2浓度的高值时间点是春季，由于植被和人类活动的影响，年内高值和低值相差近4.00ppm；我国CH_4浓度的高值时间点是秋季，年内高值和低值相差近0.03ppm。此外，重点城市的CO_2和CH_4季节波动高值和低值差异小于全国平均值。

关键词： 排放监测　温室气体　卫星遥感

9.1　大气二氧化碳（CO_2）遥感监测

9.1.1　2022年中国区近地面CO_2柱浓度监测

本节使用2022年在轨运行的GOSAT/ GOSAT-2、OCO-2/3、高分5号02星等数据，通过质量控制以及地面验证，基于高精度曲面模型融合多星的遥感数据，制作中国区CO_2柱总量数据集。2022年中国区的CO_2浓度，以及春夏秋冬四个季节CO_2的浓度分布见图1和图2。

中国大气CO_2柱浓度平均值为416.20ppm，增长了2.17ppm（2021年为414.03ppm），CO_2增长量连年超过2ppm。此外，分析季节变化，春季平均为418.28ppm，夏季为414.29ppm，秋季为414.70ppm，冬季为417.57ppm。数据表明，我国CO_2浓度的高值时间点是春季，由于植被和人类活动的影响使得年内高值和低值相差近4.00ppm。

9.1.2　重点地区XCO_2柱浓度监测

2022年"2+26城市"、长三角、珠三角、汾渭和成渝地区CO_2柱浓度年均值分别416.51ppm、417.34ppm、418.15ppm、417.02ppm、417.32ppm（2021年为415.66 ppm、414.76 ppm、414.52 ppm、415.49 ppm和414.22ppm）。重点区域中珠三角较上年增长最多，达3.63ppm，"2+26城市"较上年增长最少，为0.85ppm（见图3）。

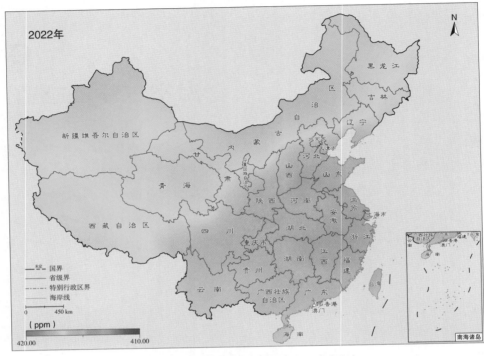

图1　2022年卫星遥感中国区 CO_2 浓度分布

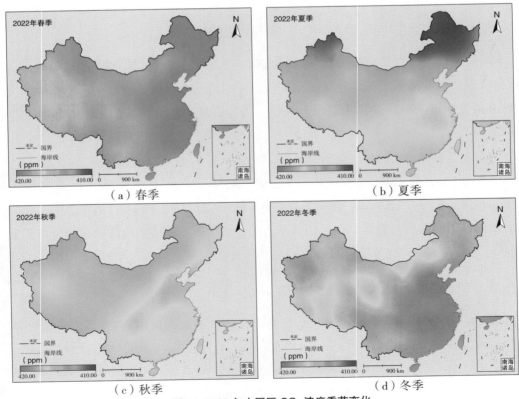

（a）春季　　　　　　　　　　　　　　　（b）夏季

（c）秋季　　　　　　　　　　　　　　　（d）冬季

图2　2022年中国区 CO_2 浓度季节变化

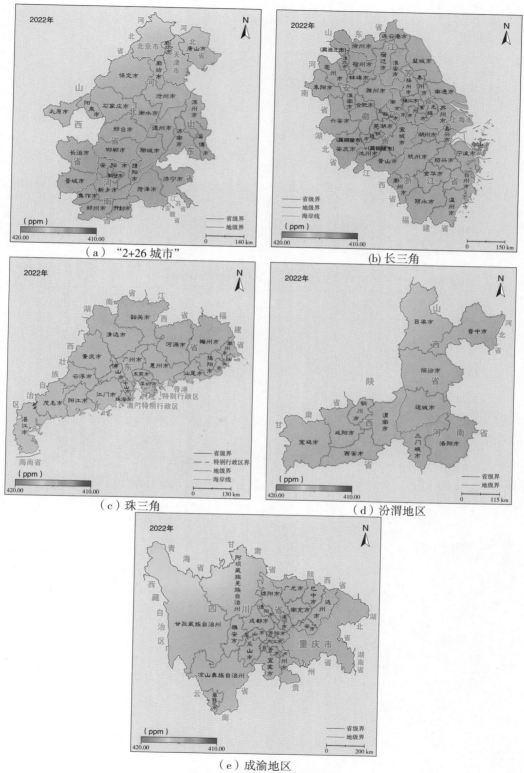

（a）"2+26 城市"

（b）长三角

（c）珠三角

（d）汾渭地区

（e）成渝地区

图3 重点城市 CO_2 浓度分布

2022年"2+26城市"CO_2浓度季节变化情况见图4。

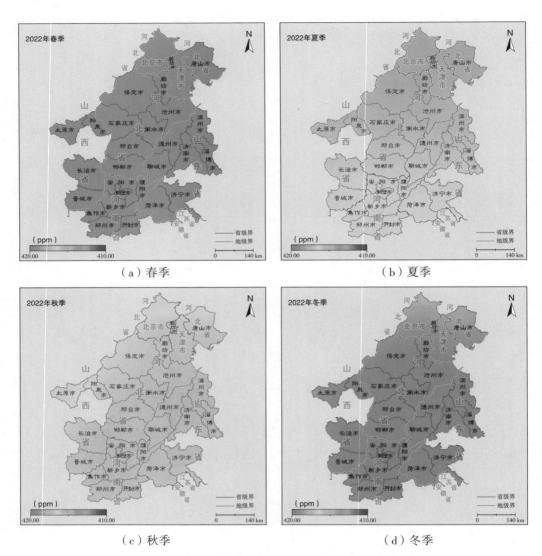

图4　2022年"2+26城市"CO_2浓度季节变化

2022年长三角CO$_2$浓度季节变化情况见图5。

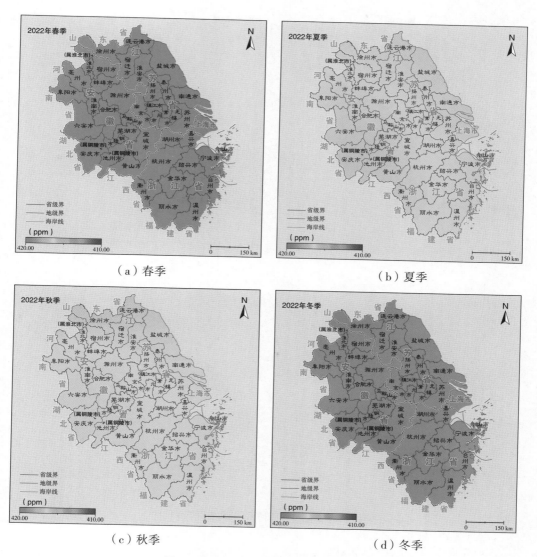

图5 2022年长三角CO$_2$浓度季节变化

2022年珠三角CO$_2$浓度季节变化情况见图6。

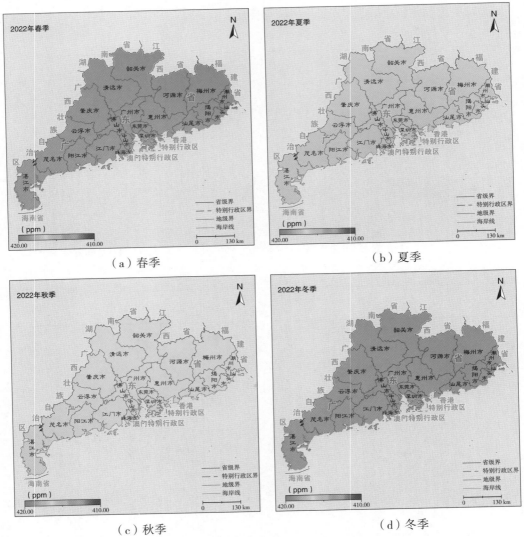

（a）春季

（b）夏季

（c）秋季

（d）冬季

图6　2022年珠三角CO₂浓度季节变化

2022年汾渭地区CO_2浓度季节变化情况见图7。

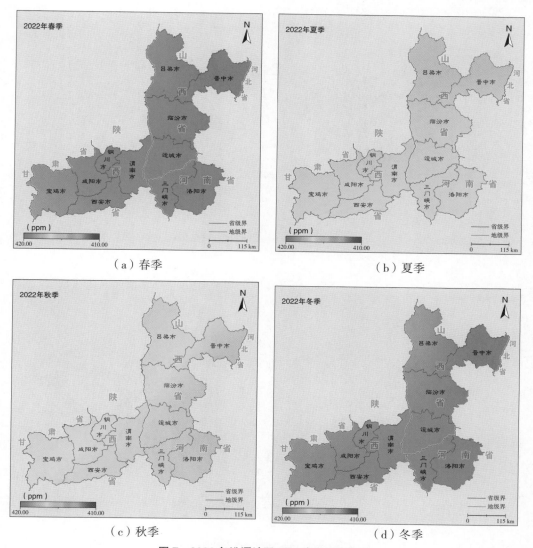

图 7　2022 年汾渭地区 CO_2 浓度季节变化

2022年成渝地区CO_2浓度季节变化情况见图8。

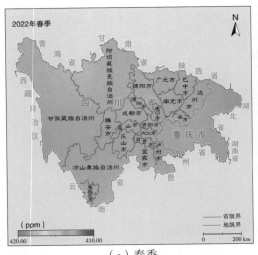
（a）春季

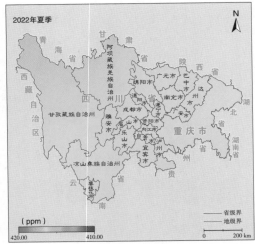
（b）夏季

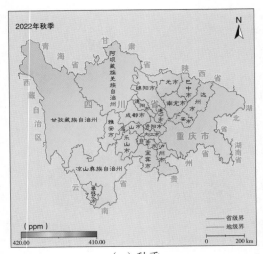
（c）秋季

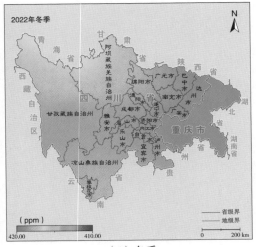
（d）冬季

图 8　2022 年成渝地区 CO_2 浓度季节变化

2022年中国区重点区域CO_2浓度情况见表1。

表 1　2022 年中国区以及重点区域 CO_2 浓度统计

单位：ppm

区域	中国区	"2+26 城市"	长三角	珠三角	汾渭地区	成渝地区
	416.20	416.51	417.34	418.15	417.02	417.32
2022 年春季	418.28	418.02	418.67	419.78	418.76	418.62
2022 年夏季	414.29	414.69	415.74	416.91	415.12	416.22
2022 年秋季	414.70	415.36	416.55	416.55	415.72	416.23
2022 年冬季	417.57	417.74	418.61	419.64	418.56	418.23

9.2 大气甲烷（CH₄）遥感监测

9.2.1 2022年中国区近地面XCH₄柱浓度监测

本节使用2022年在轨运行的GOSAT/ GOSAT-2、TROPOMI、高分5号02星等数据，通过质量控制以及地面验证，基于高精度曲面模型融合多星的遥感数据，制作中国区CH₄数据集。2022年中国区的CH₄浓度，以及春夏秋冬四个季节CH₄的浓度分布见图9和图10。

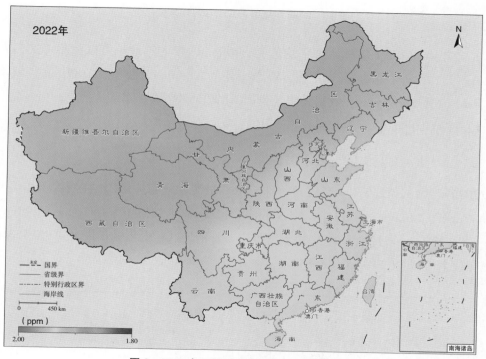

图 9 2022 年卫星遥感中国区 CH₄ 浓度分布

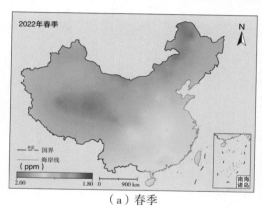

（a）春季

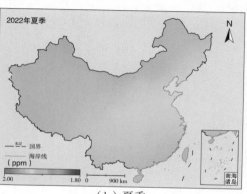

（b）夏季

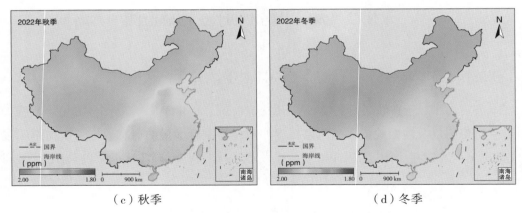

（c）秋季　　　　　　　　　　（d）冬季

图 10　2022 年中国区 CH₄ 浓度季节变化

2022年中国大气CH_4柱浓度平均值为1.90ppm，较上年增长可以忽略（2021年为1.91ppm）。此外，分析季节变化，春季平均为1.89ppm，夏季为1.89ppm，秋季为1.92ppm，冬季为1.91ppm。数据表明，我国CH_4浓度的高值时间点是秋季，年内高值和低值相差近0.03ppm。

9.2.2　重点地区XCH₄柱浓度监测

2022年"2+26城市"、长三角、珠三角、汾渭和成渝地区CH_4柱浓度年均值分别为 1.92ppm、1.92ppm、1.93ppm、1.93ppm、1.92ppm（2021年为1.91ppm、1.93ppm、1.93ppm、1.91ppm、1.92ppm）。重点区域中，汾渭地区较上年增长最多，达0.06ppm，长三角较上年减少0.01ppm（见图11）。

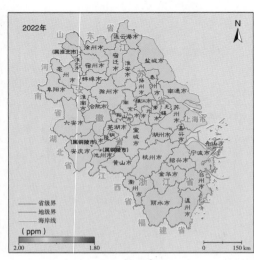

（a）"2+26 城市"　　　　　　　　　　（b）长三角

（c）珠三角

（d）汾渭地区

（e）成渝地区

图 11 重点区域 CH₄ 浓度分布

2022年"2+26城市"CH₄浓度季节变化情况见图12。

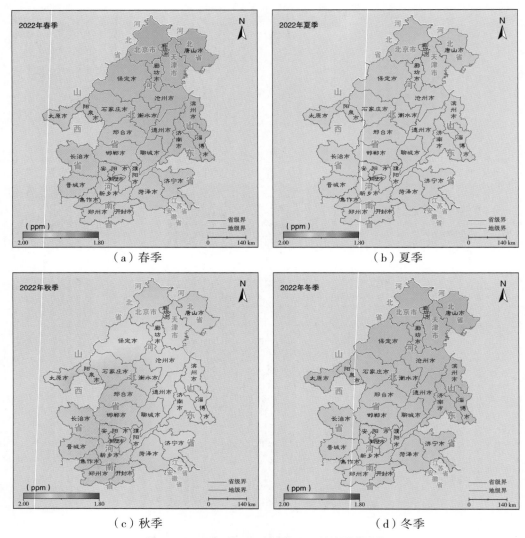

图 12　2022 年"2+26 城市"CH_4 浓度季节变化

2022年长三角CH_4浓度季节变化情况见图13。

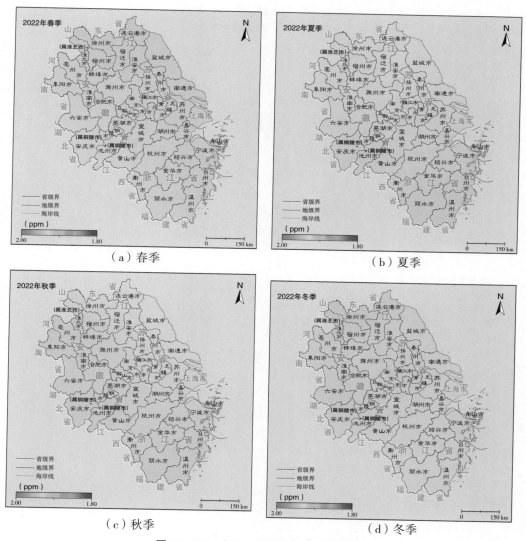

（a）春季　　　　　　　　　　（b）夏季

（c）秋季　　　　　　　　　　（d）冬季

图 13　2022 年长三角 CH₄ 浓度季节变化

2022年珠三角CH₄浓度季节变化情况见图14。

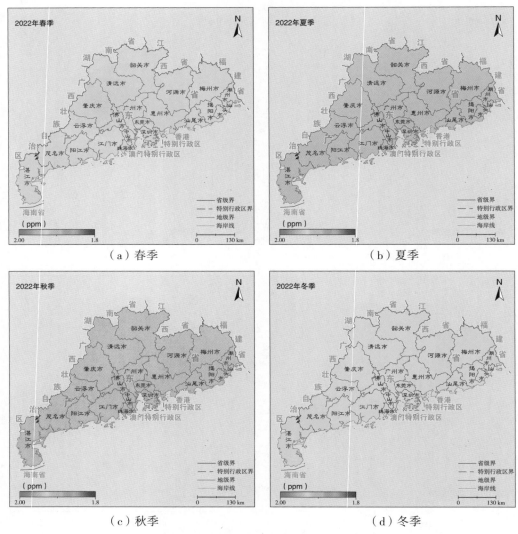

（a）春季　　　　　　　　　　　（b）夏季

（c）秋季　　　　　　　　　　　（d）冬季

图14　2022年珠三角CH₄浓度季节变化

2022年汾渭地区CH₄浓度季节变化情况见图15。

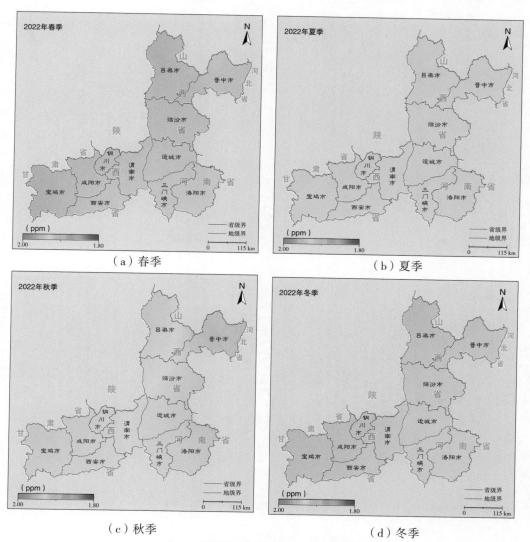

图 15　2022 年汾渭地区 CH$_4$ 浓度季节变化

2022年成渝地区CH$_4$浓度季节变化情况见图16。

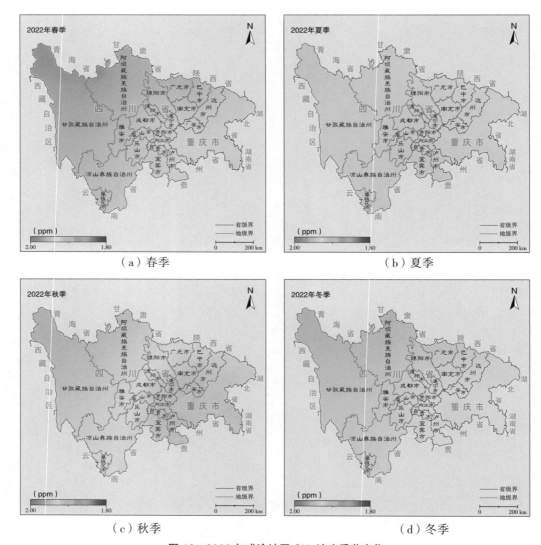

图 16　2022 年成渝地区 CH₄ 浓度季节变化

2022年中国区以及重点区域CH₄浓度情况见表2。

表 2　2022 年中国区以及重点区域 CH₄ 浓度统计

单位：ppm

区域	中国区	"2+26 城市"	长三角	珠三角	汾渭地区	成渝地区
	1.90	1.92	1.92	1.93	1.93	1.92
2022 年春季	1.89	1.91	1.92	1.93	1.92	1.92
2022 年夏季	1.89	1.89	1.90	1.92	1.89	1.90
2022 年秋季	1.92	1.95	1.95	1.94	1.96	1.95
2022 年冬季	1.91	1.93	1.92	1.93	1.94	1.93

专题报告

Special Reports

G.10

近 10 年东北黑土区主要粮食作物种植结构
变化分析

摘　要： 本报告融合国内外高分系列、Landsat系列、Sentinel系列等卫星遥感影像，结合区划信息、地面调查资料等多源数据，对东北黑土区近十年来（2014～2023年）主要粮食作物（大豆、玉米、水稻）的种植结构和种植面积进行遥感监测提取和变化分析。研究结果表明：①三种粮食作物整体分布没有发生大的变化，玉米分布呈现先南移后北移的趋势，而大豆则呈现先北移后南移的趋势，水稻分布比较稳定；②玉米的种植面积在1700万公顷左右波动，大豆的种植面积从400万公顷左右增加到约700万公顷，呈现"升—降—升"趋势，水稻的种植面积在500万公顷左右波动；③玉米和大豆的种植面积处于不断交替互补状态，水稻的种植面积则比较稳定，但2022年以来，由于"稻改豆""水改旱"，水稻面积也有所减少。

关键词： 黑土地　种植结构　玉米　水稻　大豆　遥感监测

10.1　总体介绍

黑土是指以黑色或者暗黑色的腐殖质为优势地表组成物质的土地（见图1），因为

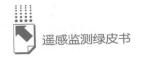

富含有机质而呈现为黑色，是世界上最肥沃的土壤，也是最宝贵的农业资源。世界上主要有四大黑土区，分别为乌克兰的乌克兰平原、美国的密西西比平原、阿根廷—乌拉圭的潘帕斯草原以及我国的东北平原。

图1　东北黑土农田（大豆种植地）

东北黑土区的行政区域涉及辽宁、吉林、黑龙江以及内蒙古自治区的东部地区，北起大兴安岭，南至辽宁省南部，西到内蒙古东部的大兴安岭山地边缘，东达乌苏里江和图们江，主要集中在黑龙江省和吉林省，是我国最为重要的商品粮基地。黑土区的粮食生产均为一年一熟制，主要作物物候特征见表1，常见大宗作物组合为玉米、水稻、大豆。20世纪50年代大规模开垦以来，由于高强度的利用以及农化用品的过量使用，东北黑土区的有机质含量下降，开始出现退化迹象。为保障国家粮食安全，实现农业的可持续发展，保护和治理黑土资源势在必行。

表1　黑土区主要作物物候信息

月	4	5			6			7			8			9			10
旬	下	上	中	下	上	中	下	上	中	下	上	中	下	上	中	下	上
玉米	播种			出苗		三叶		七叶		拔节抽穗			乳熟期		衰败收割		
大豆		播种		出苗		三叶		花期		结豆荚		果实填充期		衰败收割			
水稻	浇灌		播种/插秧			起身/分蘖			孕穗		抽穗		乳熟		衰败收割		

本报告融合国内外高分系列、Landsat系列、Sentinel系列等卫星遥感影像，结合区划信息、地面调查资料等多源数据，综合分析农作物光谱特征、作物物候信息以及

种植纹理特征，构建了不同农作物的遥感指示性识别特征集。利用集成学习、深度学习等方法，对东北黑土区近十年来（2014~2023年）主要粮食作物（大豆、玉米、水稻）的种植结构和种植面积进行了遥感监测和变化分析，并利用野外实地调查采集的作物类型实测样本对三种作物的分类结果进行精度评估（各种作物识别精度均超过90%）。相关结果可以为农业发展规划、农业生产管理、黑土区耕地保育、国家粮食安全预警评估等提供科学依据以及数据支撑。

10.2 黑土区主要粮食作物空间分布

本报告以农作物物候节律和作物电磁波谱反射特性为理论基础，构建了基于作物指示性遥感识别特征的农作物遥感分类方法，实现了近十年黑土区主要粮食作物空间分布精准制图（见图2、图3）。结果发现：①总体上，粮食作物种植范围没有发生明显变化，分布几何中心基本稳定（见图4）；②受国家层面作物种植结构调整、粮食补贴政策、粮食价格等因素影响，最近十年来玉米和大豆的分布范围变化较大，处于不断交替转换状态。水稻的分布范围基本无明显变化。

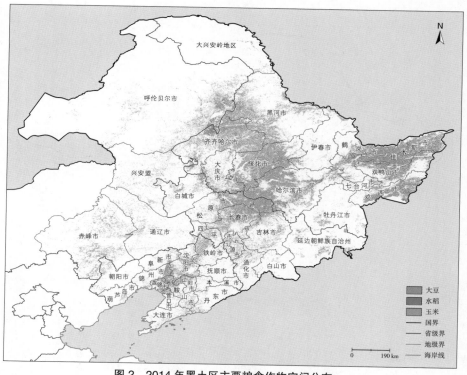

图2　2014年黑土区主要粮食作物空间分布

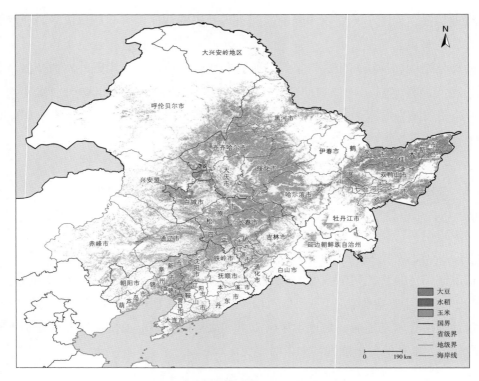

图 3 2023 年黑土区主要粮食作物空间分布

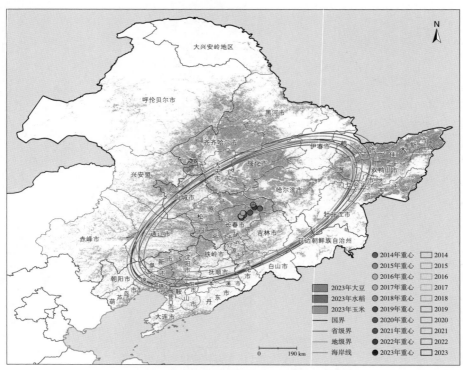

图 4 2014~2023 年黑土区主要粮食作物空间分布变化

10.2.1　玉米种植空间分布

在东北黑土区，玉米一般在4月至5月播种，夏季温度相对较高，有利于玉米的生长。然而，东北地区的秋季气温下降较快，容易受到霜冻害的威胁，因此通常需要在晚秋之前完成收割，以避免损失。黑土区的玉米主要分布在黑龙江省西部和东部、吉林省中部、辽宁省北部以及内蒙古东南部，其中以双鸭山、绥化、哈尔滨、长春、四平以及沈阳为主（见图5）。

近十年黑土区玉米的分布几何中心（见图5）整体呈现西南向大幅移动与东北向反弹恢复趋势。2014年至2017年，玉米的分布几何中心持续向西南移动；随后至2021年，分布几何中心存在小范围移动，但2021年后有逐渐向东北回移的趋势。结合玉米种植分布分析原因可以发现，从2015年开始，黑龙江省的种植面积有所减少，2021年后则有所回升。

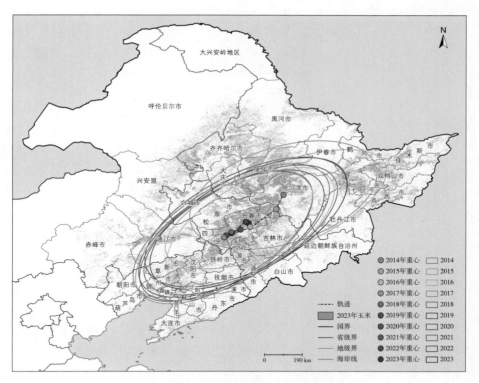

图5　2014~2023 年玉米空间分布变化

10.2.2　水稻种植空间分布

东北黑土区的水稻一般在5月中下旬种植，在9月中下旬收割。黑土区的水稻主要种植在黑龙江省西部松嫩平原区、东部三江平原区以及松花江沿岸地区，吉林省西北

部地区和辽宁省中部地区，其中以佳木斯、鹤岗、鸡西、齐齐哈尔、白城以及盘锦等地市分布较为集中（见图6）。

总体而言，近十年黑土区水稻的分布几何中心没有发生较大变化，表明近十年水稻种植区域基本处于稳定状态。从图6可以发现，2014年至2020年水稻分布几何中心只存在小范围的移动，2021年向东北方向移动，2022年和2023年又向西南回移。

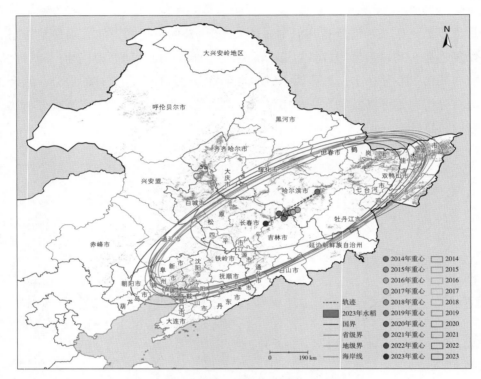

图6 2014~2023年黑土区水稻空间分布变化

10.2.3 大豆种植空间分布

东北黑土区的大豆一般在5月上中旬播种，在晚夏和早秋之间完成收割。黑土区大豆主要种植在黑龙江省西部和东部、吉林省西北部以及内蒙古东南部，其中以齐齐哈尔、绥化、黑河、白城、松原以及通辽为主（见图7）。

近十年黑土区大豆的分布几何中心变化较为剧烈，总体趋势是先东北向移动然后西南向回移（见图7）。2015年，由于内蒙古自治区的种植面积有所增加，大豆的分布几何中心向北移动；2016年分布几何中心向东南移动，随后2017年至2020年向东北移动，2021年开始向西南回移。结合大豆种植分布分析原因发现，2017年至2020年，黑龙江的大豆种植明显增多，2021年有小幅下降。

276

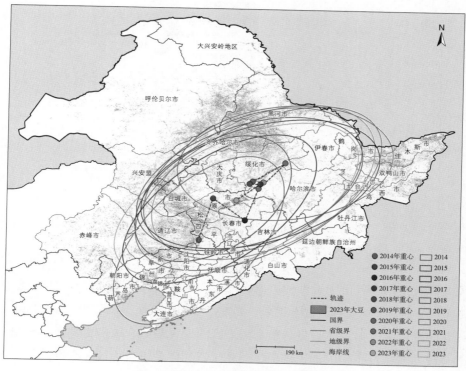

图 7　2014~2023 年大豆空间分布变化

10.3　黑土区主要粮食作物面积变化

基于近十年黑土区主要粮食作物空间分布制图，本报告对三种主要粮食作物的种植面积进行了统计。分析整个黑土区三大作物的面积变化态势发现：①玉米的种植面积在三大粮食作物中持续占据绝对优势主导地位，在1700万公顷左右波动，大豆的种植面积从400万公顷左右增加到约700万公顷，呈现"升—降—升"趋势，水稻的种植面积在500万公顷左右波动；②玉米和大豆的种植面积处于不断交替互补状态，如2020年玉米面积减少而大豆面积增加，2021年大豆面积减少而玉米面积增加，水稻的种植面积则比较稳定，但2022年以来，由于"稻改豆""水改旱"，水稻面积也有所减少（见图8）。

10.3.1　玉米种植面积变化

对黑土区玉米种植面积进行多尺度统计分析发现，近十年来，黑土区玉米种植面积呈现波动性变化（见图9），但总体保持在17000千公顷左右，其种植面积在2015年有所增加，但随后2016～2020年呈现波动性减少趋势，2021～2023年波动性回升。

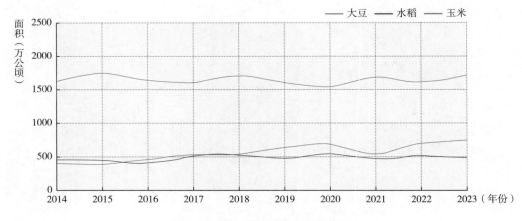

图8 黑土区主要粮食作物面积变化

黑龙江省是四个省份中玉米种植面积最大的省份，其次是吉林省。两省的种植面积占整个黑土区的75%左右。近十年来，黑龙江省的种植面积在5500千～7500千公顷波动，变化幅度较大，但总体趋势与整个黑土区的变化趋势一致。吉林省的种植面积在4300千公顷左右，近十年内都比较稳定。辽宁省和内蒙古自治区（东部地区）的玉米种植面积相对接近，但内蒙古自治区（东部地区）的种植面积在2018年有所增加，随后又恢复正常水平，两者的种植面积近十年内在2700千公顷左右波动（见图10）。

地市级尺度种植面积变化分析发现，黑土区吉林、辽宁两省各地市的种植面积较为稳定，其余两省区各地市的种植面积呈现波动式变化。①内蒙古自治区（东部地区）玉米种植面积呈现持续性波动状态。以种植面积最大的通辽市为例，其种植面积在2014～2019年呈现上升趋势，而后几年又开始波动下降，其余三个地市的变化与通辽类似，但呼伦贝尔市和兴安盟的种植面积在2023年有所回升。②辽宁省玉米主要集中在铁岭市和沈阳市，总体而言，近十年内辽宁省的玉米种植面积比较稳定。③吉林省种植面积最大的是长春市，其后是松原、四平和吉林等市，各市种植面积近十年内保持稳定。④黑龙江省的玉米种植比较分散，其中以哈尔滨、齐齐哈尔以及绥化三市较大，这三市的种植面积变化较为一致，2016～2020年呈现波动性减少趋势，2021～2023年有所回升（见图11）。

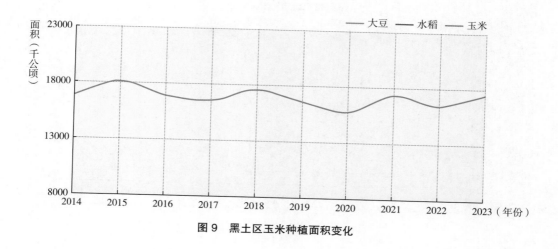

图 9　黑土区玉米种植面积变化

图 10　黑土区玉米面积省级变化

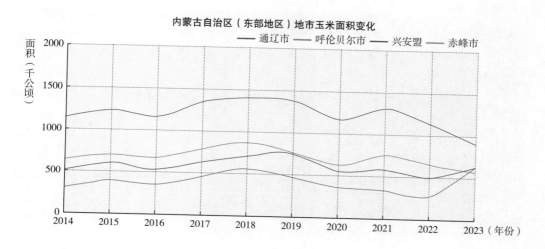

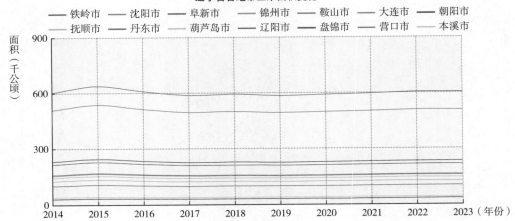

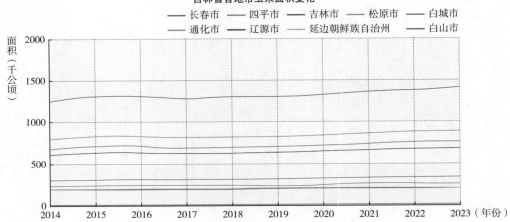

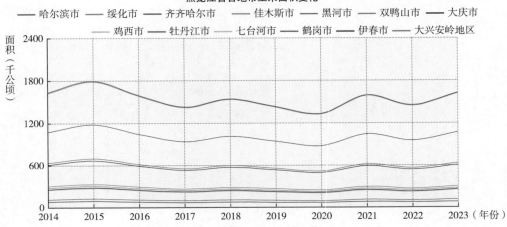

图 11 2014~2023 年黑土区市级尺度玉米种植面积变化

10.3.2　水稻种植面积变化

本报告对近十年的水稻面积变化开展了多尺度（黑土区尺度、省级尺度以及市级尺度）统计与变化趋势分析。结果表明，近十年来，在整个黑土区，水稻种植面积围绕5000千公顷上下波动，2016年、2019年和2021年种植面积有所减少，2017年、2020年和2022年种植面积则有所增加（见图12）。

省级尺度统计分析表明，黑龙江省水稻种植面积最大，近十年内在3700千公顷左右波动，占整个黑土区水稻种植面积的75%左右，与黑土区的水稻面积变化趋势高度一致。近十年内，吉林、辽宁以及内蒙古自治区（东部地区）的水稻面积分别在800千公顷、600千公顷以及80千公顷上下波动，其中吉林省在2016年小幅减少，2021～2023年呈现下降趋势，辽宁省在2023年则呈现上升趋势（见图13）。

从地市级尺度的统计结果分析种植面积变化，发现黑土区各省区的水稻种植面积整体呈现波动变化，但变化幅度不大。

内蒙古自治区（东部地区）的水稻种植面积较小，整体呈现波动减少趋势，但赤峰、呼伦贝尔和通辽三市种植面积在2023年有所回升。

辽宁省水稻种植面积较小且主要集中在沈阳市和盘锦市：沈阳市的种植面积在2017年增加，2022年减少，其余年份比较稳定；盘锦市水稻种植面积在2021年之前比较稳定，但在2022年有所减少，2023年又恢复到以前的水平。其他地市种植面积较为稳定，但锦州和鞍山两市的种植面积在2023年呈现增长趋势。

吉林省的水稻分布较为分散，其中白城、长春、松原、吉林等市的种植面积较大，白城和松原两市近十年呈现波动增长趋势，而长春和吉林两市则呈现波动减少趋势，尤其在2022年降幅显著。

黑龙江省佳木斯市种植的水稻最多，但其种植面积在2017年后就开始减少。佳木斯以外的地市水稻种植比较分散，总体较为稳定，但齐齐哈尔、哈尔滨、鹤岗等市的种植面积在2022年有所减少。实地调查发现，由于大豆和玉米的种植补贴调整，这些地市存在"水改旱"情况（见图14）。

10.3.3　大豆种植面积变化

近年来，由于国家和地方一系列"大豆振兴"以及"稳粮扩豆"政策实施，如黑龙江省2023年实行"米改豆""稻改豆"，很多农户开始种植大豆，或者大豆和玉米轮作，造成大豆种植面积自2015年开始就呈现明显增长趋势，2021年虽有所减少，但后两年又恢复到之前水平，表现为"升—降—升"趋势，种植面积在4000千～7000千公顷（见图 15）。

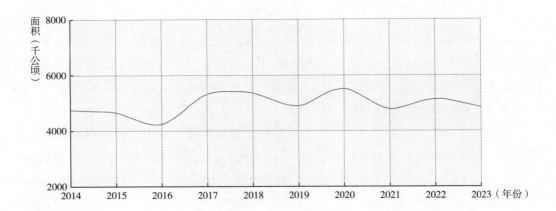

图 12　黑土区水稻面积变化

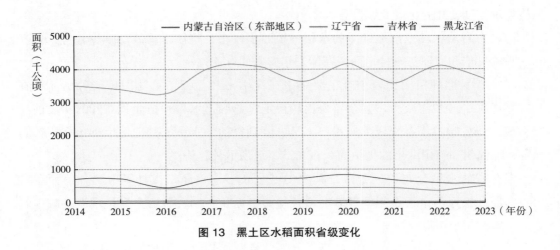

图 13　黑土区水稻面积省级变化

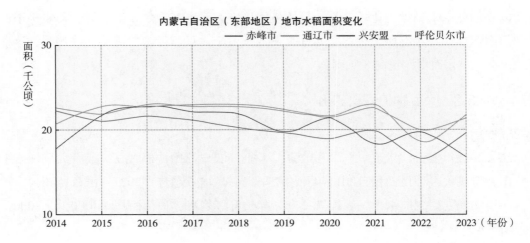

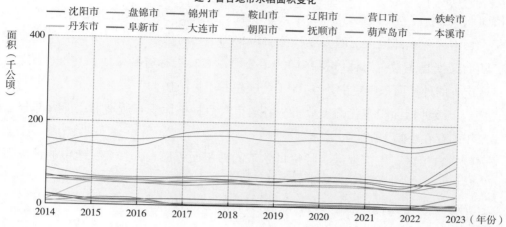

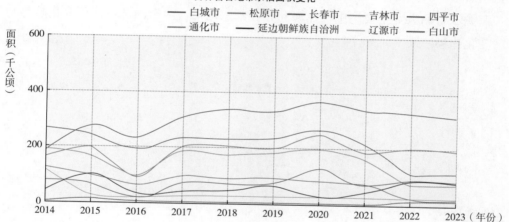

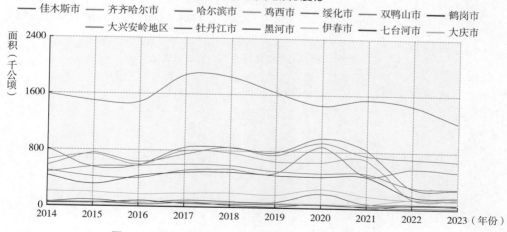

图 14　2014~2023 年黑土区市级尺度水稻种植面积变化

四个省区中，种植面积最大的是黑龙江省，约占总种植面积的50%以上，十年间种植面积从2500千公顷扩增到5000千公顷左右，其变化趋势与整个黑土区高度一致；内蒙古自治区（东部地区）的大豆种植面积2020年之前稳步上升，2021年存在小幅波动，随后又恢复正常，总体维持在1000千公顷左右；吉林省种植面积在300千公顷左右；辽宁省的种植面积则更少，在100千公顷左右（见图16）。

从地市级种植面积变化角度分析，各地市大豆种植面积有所增加，但大部分地市在2021年均存在小幅下降。

内蒙古自治区（东部地区）呼伦贝尔市的种植面积最大，其余三地市的种植面积较小。呼伦贝尔市的大豆面积表现为"升—降—升"趋势。

辽宁省大豆主要集中在铁岭市，表现为持续上升趋势。

吉林省白城和松原两市的种植面积较大，2015年两市种植面积有所减少，之后其变化与黑土区的变化一致，呈现"升—降—升"趋势。

黑龙江省的大豆主要集中在黑河和齐齐哈尔两市，两市的种植面积变化趋势与黑土区变化趋势一致（见图17）。

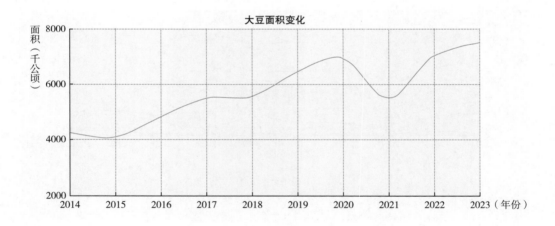

图 15　2014~2023 年黑土区大豆面积变化

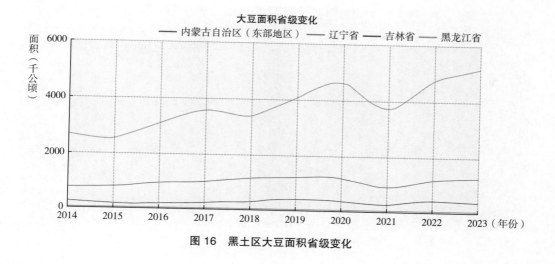

图 16　黑土区大豆面积省级变化

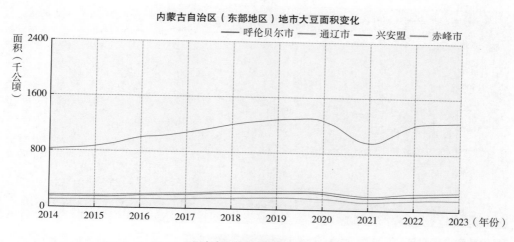

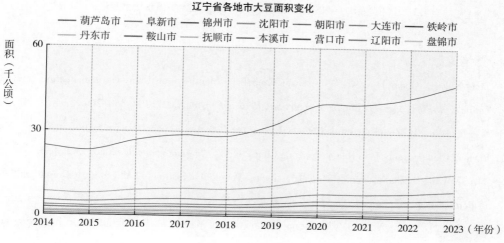

吉林省各地市大豆面积变化

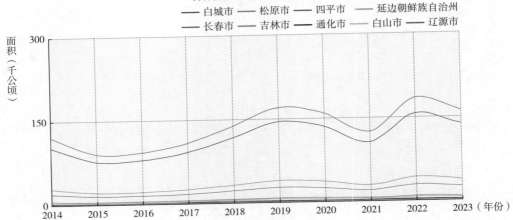

黑龙江省各地市大豆面积变化

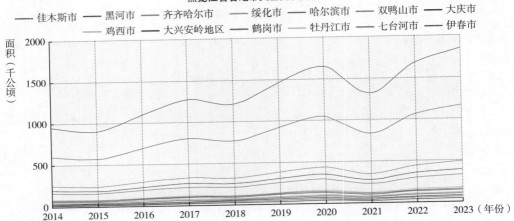

图 17　2014~2023 年黑土区市级尺度大豆种植面积比例变化

参考文献

[1] Zhao L, Li Q, Chang Q, et al. "In-season Crop Type Identification Using Optimal Feature Knowledge Graph". *ISPRS Journal of Photogrammetry and Remote Sensing*, 2022, 194: 250–266.

[2] Wei M, Wang H, Zhang Y, et al. "Investigating the Potential of Crop Discrimination in Early Growing Stage of Change Analysis in Remote Sensing Crop Profiles". *Remote Sensing*, 2023, 15(3): 853.

[3] Wei M, Wang H, Zhang Y, et al. "Investigating the Potential of Sentinel–2 MSI in Early Crop Identification in Northeast China". *Remote Sensing*, 2022, 14(8): 1928.

[4] Zhao L, Li Q, Zhang Y, et al. "Study on the Potential of Whitening Transformation in Improving Single Crop Mapping Accuracy". *Journal of Applied Remote Sensing*, 2019, 13(3): 034512–034512.

[5] Zhang H, Li Q, Liu J, et al. "Object–Based Crop Classification Using Multi–Temporal SPOT–5 Imagery

and Textural Features with Random Forest classifier ". *Geocarto International*, 2018, 33(10):1017–1035.

[6] Zhang H, Li Q, Liu J, et al. "Crop Classification and Acreage Estimation in North Korea Using Phenology Features". *GIScience & Remote Sensing*, 2017, 54(3): 381–406.

[7] Zhang H, Li Q, Liu J, et al. "Image Classification Using RapidEye Data: Integration of Spectral and Textual Features in a Random Forest Classifier". *IEEE Journal of Selected Topics in Applied Earth Observations and Remote Sensing*, 2017, 10(12):5334–5349.

[8] Jia K, Li Q, Wei X, et al. "Multi–temporal Remote Sensing Data Applied in Automatic Land Cover Update Using Iterative Training Sample Selection and Markov Random Field model". *Geocarto International*, 2015, 30(8): 882–893.

[9] Li Q, Zhang H, Du X, et al. "County–level Rice Area Estimation in Southern China Using Remote Sensing Data". *Journal of Applied Remote Sensing*, 2014, 8(1): 083657–083657.

[10] Li Q, Cao X, Jia K, et al., "Crop type Identification by Integration of High–spatial Resolution Multispectral Data with Features Extracted from Coarse–Resolution Time–Series Vegetation Index Data". *International Journal of Remote Sensing* 2014, 35(16): 6076–6088.

[11] 徐英德、裴久渤、李双异等:《东北黑土地不同类型区主要特征及保护利用对策》《土壤通报》 2023年第2期,第495~504页。

[12] 韩晓增、李娜:《中国东北黑土地研究进展与展望》,《地理科学》 2018年第7期,第 1032~1041页。

[13] 石冠伟:《农田景观复杂性遥感感知模型及其在农作物遥感分类中的应用》,中国科学院大学 (中国科学院空天信息创新研究院)2023年硕士学位论文。

[14] 赵龙才:《主要农作物指示性遥感识别特征及其应用方法研究》,中国科学院大学 (中国科学院 遥感与数字地球研究所)2020年博士学位论文。

[15] 张焕雪:《农田景观模型及其对农作物遥感识别与面积估算的影响研究》,中国科学院大学(中 国科学院遥感与数字地球研究所)2017年博士学位论文。

[16] 沈宇、李强子、杜鑫等:《玉米大豆生长中后期遥感辨识的指示性特征研究》,《遥感学报》 2022年第7期。

[17] 王娜、李强子、杜鑫、张源、赵龙才、王红岩:《单变量特征选择的苏北地区主要农作物遥感识 别》,《遥感学报》2017年第21期,第519~530页。

[18] 张焕雪、李强子、文宁等《农作物种植面积遥感估算中影像分类影响因素研究》,《国土资源遥 感》2015年第4期,第54~61页。

[19] 张焕雪、李强子:《空间分辨率对作物识别及种植面积估算的影响研究》,《遥感信息》2014年 第2期,第39~44页。

[20] 贾坤、李强子:《农作物遥感分类特征变量选择研究现状与展望》,《资源科学》2013年第12 期,第2507~2516页。

G.11

粤港澳大湾区遥感监测

摘　要： 本报告选取粤港澳大湾区作为城市群生态环境监测的重点区域，从灯光、湿地受损、生态与热环境解耦、生态廊道与养殖用海5个维度进行生态环境遥感监测。研究结果表明，粤港澳大湾区总体呈现"核心—外围"二元结构，广州市、深圳市、佛山市、东莞市是粤港澳大湾区3个中心城市，以其为代表的核心区以高强度的人类胁迫为主要特征，生态环境压力较大；而粤港澳大湾区的外围腹地受城市开发影响较小，生态环境总体状况良好，但其空间不均衡性为生态安全带来一定隐患。研究结果可为大湾区生态环境整体治理、生态环境综合建设与规划提供科学参考，在联合国可持续发展目标下，进一步改善大湾区生态环境，建设国际一流的生态湾区。

关键词： 粤港澳大湾区　城市群　人类胁迫　可持续发展　城市生态环境

粤港澳大湾区（Guangdong–Hong Kong–Macao Greater Bay Area），简称"大湾区"或GBA（the Greater Bay Area），地处中国东南部沿海的珠江三角洲平原，涵盖香港、澳门两个特别行政区以及珠三角九个地级市(广州、深圳、珠海、佛山、中山、肇庆、惠州、东莞和江门)，形成"9+2"区域发展格局。截至2022年，粤港澳大湾区拥有约5.6万平方千米的土地面积，为超过8600万人提供生产和生活场所，创造了达13万亿元人民币的生产总值，展现了强大的经济活力和社会活力。改革开放以来，城市化进程加快，粤港澳大湾区表现出典型高度城市化区域的特征，人类活动对生态系统的压力胁迫与日俱增，是世界上人与自然相互作用最强烈的典型区域之一。作为世界级的城市群，粤港澳大湾区需要实现统筹城乡协调发展与生态系统整体性保护，注重提升区域可持续发展水平。本报告基于多源遥感数据与反演模型的多专题分析与评估，相关研究结果与应用为粤港澳大湾区多目标国土空间规划提供本底数据支撑，对于实现粤港澳大湾区区域协同发展至关重要。

11.1　夜间灯光时空分布

夜间灯光数据是指遥感卫星记录城镇灯光、渔船灯光、火点等地表的灯光强度信息所生成的影像数据。作为一种人造地表景观现象，夜间灯光与人类活动密切相关，其分布和强度能够直观地反映人类社会的发展状况。因此，夜间灯光数据被广泛应用于社会经济指标空间化估算、不透水面提取、城市化进程监测、生态环境评估等领域。目前，夜间灯光的主要遥感数据源包括美国国防部的DMSP/OLS数据和自2012年开始生产的NPP/VIIRS数据，数据本身存在一定局限性，如扩散效应、数据饱和等问题，因此需要对夜间灯光数据进行饱和校正、连续性校正、去噪等处理。

依据夜间灯光数据处理结果，2000年粤港澳大湾区夜间灯光空间分布情况见图1。全域全年平均夜间灯光亮度值介于0 nanoW/sr/cm^{2}至121.154 nanoW/sr/cm^2，全域平均值为1.567 nanoW/sr/cm^2。2000年粤港澳大湾区夜间灯光空间分布呈现明显的空间异质性，夜间灯光亮度较高区域主要集中于珠海市东北部、中山市中部、江门市东北部、佛山市东部、广州市中南部、东莞市、深圳市西部和香港特别行政区中部。2000年粤港澳大湾区灯光强度表现出明显的区域分异特征，城市核心区域的灯光强度远高于城市外围的乡镇区域，城乡二元结构明显。

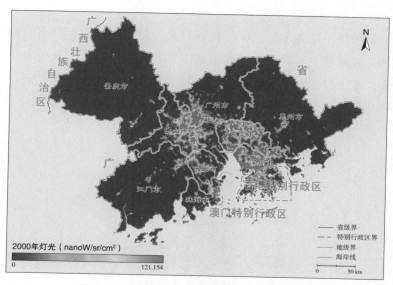

图1　2000年粤港澳大湾区夜间灯光空间分布

2022年粤港澳大湾区夜间灯光空间分布情况见图2。与2000年相比，夜间灯光亮度高值区呈现向四周蔓延的态势。2022年粤港澳大湾区夜间灯光亮度全年平均值介于0 nanoW/sr/cm^{2}至195.185 nanoW/sr/cm^2，全域平均值为6.204 nanoW/sr/cm^2，夜间灯光亮度平均值较2000年有所提升。大湾区城市群夜间灯光亮度主要呈"中心高、四周低"分布趋势，夜间灯光亮度高值区域集中在城市群中心、经济较为发达的建成区。城市

群外围的经济发展相对落后，是大湾区夜间灯光亮度的低值区。

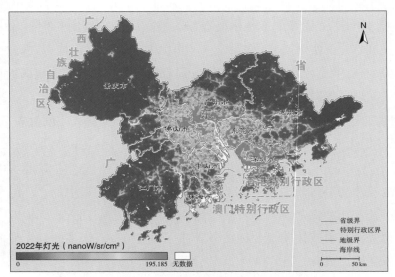

图 2   2022 年粤港澳大湾区夜间灯光空间分布

图3为2000~2022年粤港澳大湾区的夜间灯光变化。与2000年相比，2022年夜间灯光亮度显著上升的区域主要在大湾区城市群中心，其中广州市、惠州市和江门市是主要的增加区域。夜间灯光亮度显著下降的区域主要分布在深圳西部、东莞、佛山东部和广州中部。大湾区城市群外围的夜间灯光亮度则基本不变。

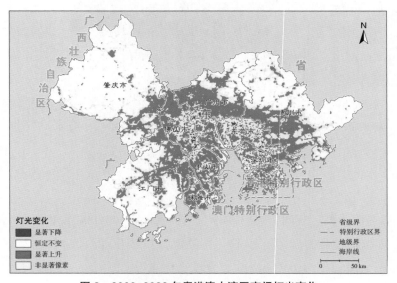

图 3   2000~2022 年粤港澳大湾区夜间灯光变化

整体而言，在20多年间，粤港澳大湾区夜间灯光亮度呈上升趋势；同时也反映了

290

大湾区的高速发展和城市建设用地的持续扩张非常显著。因此，在后续的城市发展与规划中应增强城市的辐射效应，推动经济发达地区带动周边相对落后地区的经济社会发展，同时针对夜间灯光所带来的光污染等问题制定或进一步完善相应政策法规。

11.2 湿地受损指数时空分布

粤港澳大湾区内水热条件充足，河网密布，孕育了丰富的湿地资源。然而，在近几十年的气候变化和人类压力的胁迫下，湿地面积衰减和质量退化的趋势十分明显。运用遥感技术监测湿地变化、掌握人类活动对湿地的干扰情况，是开展湿地受损评估的基础。开展湿地受损评估是加强湿地保护与利用的重要一环，对于提升粤港澳大湾区湿地质量具有重要意义。

湿地受损指数是有效度量湿地演变风险的评估方法，对于研究区域后续的湿地演变具有指示性作用。湿地受损指数（Wetland Damage Index，WDI）由湿地面积占比变化、生态环境状况、人类活动干扰状况三部分共同组成，将每一空间网格的湿地受损状况与湿地受损最严重状况进行比较，WDI的公式如下：

$$WDI_{T1}=\frac{\sqrt{(W_{T1}-W_{T0})^2+(1-RSEI_{T1})^2+HPI_{T1}^2}}{\sqrt{3}}$$

式中：T_0、T_1分别为研究时段之始、末。W_{T0}、W_{T1}分别为研究时段始、末的空间网格内湿地面积占比。若研究时段中网格内的湿地面积上升（$W_{T1}>W_{T0}$）或不变（$W_{T1}=W_{T0}$），将$W_{T1}-W_{T0}$设为0。$1-RSEI_{T1}$为研究时段末的生态环境状况，$RSEI_{T1}$由遥感生态指数计算得出。HPI_{T1}为研究时段末的人类活动干扰状况，由人类压力指数计算得出。该公式能够表示湿地的受损状况。WDI越大，则代表这个网格的湿地受损状况越严重；WDI越小，则代表这个网格的湿地受损状况越轻微。基于上述方法计算湿地受损指数，可以评估大湾区2010年、2020年湿地受损状况。

根据2010年的湿地受损指数结果，大湾区湿地受损主要集中在中部的城市建成区，包括广州和佛山两市的连片区域、中山市西北部、东莞市大部、深圳市大部。同时，大湾区的周边区域，生态用地较多，湿地受损程度较轻微（见图4）。

根据2020年的湿地受损指数结果，大湾区湿地受损主要集中区域有所扩张，包括广州和佛山两市的连片区域、肇庆南部的城区、中山和江门两市的交界区域、东莞市大部、深圳市大部、珠海市沿海区域。然而，大湾区周边区域的湿地受损状况有所好转。2010年和2020年大湾区中部与周边区域的湿地受损状况差异不大。与2010年不同的是，2020年湿地受损状况的差异更为明显（见图5）。

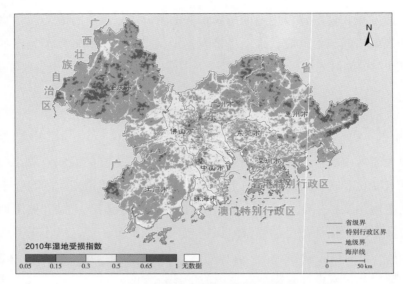

图 4　2010 年粤港澳大湾区湿地受损指数空间分布

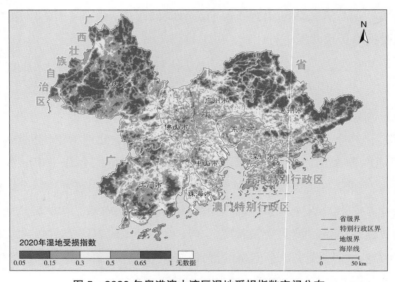

图 5　2020 年粤港澳大湾区湿地受损指数空间分布

　　2010~2020年，大湾区全域的平均WDI从0.291轻微下降到0.285；但标准差从0.128增加到0.159，增加了24.22%。从每个网格的WDI变化幅度来看，2010~2020年网格WDI增长的极值（0.435）略大于下降的极值（−0.392）。湿地受损严重的地方主要集中在大湾区中部地区，该地区本身的WDI也较高；湿地受损减轻的地方主要集中在大湾区周边，该地区本身的WDI不高。2010~2020年WDI在大湾区全域的平均值下降、标准差上升，表明近十年大湾区湿地整体受损状况有所减轻，但区域内各地的湿地受损差异继续扩大（见图6）。

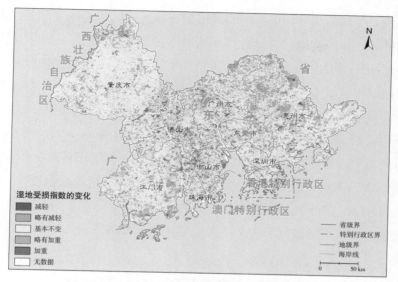

图6 2010~2020年粤港澳大湾区湿地受损指数变化

　　湿地受损评估的结果有助于推动湿地保护措施的落实。广东省在"十四五"规划、国土空间规划（2021~2035年）中指出，要推进湿地保护修复工程。广东省自然资源保护与开发"十四五"规划明确，湿地面积不低于17500平方千米。对于大部分没有以划定生态保护区来保护的湿地来说，WDI对于后续湿地演变具有指示性作用。WDI高值区是需要重点关注湿地流失的地方。这些湿地多位于城市内部及周边地区，是海绵城市建设的组成部分，需要关注其在水安全方面的功能。湖泊和坑塘、河流水系分别从微观、宏观角度连成河湖体系，一定程度上能提高城市雨洪调蓄能力。坑塘由于位处人类活动压力较高的地区，消失风险较大。以佛山市为例，通过落实耕地保护制度、推进渔业高质量发展、推广桑基鱼塘特色渔业模式，发挥鱼塘湿地在农业、旅游方面的功能，有助于在保护湿地的同时发挥经济效益。WDI低值的地方要维持现有保护措施，保持现有湿地保有量，以维持湿地总量平衡。然而，城市化的持续演进将不可避免地造成湿地流失，尤其是人类活动压力较大的城市地区。为维持湿地总量平衡，必然有湿地需要实现扩张。值得注意的是，坑塘的经济价值来源于水产养殖。若坑塘并非用于渔业，坑塘也和其他类型湿地一样不具备经济价值。在合适的条件下，将这些坑塘湿地转为湖泊，能够加强湿地生态服务价值，并不削弱经济价值。可见，使湿地在城市内部发挥水安全功能、产生生态经济效益是保护和利用湿地取得相对平衡的可行措施。

11.3 生态与地表热环境解耦状态时空分布

　　城市化快速发展，尤其是建设用地扩张和人类活动强度增大，给气候和生态环境带来显著影响。受城市热岛效应影响，城市生态系统功能胁迫越发显著，不透水面扩张压缩了植被、水体等的空间，地表热环境增温影响城市生态系统的生境质量，进而影响生态系统通过蒸散发和生物生长对热岛产生的调节、供给和支持服务功能，当这些功能受到削弱时，城市热岛失去缓释因素而继续增强。珠三角城市群是我国主要城市群，存在高强度人类活动和大面积不透水面，具有显著的城市热岛效应。探讨珠三角城市群强热岛效应下的生态系统服务价值（Ecosystem Service Value, ESV）状况及其与地表热环境关系的演进趋势，对了解城市群尺度的生态系统服务水平具有重要意义。本专题以珠三角城市群为研究区域，采用解耦模型分析地表温度（Land Surface Temperature, LST）与ESV的协同关系趋势，为了解高度城市化区域生态系统与环境的关系，以及未来城市生态修复和生态功能规划提供重要的理论支持。解耦模型表达式如下：

$$D = \frac{\Delta LST}{\Delta ESV} = \frac{LST_t - LST_0}{LST_0} \bigg/ \frac{ESV_t - ESV_0}{ESV_0}$$

式中：LST_t、ESV_t 和 LST_0、ESV_0 分别指研究末期和初期的 LST 和 ESV，ΔLST、ΔESV 指 LST 与 ESV 变化率，D 指解耦状态指数。解耦模型所定义的8种解耦状态见表1。

表 1　解耦状态类型及其判断区间

解耦类型	判断区间	表征意义
扩张性负解耦	$\Delta LST > 0$，$\Delta ESV > 0$，$D > 1.2$	LST 与 ESV 呈同向上升态势，且 LST 增幅明显较 ESV 大
扩张性耦合	$\Delta LST > 0$，$\Delta ESV > 0$，$0.8 \leq D \leq 1.2$	LST 与 ESV 呈同向上升态势，解耦指数处于 1.0 附近 ±20% 区间，表明两者增速相似，ESV 在热环境增温的背景下仍然保持上升态势
弱解耦	$\Delta LST > 0$，$\Delta ESV > 0$，$0<D<0.8$	LST 与 ESV 呈同向上升态势，而 LST 增幅较 ESV 小。表明存在轻微城市化环境效应，生态系统服务保持较高水平
强解耦	$\Delta LST < 0$，$\Delta ESV > 0$	LST 下降而 ESV 上升的反向演化态势表明，相关区域城市化环境效应处于消退态势，生态系统服务水平回升
衰退性解耦	$\Delta LST < 0$，$\Delta ESV < 0$，$D > 1.2$	LST 与 ESV 呈同向下降态势，LST 降幅明显比 ESV 大。表明相应区域城市化气候效应消退明显，但 ESV 仍然呈现受损态势
衰退性耦合	$\Delta LST < 0$，$\Delta ESV < 0$，$0.8 \leq D \leq 1.2$	LST 与 ESV 呈同向下降态势，解耦指数处于 1.0 附近 ±20% 区间，表明两者下降速率相似，地表热环境降温而生态系统服务价值呈受损状态
弱负解耦	$\Delta LST < 0$，$\Delta ESV < 0$，$0<D<0.8$	LST 与 ESV 呈同向下降态势，LST 降幅小于 ESV。反映地表热环境减弱的情况下，生态系统服务水平继续呈明显损失态势
强负解耦	$\Delta LST > 0$，$\Delta ESV < 0$	LST 上升而 ESV 下降的反向演化态势，表明相应区域处于显著的城市化进程中，不断增强的人类活动作用于生态系统导致 ESV 受损

　　珠三角城市群2005~2010年地表热环境与ESV主要呈强解耦、衰退性解耦和强负解耦状态。强解耦状态主要分布于珠三角城市群西部，大部分覆盖城市群的外围区域，包括肇庆市大部、江门市以及佛山市西部高明区小面积分布，共计3538个格网单元，占比37.62%。衰退性解耦状态主要分布于珠三角城市群中部和西部的大部分区域，尤其是城市郊区区域，包括惠州市北部和东部、广州市北部、东莞市和深圳市部分区域、中山市和珠海市大部以及佛山市中东部和江门市东部，共计3466个格网单元，占比36.86%。强负解耦状态主要分布于惠州市中南部、东莞市中部、深圳市北部和东部以及佛山市和江门市部分区域，共计1714个格网单元，占比18.23%（见图7）。

图7　2005~2010年珠三角城市群LST与ESV解耦状态的空间分布

　　珠三角城市群2010~2015年地表热环境与ESV主要呈强负解耦、扩张性负解耦和弱解耦状态。2010~2015年强负解耦状态面积在珠三角城市群中远大于其他解耦状态分布区，城市群中每个地级市均有较大面积的强负解耦状态分布，尤其是珠江口沿岸广州市、东莞市、佛山市、中山市和珠海市，强负解耦状态成为明显主导状态，共计4725个格网单元，占比50.24%。扩张性负解耦状态零散分布在强负解耦区边缘，大致呈现圈层条带状分布，共计1909个像元，占比20.30%。弱解耦状态则呈碎片状分布于广州市南部、中山市北部、东莞市和惠州市部分地区以及肇庆市和江门市沿河流地带，共计670个格网单元，占比7.12%（见图8）。

　　珠三角城市群2015~2020年地表热环境与ESV主要呈弱负解耦、强负解耦和强解耦状态。在这一时间段，弱负解耦状态呈现明显主导状态，分布于珠三角城市群的大部分区域，从地级市尺度看，除肇庆市、江门市和中山市外，其余6个地级市均属弱负解

图8 2010~2015年珠三角城市群LST与ESV解耦状态的空间分布

耦状态大面积分布，共计4054个格网单元，占比43.11%。强负解耦状态区域则主要分布于肇庆市、江门市沿河流地带、广州市北部和惠州市部分零散区域，共计3154个格网单元，占比33.54%。这一时期的强解耦状态在珠三角城市群中则呈现极为零散的分布格局，以佛山市、中山市、东莞市、惠州市等地级市分布较多，共计1400个格网单元，占比14.89%（见图9）。

图9 2015~2020年珠三角城市群LST与供给ESV解耦状态的空间分布

总体而言，珠三角城市群地表热环境和生态系统调节服务以强解耦和强负解耦为主，分别占比32.2%和13.7%。强解耦区主要分布于城市群外围区，该区域虽然存在人类改造地表的过程，但大范围森林覆盖仍保持较高水平的气体、气候、水文调节和环境净化服务功能。佛山、中山、广州南部、珠海西南部、江门东部和北部等区域为强负解耦区，说明上述区域在高强度人类干预下地表覆盖剧烈重构，森林、草地、湿地等生态用地空间遭到压缩，加之热环境升温对植物生命活动的影响，导致生态用地气候、水文和环境调节能力降低，形成LST与调节服务价值的强负解耦状态。

11.4　生态廊道空间分布

随着城市化进程的推进，经济高速发展的大型城市群地区自然环境会遭到不同程度的破坏，城市边界的扩展导致大量的生态用地被侵占，进而使得生境斑块破碎化、景观连通性降低等问题不断凸显，生态风险日益增加。这不仅严重威胁城市生态多样性与生态系统健康，而且危及人类自身的可持续发展。生态廊道作为物种迁移、物质和能力交换的重要枢纽，对区域内部生态系统的稳定性与可持续性具有重要意义，是生态安全格局中必不可少的一个环节。通过构建生态廊道能够有效提升城市生态空间景观连通性、完善生态网络、最大程度发挥生态系统服务功能。

为定量研究各个重要生态源地的连通性与可达性，通过最小累计阻力模型(Minimum Cumulative Resistance, MCR)可以测算研究区内各个生态源地之间耗费最小的成本路径，从而模拟粤港澳大湾区生态源地间的生态廊道。最小累计阻力模型是基于图论法的一种衍生模型，以生态源地为出发点，建立生态阻力面并计算生态源地之间通过阻力值不同的下垫面克服阻力所做的功，得到生物迁徙交流受到最少外界干扰的最佳路径，是目前使用最广泛的生态廊道提取方法。模型的公式如下。

$$MCR=f \times min \sum_{j=n}^{i=m} Dij \times Ri$$

式中，MCR为物种从生态源地j迁移到栅格单元i所耗费阻力的最小累计值，Dij是生态源地j到栅格单元i所需要的成本距离，Ri表示栅格单元i的生态阻力系数，f代表该生态过程与最小阻力累计值之间的相关系数。

由综合生态阻力面可知，粤港澳大湾区生态阻力的空间异质性较强，整体阻力呈现南高北低、中部高四周低的分布格局，该特征对物种迁移和物质能量流动影响较大。生态阻力高值区域主要分布在深圳市、东莞市、广州市和佛山市，低值区域则集中在肇庆市、江门市和惠州市（见图10）。高生态阻力区域具有经济发展水平高、人口聚集规模大、人为干扰程度高的特征。生态阻力较高的区域主要位于城市建成区，这些地区受交通路网及建设用地影响，生态斑块遭到破坏，阻碍生态要素的生存与迁徙。

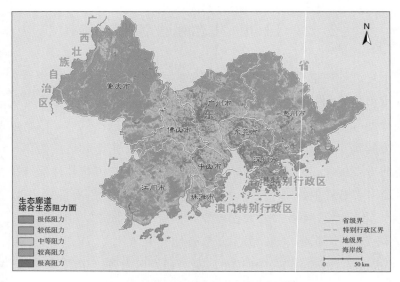

图10　粤港澳大湾区生态阻力空间分布

生态源地一般为具有相当规模、为区域自然生态系统提供多种重要生态服务的连续成片的生境斑块。根据粤港澳大湾区生态廊道空间分布结果可知，大湾区内重要生态源地分布范围广，源地总面积达2.521万平方千米，约占粤港澳大湾区总面积的45%；生态源地空间分布总体呈现"北密南疏"趋势，研究区北部集聚大量连片的生态源地，而南部的生态源地面积较小且呈散状分布。其中，研究区内生态源地主要分布在肇庆市，肇庆市生态源地总面积达1.04万平方千米，拥有粤港澳大湾区36.87%的生态源地，同时也是研究区内生态源地面积占比最高的城市；惠州市、江门市的重要生态源地面积仅次于肇庆市，分别为0.6219万平方千米和0.3497万平方千米；香港特别行政区的生态源地面积占总面积比重仅次于肇庆市，行政区内保留了大量未开发的郊野公园，生态环境质量较好，因此生态源地面积占比较高（见图11）。

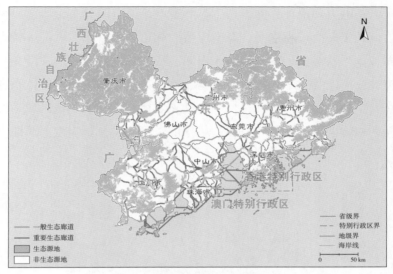

图 11　粤港澳大湾区生态廊道空间分布

　　研究发现，粤港澳大湾区共有189条重要生态廊道和52条一般生态廊道，廊道总长度为2916.95千米。粤港澳大湾区内生态廊道空间上主要呈现中心稀疏、外围密集的格局，结构大致呈环状分布。此外，大湾区南部的生态廊道较为密集，而北部生态廊道较为分散，这主要是由大湾区生态源地的空间分布异质性决定的。大湾区城市核心区的生态廊道分布较少，说明该地区的生态交流需要增加，生态系统传输能力需要改善和提高。这表明，粤港澳大湾区内生态廊道的结构和功能存在明显差异。因此，需要采用电路理论进一步定量评估生态廊道的传输功能属性。

　　电路理论利用电子在电路中随机游走的特性模拟物种在某一景观面中的迁移扩散过程，识别景观面中多条具有一定宽度的可替代路径。电流密度的大小可表征物种沿某一路径迁移扩散概率。电流密度值高的区域代表物种在运动过程中可能经过此处的概率较高，该区域的退化或损失极有可能切断生态源地之间的连通，因此需优先进行保护修复，该电流高值区即为生态"夹点"。模型计算公式如下：

$$Ilp=Ucm/Rbm$$

　　式中，Ilp代表生态廊道电流值，反映物种在景观间迁移、运动的概率路径，Ucm为廊道电压值，表征生态过程正向演替中起到关键辐射或推动作用的核心生态源地，Rbm为有效电阻值，在生态学意义上为反映景观的破碎化程度和节点间阻隔效应的指标。生态廊道的电流值范围在0~1，栅格单元的电流值代表物种迁徙经过此单元的可能性程度，电流值越接近1代表生态廊道被使用的可能性越大，因而往往是生态廊道的"夹点"。

基于电路电力理论计算并识别生态廊道电流值空间分布，粤港澳大湾区生态廊道整体阻力值处于一个较高水平，高电流值的廊道集中分布在大湾区城市建成区域范围内（见图12）。这是由于，受城镇、农田或线状基础设施胁迫，潜在生态廊道被挤压在自然植被或河流等狭窄处形成"夹点"，"夹点"是生态网络体系良性循环和维护生态格局安全的关键，需要严格保护和优先修复。这反映了该区域生态廊道受挤压的形势较为严峻，同时会增加生态廊道堵塞的风险，将会影响生态源地间物种迁徙与资源流动的效率。

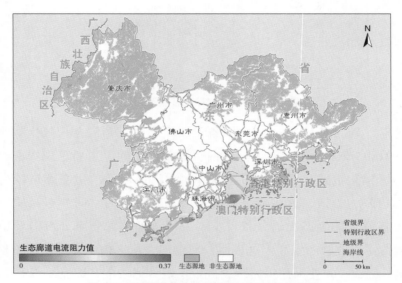

图12　粤港澳大湾区生态廊道电流值空间分布

总而言之，生态安全不仅仅聚焦城市发展的短期目标，更应该成为长期规划的战略定位。粤港澳大湾区生态用地空间分布不均衡，生态源地和生态廊道主要集中在城市外围的乡郊生态区，中心城区的建设用地无序扩张将阻断生态要素流动，形成生态空间分布格局的固化，加大了不同城市间生态资源分配差异，从而在极大程度上降低了生态系统的整体性与稳定性。因此，未来改善自然生态系统与推动经济社会健康发展，需要根据区域的独特性将粤港澳大湾区划分为若干区域，提出因地制宜的生态安全格局改进策略。

11.5　养殖用海空间分布

近海养殖业是世界海洋经济发展最快的行业之一，过去几十年均处于不断扩张过程中。然而，近海养殖业的快速发展，虽然满足了居民日益增长的海产品消费需求，但也导致海岸带区域出现一系列严重的生态环境问题。在近海养殖过程中，不合理的养殖密度，导致化学药物、动物排泄物、残饵等不断堆积，超出了海洋生态环境的可承受范围，进而导致海水富营养化、赤潮等生态问题，加之在人类活动的持续影响下，海岸带区域成为生态灾害频发的生态脆弱重点区域。遥感监测技术具有覆盖范围广、成本低等特点，利用遥感影像对海水养殖区进行长时间、大范围的信息提取，已成为海洋经济和海洋生态领域的重要研究内容之一。

深度学习算法近年来发展迅速，已被广泛运用于图像处理领域，其是神经网络的延伸，通过模拟大脑的学习过程，对输入数据进行分层次（由底层到高层）特征提取，以获取理想特征用以分类，从而提高分类的准确性。U-Net卷积神经网络是2015年ISBI Challenge竞赛中提出的一种分割网络，由于较好的分割效果而被广泛应用于遥感图像分割领域。

U-Net网络结构见图13，U-Net模型网络左侧为收缩路径，右侧为扩张路径，呈现对称结构。左侧收缩路径是一个典型的CNN结构，由多组结构相同的收缩块结构组成，每一收缩块结构依次为连续2组卷积核大小 3×3 的卷积操作(padding=0),每次卷积之后跟随 ReLU 激活函数，2组卷积之后为一窗口大小2×2、滑动步长2的最大池化操作对特征图进行下采样。每一组收缩块实现将特征图尺寸缩小的同时，也使得特征图维度扩增一倍。右侧扩张路径由多组结构相同的扩张块结构组成，每一扩张块结构依次为连续2组卷积核大小 3×3 的卷积操作(padding=0), ,每次卷积之后跟随 ReLU 激活函

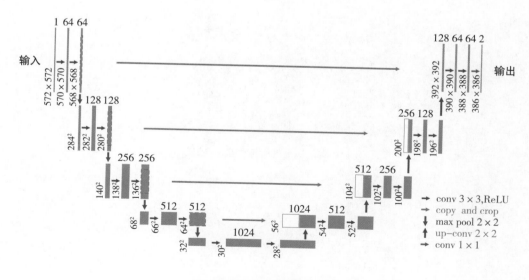

图 13 U-Net 网络结构示意

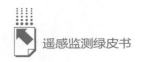
数，2组卷积之后为一卷积核大小为 2×2 的反卷积操作实现对特征图的放大。每一扩张块实现将特征图尺寸扩大的同时，也使得特征图维度减少一半。

基于U–Net卷积神经网络算法，将2008年修测的大陆海岸线与2019年补充修测的海岛海岸线以外的区域作为养殖用海区域提取范围，对2022年粤港澳大湾区内养殖用海区域开展遥感解译工作，最终获得粤港澳大湾区2022年养殖用海区域图斑数据。

根据海水养殖区识别结果（见图14、见图15），2022年粤港澳大湾区内围海式养殖面积共有11620.65公顷，开放式养殖面积为2451.8公顷，近海养殖区域总面积达14072.45公顷。围海式养殖是大湾区内主要的海水养殖方式，围海式养殖的面积占比远超开放式养殖方式。围海式养殖活动主要分布在粤港澳大湾区的河流出海口区域，该区域地势平坦，水深适中，远离风浪，伴随河流携带的丰富营养物质为渔业养殖活动创造极大优势。开放式养殖活动同样也是大湾区重要的海水养殖方式，其聚集在粤港澳大湾区海岸线附近，海岸线提供了天然的海水屏障，可以减少风浪对养殖区域的影响。

图 14 粤港澳大湾区海水养殖空间分布

图 15　粤港澳大湾区典型海水养殖空间分布

粤港澳大湾区内海水养殖活动表现出明显的空间分布不均特征，海水养殖活动主要分布在粤港澳大湾区西侧区域，而海岸线东侧与中部的珠江出海口的海水养殖区域分布较少。在开放式养殖用海方面，惠州市、江门市和珠海市的分布面积超过粤港澳大湾区其他区域的总和，面积占比为93%，面积依次为8.1平方千米、7.4平方千米、7.35平方千米（见图16、图17）。围海养殖面积统计结果显示，粤港澳大湾区内江门市和珠海市的围海养殖面积分布为65.69平方千米和29.05平方千米，面积占比为57%和25%。江门市、珠海市与惠州市等3个城市的近海养殖区面积总和占大湾区近海养殖区的比重达92%（见图18、图19）。

整体而言，海水养殖业是粤港澳大湾区内的传统产业，对近海海洋生态环境带来巨大压力。随着社会经济发展与海洋环保和海岸带综合治理工作的推进，粤港澳大湾区的海水养殖产业正在萎缩，传统的近海养殖区域正在加速转化为观光休闲、游钓、海上运动等多种活动的场所。同时，粤港澳大湾区政府间也应加强养殖区域水质监测，根据区域水质环境变化，动态调整海水养殖规划，推动海水养殖的生态效益、经济效益和社会效益协同发展。

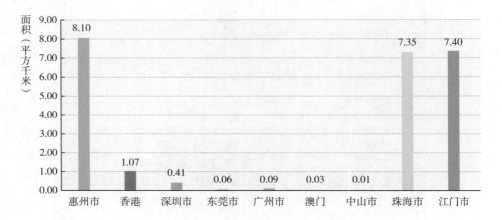

图16 粤港澳大湾区开放式养殖面积

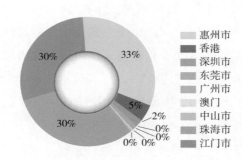

图17 粤港澳大湾区开放式养殖面积占比

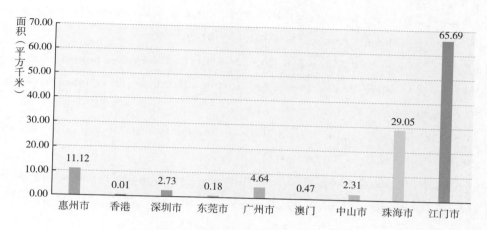

图 18　粤港澳大湾区围海养殖面积

围海养殖面积分布饼状图

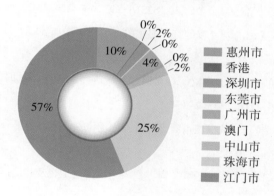

图 19　粤港澳大湾区围海养殖面积占比

参考文献

[1] Huang X J, Wu Z F, Zhang Q F, & Cao Z. (2022). "How to Measure Wetland Destruction and Risk: Wetland Damage Index". *Ecological Indicators*, 141: 109126.

[2] Elliot, T., Almenar, J. B., & Rugani, B. (2020). Modelling the Relationships between Urban Land Cover Change and Local Climate Regulation to Estimate Urban Heat Island Effect. Urban Forestry & Urban Greening, 50, 126650.

[3] Alom M Z, Yakopcic C, Hasan M, et al. "Recurrent Residual U-Net for Medical Image Segmentation". *Journal of Medical Imaging*, 2019,6(01):1.

[4] Cui B E, Fei D, Shao G H, et al. "Extracting Raft Aquaculture Areas from Remote Sensing Images via an Improved U-Net with a PSE Structure". *Remote Sensing*, 2019,11(17):2053.

[5] Tapio, P. (2005). "Towards a Theory of Decoupling: Degrees of Decoupling in the EU and the Case of Road Traffic in Finland between 1970 and 2001". *Transport Policy*, 12, 137-151.

[6] 李德仁、李熙:《论夜光遥感数据挖掘》,《测绘学报》2015年第6期,第591~601页。

[7] 胡苗苗、李建辉、闫庆武:《两种夜光数据测算社会经济指标能力对比》,《测绘科学》2022年第7期,第111~118页、第159页。DOI:10.16251/j.cnki.1009-2307.2022.07.015。

[8] 陈颖彪、郑子豪、吴志峰等:《夜间灯光遥感数据应用综述和展望》,《地理科学进展》2019年第2期,第205~223页。

[9] 余柏蒗、王丛笑、宫文康等:《夜间灯光遥感与城市问题研究:数据、方法、应用和展望》,《遥感学报》2021年第1期,第342~364页。

[10] 彭凯锋、蒋卫国、邓越:《武汉城市圈湿地受损程度识别及驱动因素分析》,《自然资源学报》2019年第8期,第1694~1707页。

[6] 于博威、谢毅梁、马曦瑶等:《近40年粤港澳大湾区湿地景观及其受损程度时空变化》,《环境生态学》2022年第5期,第59~68页。

[11] 黄晓峻、吴志峰、张棋斐等:《基于人类压力指数的粤港澳大湾区湿地资源分布与重要湿地识别》,《自然资源学报》2022年第8期,第1961~1974页。

[12] 王煜、唐力、朱海涛等:《基于多源遥感数据的城市热环境响应与归因分析——以深圳市为例》,《生态学报》2021年第22期,第8771~8782页。

[13] 匡文慧:《城市土地利用/覆盖变化与热环境生态调控研究进展与展望》,《地理科学》2018年第10期,第1643~1652页。DOI:10.13249/j.cnki.sgs.2018.10.008。

[14] 杨智威、陈颖彪、吴志峰等:《粤港澳大湾区建设用地扩张与城市热岛扩张耦合态势研究》,《地球信息科学学报》2018年第11期,第1592~1603页。

[14] 黄卓男、陈颖彪、吴志峰:《珠三角城市群地表热环境与生态系统服务价值解耦的时空特征》,《应用生态学报》2022年第7期,第1993~2000页。DOI:10.13287/j.1001-9332.202207.025。

[15] 史芳宁、刘世梁、安毅等：《城市化背景下景观破碎化及连接度动态变化研究——以昆明市为例》，《生态学报》2020年第10期，第3303~3314页。

[16] 虞文娟、任田、周伟奇等：《区域城市扩张对森林景观破碎化的影响——以粤港澳大湾区为例》，《生态学报》2020年第23期，第8474~8481页。

[17] 孙震：《景观破碎化对生物多样性的影响机制探究》，《环境与可持续发展》2014年第5期，第36~38页。DOI:10.19758/j.cnki.issn1673-288x.2014.05.011。

[18] 彭建、赵会娟、刘焱序等：《区域生态安全格局构建研究进展与展望》，《地理研究》2017年第3期，第407~419页。

[19] 蒙吉军、王雅、王晓东等：《基于最小累积阻力模型的贵阳市景观生态安全格局构建》，《长江流域资源与环境》2016年第7期，第1052~1061页。

[20] 包玉斌、王耀宗、路锋等：《六盘山区国土空间生态安全格局构建与分区优化》，《干旱区研究》2023年第1期，第1172~1183页。DOI:10.13866/j.azr.2023.07.14。

[21] 倪庆琳、侯湖平、丁忠义等：《基于生态安全格局识别的国土空间生态修复分区——以徐州市贾汪区为例》，《自然资源学报》2020年第1期，第204~216页。

[22] 杨正勇、刘东、彭乐威：《中国海水养殖业绿色发展：水平测度、区域对比及发展对策研究》，《生态经济》2021年第11期，第128~135页。

[23] 郑智腾、范海生、王洁等：《改进型双支网络模型的遥感海水网箱养殖区智能提取方法》，《国土资源遥感》2020年第4期，第120~129页。

[24] 武易天、陈甫、马勇等：《基于Landsat8数据的近海养殖区自动提取方法研究》，《国土资源遥感》2018年第3期，第96~105页。

[25] 李阳、袁琳、赵志远等：《基于无人机低空遥感和现场调查的潮滩地形反演研究》，《自然资源遥感》2021年第3期，第80~88页。

社会科学文献出版社

皮 书

智库成果出版与传播平台

❖ 皮书定义 ❖

皮书是对中国与世界发展状况和热点问题进行年度监测，以专业的角度、专家的视野和实证研究方法，针对某一领域或区域现状与发展态势展开分析和预测，具备前沿性、原创性、实证性、连续性、时效性等特点的公开出版物，由一系列权威研究报告组成。

❖ 皮书作者 ❖

皮书系列报告作者以国内外一流研究机构、知名高校等重点智库的研究人员为主，多为相关领域一流专家学者，他们的观点代表了当下学界对中国与世界的现实和未来最高水平的解读与分析。

❖ 皮书荣誉 ❖

皮书作为中国社会科学院基础理论研究与应用对策研究融合发展的代表性成果，不仅是哲学社会科学工作者服务中国特色社会主义现代化建设的重要成果，更是助力中国特色新型智库建设、构建中国特色哲学社会科学"三大体系"的重要平台。皮书系列先后被列入"十二五""十三五""十四五"时期国家重点出版物出版专项规划项目；自2013年起，重点皮书被列入中国社会科学院国家哲学社会科学创新工程项目。

皮书网

（网址：www.pishu.cn）

发布皮书研创资讯，传播皮书精彩内容
引领皮书出版潮流，打造皮书服务平台

栏目设置

◆ **关于皮书**
何谓皮书、皮书分类、皮书大事记、
皮书荣誉、皮书出版第一人、皮书编辑部

◆ **最新资讯**
通知公告、新闻动态、媒体聚焦、
网站专题、视频直播、下载专区

◆ **皮书研创**
皮书规范、皮书出版、
皮书研究、研创团队

◆ **皮书评奖评价**
指标体系、皮书评价、皮书评奖

所获荣誉

◆ 2008 年、2011 年、2014 年，皮书网均
在全国新闻出版业网站荣誉评选中获得
"最具商业价值网站"称号；
◆ 2012 年，获得"出版业网站百强"称号。

网库合一

2014 年，皮书网与皮书数据库端口合
一，实现资源共享，搭建智库成果融合创
新平台。

皮书网

"皮书说"
微信公众号

权威报告·连续出版·独家资源

皮书数据库
ANNUAL REPORT(YEARBOOK) DATABASE

分析解读当下中国发展变迁的高端智库平台

所获荣誉

- 2022年，入选技术赋能"新闻+"推荐案例
- 2020年，入选全国新闻出版深度融合发展创新案例
- 2019年，入选国家新闻出版署数字出版精品遴选推荐计划
- 2016年，入选"十三五"国家重点电子出版物出版规划骨干工程
- 2013年，荣获"中国出版政府奖·网络出版物奖"提名奖

皮书数据库

"社科数托邦"
微信公众号

成为用户

　　登录网址www.pishu.com.cn访问皮书数据库网站或下载皮书数据库APP，通过手机号码验证或邮箱验证即可成为皮书数据库用户。

用户福利

- 已注册用户购书后可免费获赠100元皮书数据库充值卡。刮开充值卡涂层获取充值密码，登录并进入"会员中心"—"在线充值"—"充值卡充值"，充值成功即可购买和查看数据库内容。
- 用户福利最终解释权归社会科学文献出版社所有。

社会科学文献出版社 皮书系列
SOCIAL SCIENCES ACADEMIC PRESS (CHINA)
卡号：812863461564
密码：

数据库服务热线：010-59367265
数据库服务QQ：2475522410
数据库服务邮箱：database@ssap.cn
图书销售热线：010-59367070/7028
图书服务QQ：1265056568
图书服务邮箱：duzhe@ssap.cn

S 基本子库
UB DATABASE

中国社会发展数据库（下设 12 个专题子库）

紧扣人口、政治、外交、法律、教育、医疗卫生、资源环境等 12 个社会发展领域的前沿和热点，全面整合专业著作、智库报告、学术资讯、调研数据等类型资源，帮助用户追踪中国社会发展动态、研究社会发展战略与政策、了解社会热点问题、分析社会发展趋势。

中国经济发展数据库（下设 12 专题子库）

内容涵盖宏观经济、产业经济、工业经济、农业经济、财政金融、房地产经济、城市经济、商业贸易等 12 个重点经济领域，为把握经济运行态势、洞察经济发展规律、研判经济发展趋势、进行经济调控决策提供参考和依据。

中国行业发展数据库（下设 17 个专题子库）

以中国国民经济行业分类为依据，覆盖金融业、旅游业、交通运输业、能源矿产业、制造业等 100 多个行业，跟踪分析国民经济相关行业市场运行状况和政策导向，汇集行业发展前沿资讯，为投资、从业及各种经济决策提供理论支撑和实践指导。

中国区域发展数据库（下设 4 个专题子库）

对中国特定区域内的经济、社会、文化等领域现状与发展情况进行深度分析和预测，涉及省级行政区、城市群、城市、农村等不同维度，研究层级至县及县以下行政区，为学者研究地方经济社会宏观态势、经验模式、发展案例提供支撑，为地方政府决策提供参考。

中国文化传媒数据库（下设 18 个专题子库）

内容覆盖文化产业、新闻传播、电影娱乐、文学艺术、群众文化、图书情报等 18 个重点研究领域，聚焦文化传媒领域发展前沿、热点话题、行业实践，服务用户的教学科研、文化投资、企业规划等需要。

世界经济与国际关系数据库（下设 6 个专题子库）

整合世界经济、国际政治、世界文化与科技、全球性问题、国际组织与国际法、区域研究 6 大领域研究成果，对世界经济形势、国际形势进行连续性深度分析，对年度热点问题进行专题解读，为研判全球发展趋势提供事实和数据支持。

法律声明

"皮书系列"（含蓝皮书、绿皮书、黄皮书）之品牌由社会科学文献出版社最早使用并持续至今，现已被中国图书行业所熟知。"皮书系列"的相关商标已在国家商标管理部门商标局注册，包括但不限于LOGO（▧）、皮书、Pishu、经济蓝皮书、社会蓝皮书等。"皮书系列"图书的注册商标专用权及封面设计、版式设计的著作权均为社会科学文献出版社所有。未经社会科学文献出版社书面授权许可，任何使用与"皮书系列"图书注册商标、封面设计、版式设计相同或者近似的文字、图形或其组合的行为均系侵权行为。

经作者授权，本书的专有出版权及信息网络传播权等为社会科学文献出版社享有。未经社会科学文献出版社书面授权许可，任何就本书内容的复制、发行或以数字形式进行网络传播的行为均系侵权行为。

社会科学文献出版社将通过法律途径追究上述侵权行为的法律责任，维护自身合法权益。

欢迎社会各界人士对侵犯社会科学文献出版社上述权利的侵权行为进行举报。电话：010-59367121，电子邮箱：fawubu@ssap.cn。

社会科学文献出版社